猕猴桃研究进展（VII）
Advances in *Actinidia* Research（VII）

黄宏文　主编
Edited by Huang Hongwen

科学出版社

北京

内 容 简 介

本书所录论文是国内外近年来从事猕猴桃研究、管理、开发利用人员的成果或工作积累，以及针对一些产业发展问题和新技术应用提供的建议。本书涉及猕猴桃的产业与市场、资源与育种、栽培及生理、植物保护、生物技术与采后加工等领域。

本书是供广大从事猕猴桃科研、教学、推广与生产、市场销售等领域人员参考的重要资料，适合科研人员、教师、大中专学生、职业院校及从事果树行业管理的行政部门人员、基层科技人员，以及猕猴桃爱好者阅读。

图书在版编目（CIP）数据

猕猴桃研究进展 7／黄宏文主编. —北京：科学出版社，2014.7
ISBN 978-7-03-041387-1

Ⅰ.①猕… Ⅱ.①黄… Ⅲ.①猕猴桃-文集 Ⅳ.①S663.4-53

中国版本图书馆 CIP 数据核字（2014）第 154379 号

责任编辑：张颖兵／责任校对：董艳辉
责任印制：高 嵘／封面设计：苏 波

科学出版社 出版
北京东黄城根北街 16 号
邮政编码：100717
http://www.sciencep.com

武汉市首壹印务有限公司印刷
科学出版社发行　各地新华书店经销

*

开本：787×1092　1/16　印张：14.75
2014 年 7 月第 一 版　插页：2
2014 年 7 月第一次印刷　字数：349 000
定价：100.00 元
（如有印装质量问题，我社负责调换）

《猕猴桃研究进展(VII)》编委会

主　　编	黄宏文
副 主 编	钟彩虹　张　琼　朱元朝　龚俊杰
编　　委	(按姓氏笔画排序)

卜范文　王仁才　王明忠　方金豹　艾　军
朱元朝　李　黎　李大卫　李华玲　李明章
李洁维　张　琼　张　鹏　胡忠荣　钟彩虹
姜正旺　姚春潮　徐小彪　黄宏文　龚俊杰
梁　红　谢　鸣　雷玉山

序

（FOREWORD）

  猕猴桃是20世纪成功驯化的营养保健型水果,历经110年发展,世界猕猴桃产量已达200万吨,面积超16万公顷。中国在进入21世纪以后,无论猕猴桃的产量还是栽培面积都呈急速增长趋势,已稳居世界第一。在我国猕猴桃科研及产业快速发展的当今,我们猕猴桃科学工作者、产业决策者、猕猴桃企业、种植者及广大农户,必须冷静思考我国猕猴桃产业发展的现状,在科技及产业升级、产业面临问题及潜在威胁等主要关切点等方面,携手致力产业的和谐健康发展。

  中国植物区系是整个北半球源自新近纪中新世的现存孑遗成分,是农作物、药用及园艺植物的重要源头资源;中国也是世界八大作物的起源中心之一,几千年的农耕文明孕育了200多种本土驯化和引种归化的作物。我国是世界上植物多样性仅次于巴西的国家,猕猴桃属植物既为我国特有珍贵的果树资源,又是我国特有属植物东亚分布式样的典型代表,中国具有得天独厚的丰富猕猴桃资源。然而,目前中国猕猴桃已经成为受威胁最严重的科之一,我国猕猴桃科63%的植物已经受到威胁(仅次于木兰科),我们猕猴桃属植物资源的保护及可持续利用已成为当务之急。武汉国家猕猴桃种质资源圃等资源收集保存,虽一定程度上支撑了我国猕猴桃资源的迁地保护,但仍需加强我国猕猴桃核心物种及品种资源的保存和可持续支撑产业发展的新种质、新品种研发。近年来,以雪峰-武陵山脉、幕阜山脉、大巴-伏牛山脉等猕猴桃天然杂交带研究发现,初步探明了杂交带中基因渐渗、性状关联分析及遗传图定位、分子辅助筛选鉴定天然杂交子代是我国对自然优异基因型资源发掘和保护的重大突破。同时,更多的社会资金介入、公众对猕猴桃资源保护及共享意识的提升是保护我国特有珍稀猕猴桃资源所迫切需要的。

  猕猴桃科研方面在全基因组水平,从新西兰EST数据库的公开、中华猕猴桃第三代自交系全基因组和猕猴桃溃疡病基因组的测定,到'红阳'猕猴桃基因组草图的正式公布,猕猴桃科研进入后基因组时代。利用重测序等手段开展猕猴桃属物种形成、网状进化及多倍化等研究,无疑是我们理解东亚区系典型科属的进化格局、阐明世界多倍体植物的多倍化历程及生态适应性等重大科学问题的良好契机。此外,猕猴桃科研的工作重心也将转向基因功能,从分子整体水平对猕猴桃基因及蛋白质生物学功能的研究上。目前后基因组时代与猕猴桃产业关联研究应集中在高密度遗传图谱及基因定位、重要性状的基因(转录因子)解析及功能验证、功能基因的代谢调控及辅助育种、分子辅助特异资源发掘及抗性育种上。同时,我们必须重视猕猴桃生理生化、栽培技术、病理虫害及储运等产业相关研究。

  近年来,中国猕猴桃产业发展不再局限于产量及面积扩增,在创新具有自我知识产权的优良猕猴桃品种及品系、创建国际品牌、改进种植方式及营销模式等方面也取得了突破性的成就。目前中华猕猴桃黄肉品种'金桃',通过全球专利授权栽培已成为国际主导黄肉品种;红肉品种'红阳'的推出主导国内外红肉猕猴桃市场,形成了红、黄、绿的'三色格局';首个种间杂种'金艳'品种的特许授权种植模式通过联想佳沃集团公司的全球运营,已创立'金艳果'等国际知名品牌；联想佳沃集团等大企业进入猕猴桃产业将深刻改变我国传统的农户分散种植模式；果品的销售方式由"统装统销、地摊零售"转变为"分级包装、品牌销售"。然而，我国相较发达国家猕猴桃产业仍存在如下几方面问题值得重视：①全国缺乏统一规划，品种没有实现区域化合理布局，在产业发展上品种和园地选择、规模等在一定程度上处在科学性缺乏、盲目无序状态；②缺少针对我国特定生态环境的产业技术的集成创新研究，新产区出现了重复老产区的教训，导致新的问题频出，以至科技对产业的贡献率低；③缺少完整的技术培训体系和机制，特别是新发展区。导致成熟的技术标准也不能完全实施下去，影响产业的整体水平提高。

除如上的主要问题外，猕猴桃细菌性溃疡病已然成为不容忽视的问题之一。2008年以来，该病在意大利及新西兰等猕猴桃产业大国爆发，中国、法国、智利、葡萄牙、西班牙、韩国及日本迅速感染；到2013年底，新西兰果园感病面积达80%、预计未来5年将造成15~20亿新西兰元的损失，意大利超过10%面积的园区彻底毁园，该病已经严重桎梏了世界猕猴桃产业的发展。中国的猕猴桃产业也面临着溃疡病的巨大威胁，弱抗病品种沿用，不合理地域的栽种，园区不规范管理，携带病菌的砧木、接穗、花粉及疫区工作人员的随意流动，导致各主产区的感染面积正迅速扩大。至2013年年底，中国的感病面积已达到1828公顷，累计经济损失3.23亿元。因而，猴桃溃疡病病原菌的快速检测、群体遗传结构及流行机制、病原菌与猕猴桃寄主的互作机理、病害的预测预报、抗病材料育种及有效防治技术的研发应引起我们足够的重视。

我国猕猴桃科研及产业处在快速发展的历史最好时期、全球"一枝独秀"，但我们必须正视目前出现的问题，做到"未雨绸缪、长远部署"；同时，我们必须清醒认识到我们科研整体实力及产业的薄弱环节，致力于突出国情特色、实现可持续发展，尤其需要突出资源发掘、育种的优势；契合基础研究与应用研究；聚焦产业发展瓶颈问题，重视人才队伍培养、提升。今借《猕猴桃研究进展Ⅶ》付梓在即，随感而发、引喤数语，是为之序。

中国园艺学会猕猴桃分会理事长

2014年3月15日

目 录
(CONTENTS)

序(FOREWORD)

产业与市场

江西猕猴桃产业现状与发展对策(Status and Development Strategy of Kiwifruit Industry in Jiangxi Province) ·············· 陈东元 等 3

永顺县猕猴桃产业的发展与思考(The Development and Thinking of Kiwifruit Industry in Yongshun County) ·············· 彭俊彩 等 6

江苏猕猴桃产业现状与发展对策(Status and Development Strategy of Kiwifruit Industry in Jiangsu Province) ·············· 钱亚明 等 10

四川猕猴桃产业发展的微观思考(The Consideration of Kiwifruit Industry Development in Sichuan Province) ·············· 王明忠 14

湖南猕猴桃产业发展现状与对策(Development Status and Strategy of Hunan Kiwifruit Industry) ·············· 王仁才 等 22

湖北建始县猕猴桃产业存在的问题与对策(Problems and Countermeasures of the Kiwifruit Industry in Jianshi County, Hubei Province) ·············· 王顺安 等 27

桂林市猕猴桃产业存在问题与对策(Existing Problems and Countermeasures of Kiwifruit Industry in Guilin City) ·············· 张 欣 31

贵州省猕猴桃生产发展刍议(Comment on Cultivation Development of Kiwifruit Industry in Guizhou Province) ·············· 周骥宁 34

资源与育种

猕猴桃属濒危植物金花猕猴桃的生物学特性及保护生物学研究(Study on Biological Character and Conservation Biology of Endangered Plant *Actinidia chrysantha*) ·············· 李洁维 等 41

大巴山东部野生软枣猕猴桃的倍性变异和果实评价(Ploidy and Phenotype Variation of a Natural *Actinidia arguta* Population in the East of Daba Mountain) ·············· 满玉萍 等 48

'徐香'猕猴桃与长果猕猴桃种间杂交亲和性研究(Studies on Compatibility of Interspecific Hybridization Between *Actinidia diliciosa* 'Xuxiang' and *Actinidia longicarpa* by Anatomy) ·············· 齐秀娟 等 57

软枣猕猴桃与中华、美味猕猴桃种间杂交及杂交后代的遗传表现(Interspecific Hybridization Between *Actinidia aguta* and *Actinidia chinensis*, *Actinidia deliciosa* and the Genetic Performance of their Hybrid Progenies) ·············· 秦红艳 等 65

部分中华猕猴桃品种在陕西省生长特性研究(Performance of *Actinidia chinensensis* Varieties Cultivated in Shaanxi Province) ·············· 严平生 等 71

大果黄肉晚熟猕猴桃新品种'云海1号'选育（Breeding of New Large Yellow Fresh and Late Ripening Kiwifruit Cultivar'Yunhai No.1'）……………………………………………… 虞志军 等 76

毛花猕猴桃新品种'迷你华特'（A New *Actinidia eriantha* Benth. Cultivar'Mini White'）
……………………………………………………………………………………………… 张慧琴 等 79

云南省云龙县的野生猕猴桃资源考察和保护策略（Current Status and Conservation Strategies of The Wild Kiwifruit Resources of Yunlong County, Yunnan Provinces）………… 张忠慧 等 81

种间杂交新品种'金圆'、'金梅'的生物学特性研究（Breeding Research of Hybrid Variety 'Jinyuan' and 'Jinmei'）…………………………………………………… 钟彩虹 等 87

栽培及生理

宁波地区'红阳'猕猴桃生产适应性与标准化栽培技术（'Hongyang' Kiwifruit Adaptability and Standardized Cultivation Techniques in Ningbo）………………………… 冯健君 等 95

猕猴桃根段扦插育苗试验（Experimental Study on Root Cutting Seedling of Kiwifruit）
……………………………………………………………………………………………… 龚弘娟 等 98

猕猴桃嫁接试验（Experiment of *Actinidia* Grafting）………………………… 罗建彪 等 106

中华猕猴桃育苗研究（Study on Seedling Cultivation of *Actinidia chinensis*）…… 罗建彪 等 109

不同采收期对猕猴桃果实品质的影响（Effect of Harvest Time on Fruit Quality of Kiwifruit）
……………………………………………………………………………………………… 姚春潮 等 113

'红阳'猕猴桃果实生长发育及主要营养物质动态变化研究（Fruit Development and Daynamic Change of Nutrients in'Hongyang' Kiwifruit）………………………… 叶开玉 等 117

三种猕猴桃实生苗对淹水胁迫的生理响应（The Physiological Respondsof Three Kinds of Kiwifruit Seedlings to Waterlogging Stress）………………………… 张慧琴 等 124

不同猕猴桃物种硬枝扦插快繁的研究（Study on Hardwood Cuttings of Different *Actinidia* Species）
……………………………………………………………………………………………… 刘小莉 等 137

植物保护

新西兰猕猴桃细菌性溃疡病研究进展（Bacterial Canker of Kiwifruit（Psa）Research in New Zealand）………………………………………………………………………… 成灿红 等 145

中国猕猴桃溃疡病菌的多样性研究（Diversity of *Pseudomonas syringae* pv. *actinidiae* Causing Bacterial Canker of Ciwifruit in China）………………………………… 李 黎 等 147

猕猴桃细菌性溃疡病研究进展（Research Progress of Kiwifruit Bacterial Canker）
……………………………………………………………………………………………… 罗赛男 等 155

猕猴桃菌核病的发生规律与综合防治（Occurrence Regularity and Integrated Control of Kiwifruit Sclerotium Disease）……………………………………………………… 严平生 等 161

猕猴桃炭疽病的发生规律与综合防治（Comprehensive Prevention and Control of Kiwifruit Anthracnose Occurrence）……………………………………………………… 严平生 等 165

江浙赣地区猕猴桃溃疡病菌的分子快速鉴定及抗性材料初选（Rapidmolecular Identification of *Actinidia* Bacterial Canker and Preliminary Screening of Resistant Materials in Kiwifruit from Zhejiang, Jiangsu and Jiangxi Provinces）…………………………… 张慧琴 等 170

宝鸡市猕猴桃溃疡病发生特点及防控对策（Occurrence Characteristics and Control Countermeas-

ures of Kiwifruit Bacterial Canker in Baoji City） ……………………………………… 张继明 等 177
眉县猕猴桃细菌性溃疡病综合防治技术规程（The Integrated Control Regulations of Kiwifruit Bacterial Canker in Meixian County） ……………………………………………… 赵英杰 182

生物技术与采后加工

运用创新无损检测仪监测猕猴桃果实品质（Use of Innovative Non-destructive Devices to Assess Fruit Quality in Kiwifruit"） ………………………………………………… Guglielmo Costa 187
猕猴桃果实发育期籽油含量及成分变化规律研究（Study on the Change of Seed Oil Content and Components During Growth and Development Stage of Kiwifruit） ……………… 卜范文 等 189
软枣猕猴桃果醋醋酸菌的筛选及其香气成分的分析（Screening of Acetobacter from *Actinidia arguta* Vinegar and Aroma Components） ………………………………………… 金月婷 等 194
软枣猕猴桃多糖纯化组分的单糖组成分析（Analysis of Monosaccharide Composition of Purified Components of *Actinidia arguta* Polysaccharide） …………………………………… 刘长江 等 201
野生毛花猕猴桃 AsA 变异分析与优异种质发掘（Screening of Specific Germplasm and AsA Mutation Analysis for wild *Actinidia Eriantha* Benth） ………………………………… 汤佳乐 等 207
广东猕猴桃种质资源 *rbcL* 基因多样性分析（Diversity Analysis on Kiwifruit Germplasm Resources in Guangdong Province by *RbcL* Gene） ……………………………………… 叶婵娟 等 213
利用 SCAR 标记检测猕猴桃种间杂交植株的雌雄性别（Sex Detecting in an Interspecific Cross of *Actinidia* Using Melecular Markers） ……………………………………………… 张 琼 等 222

产业与市场

江西猕猴桃产业现状与发展对策

陈东元　金玲莉　涂　娟　邱家洪　刘　伟

(江西省农业科学院园艺研究所　南昌　330200)

摘　要　本文主要对江西省猕猴桃产业的发展现状、存在的问题进行了阐述，并针对发展过程中存在产业规模偏小、品种结构不够合理、规范化和标准化栽培技术应用程度不高、产量低、商品果率低以及采后商品化处理程度低等问题，提出了相应对策。

关键词　猕猴桃　产业　对策

江西地处中国东南偏中部长江中下游南岸，位于北纬24°29′14″～30°04′41″、东经113°34′36″～118°28′58″之间，东邻浙江、福建，南连广东，西靠湖南，北毗湖北、安徽而共接长江。江西省属亚热带季风气候，境内自然条件优越，热量丰富，雨量充沛，猕猴桃资源十分丰富。根据调查，江西共有猕猴桃种和变种(形)27个，其中经济利用价值较高的是中华猕猴桃，其次是毛花猕猴桃。1978年农业部在河南信阳召开第一次猕猴桃科研协作会议，拉开了中国进行猕猴桃种质资源调查和新品种选育研究的序幕。江西也积极开展猕猴桃的研究工作，并取得了显著的成绩，选育出一批优良中华猕猴桃品种，如江西省农科院园艺所育成的'早鲜'、'魁蜜'、'金丰'、'怡香'、'素香'，庐山植物园育成的'庐山香'，瑞昌市选育的'赣猕5号'等。

1　江西猕猴桃产业现状

1.1　面积与产量

江西猕猴桃产业从无到有，目前栽培面积已达6.3万亩(1亩≈666.6平方米)，产量为4.2万吨，主要分布在奉新、宜丰、瑞昌、武宁等县市，栽培面积占全省的85%以上。

表1　猕猴桃在江西水果面积、产量中所占比重

树种	面积/万亩	比重/%	产量/万吨	比重/%
猕猴桃	6.3	1.12	4.2	1.33
柑橘类	451.1	80.54	268.6	85.03
葡萄	20.2	3.61	14.5	4.59
梨	38.5	6.87	11.7	3.70
桃	14.9	2.66	4.8	1.51
其他水果	29.5	5.26	12.1	3.83
合计	560.1		315.9	

1.2　主栽品种与栽培方式

主栽品种：20世纪80年代初至21世纪初，江西省猕猴桃主栽品种以中华猕猴桃'早鲜'、'魁蜜'、'金丰'为主，少量为'庐山香'。由于中华猕猴桃的耐贮性和货架期短等原因，逐渐由美味猕猴桃所代替，目前主栽品种为'金魁'、'徐香'，占70%以上，其他为中华猕猴桃'早鲜'、'魁蜜'、'金丰'、'庐山香'、'赣猕猴桃5号'等。

栽培方式：主要采用大棚架、"T"字形小棚架栽培，少量采用篱架栽培方式。

2 存在的主要问题

2.1 产业规模偏小，财力、物力、人力投入不够

江西省猕猴桃产业起步早，但发展缓慢，经过30多年的发展，面积仅有6.3万亩，只占全省果树面积的1.12%。果园管理投入少，部分果农的果园基本上没有投入。近年来，由于猕猴桃的价格有所升高，果农逐渐意识到种植猕猴桃的价值，投入的财力物力逐渐增多，投入果园管理的人力也在增加，但仍然与精品果园有很大的差距。

2.2 品种结构不够合理

目前江西省猕猴桃主栽品种'金魁'的面积占80%以上，造成成熟期过分集中，采收时间在10月中旬至11月上旬，给采后处理和销售等带来很大的压力。

2.3 规范化、标准化栽培技术应用程度不高

猕猴桃生产仍以一家一户的小农户生产模式为主。生产、采摘、包装很难进行有效的监管来实施标准化生产，难以适应大市场的需求，不利于新技术、新成果推广与应用，造成产量低，商品果率低。但近几年来种植者逐步认识到这个问题的重要性，开始接受新技术和标准化生产。

2.4 采后商品化处理程度不高

由于猕猴桃种植主要还是以一家一户为主，猕猴桃采后商品化处理没有统一的规范，主要体现在分级、包装、贮藏（主要是有条件的果农自家用空调贮藏）等都不规范。仅有30%左右的农户在采后商品化处理过程中比较规范，有个别的农户注册了品牌，包装和贮藏也做得较好。

3 发展对策

3.1 适度扩大种植规模，扶持龙头企业

江西省气候适宜，土地广阔，可适当扩大猕猴桃栽培面积，其中有宜春、九江、上饶等地市猕猴桃资源优势明显，应作为猕猴桃主要发展地区；同时，还应大力扶持龙头企业，以龙头企业带动猕猴桃产业的发展，推广标准化示范园建设，实行良种区域化栽培，以发挥更大的规模效益。

3.2 调整优化品种结构

目前江西省主要以晚熟品种为主，要适当调减晚熟品种比例，增加早、中熟品种比例。按照一乡一品的原则，适度规模化集中发展早、中熟品种，形成规模化连片产区，实现猕猴桃均衡供应。

3.3 加强技术培训，实现规范化、标准化栽培技术

针对猕猴桃产业生产中存在的问题，着重开展以猕猴桃生产、贮藏和采后处理等环节为主的多种形式的技术培训，通过技术培训，使生产者掌握新技术、新成果的应用，以实现规范化、标准化生产，生产出优质的猕猴桃产品。

3.4 推进采后商品化处理技术和品牌建设

采后商品化处理，延长供应期，提高果品附加值是实现猕猴桃产业发展的需要。应大力推进猕猴桃产品从分级、包装到贮运等环节处理技术的运用，提升猕猴桃产品的商业价值，同时应加强产品的品牌建设，促进猕猴桃产业的发展。

Status and Development Strategy of Kiwifruit Industry in Jiangxi Province

Chen Dongyuan Jin Lingli Tu Juan Qiu Jiahong Liu Wei

(Institute of Horticulture Jingxi Academy of Agricultural Sciences Nanchang 330200)

Abstract The article demonstrated the current situation and problem of kiwifruit industry in Jiangxi province. The strategy for improving variety structure, standardized cultivation techniques, fruit yield, ratio of commodity fruit, and postharvest treatment was proposed.

Key words Kiwifruit Industry Strategy

永顺县猕猴桃产业的发展与思考[*]

彭俊彩[1,2]　王中炎[1,2]　彭英龙[3]　田志贤[4]　张晓敏[5]　朱建军[6]

(1 湖南省园艺研究所　湖南长沙　410125　2 长沙炎农生物科技有限公司　湖南长沙　410125　3 永顺县科技局　湖南永顺　416700　4 永顺县扶贫办　湖南永顺　416700　5 永顺县农业局　湖南永顺　416700　6 永顺县科特办　湖南永顺　416700)

摘　要　永顺县地处我国中西部结合地带的武陵山脉中段,是湘西土家族苗族自治州猕猴桃主要产区之一。目前全县拥有猕猴桃种植面积0.4万公顷,约占全县耕地面积的14.16%,鲜果产量近12万吨,种植和加工产值达3.6亿元,占全县生产总值的11.66%,猕猴桃产业已成为永顺县社会经济活动开展的重要保障。本文就永顺县发展猕猴桃产业的优势条件、发展现状、发展存在的问题以及产业健康发展的几点建议进行了较为详细的阐述,以期引起社会各界对永顺猕猴桃产业的重视与支持,为永顺猕猴桃产业的健康发展尽绵薄之力。

关键词　猕猴桃　产业　发展与思考　永顺县

2012年以来,受湖南省委组织部派遣,笔者赴永顺县松柏镇开展科技特派员工作。利用这一机会,对永顺猕猴桃产业有了更加深刻、系统的认识,浅析如下。

1　永顺县发展猕猴桃产业的优势条件

1.1　具有良好的地理、气候及土壤条件

永顺县地处我国中西部结合地带的武陵山脉中段,地理坐标介于东经109°35′~110°23′、北纬28°42′~29°27′。境内地貌以山地、丘岗为主,最高海拔1 437.9 m,最低海拔162.6 m。属中亚热带山地湿润气候,年平均气温16.4 ℃,平均降水量1 357 mm,平均日照1 306 h,无霜期286 d,四季分明,热量充足,雨量充沛,夏无酷暑,冬少严寒;土地肥沃,土壤酸碱度适宜,重金属含量低,有机质含量适中,土壤中硒的含量在0.2~0.8 mg·kg^{-1},属于富硒地带;灌溉水质达国家一类标准。具有生产有机猕猴桃的诸多有利条件,非常适宜猕猴桃的生长。

1.2　具有良好的交通区位优势

永顺县城距张家界荷花机场约90 km,距贵州铜仁大兴机场约165 km,连接其间的公路均按二级公路标准进行改造;枝柳铁路穿越县境东南部,猛洞河客运站可停靠特快,永茂货运站是湘鄂渝黔边区的重要物资中转站;公路方面形成了以209国道,1801、1841、1828省道为骨架,县乡道纵横交错的运输网络,全县实现了乡乡通公路。这些为猕猴桃生产及果品进入国内外市场提供了便利的运输条件。

1.3　具有良好的人文环境及外部条件

永顺县地处湘西"老少边穷"山区,经济相对落后,属于国家扶贫攻坚的主战场,目前仍有6万人口处于国家贫困水平,占全县50万人口的12%。近些年来,国家及湖南省为永顺县猕猴桃产业发展给予了大力支持。永顺县各级政府高度重视猕猴桃产业的发展,特别是科技、农

---

[*] 基金项目:湖南省科技厅国际合作项目(2012WK3070)

业等部门为此做了大量的工作。永顺县境内蕴藏着丰富的野生猕猴桃资源,农民种植猕猴桃的历史悠久,当地农民对猕猴桃有比较深刻的认识,认为发展猕猴桃是他们脱贫致富的一条重要途径。

1.4 得天独厚的旅游资源极大地促进了猕猴桃产业的发展

永顺县属神秘湘西风光中心地带,规划并已在旅游精品线路1828线上的高坪乡、松柏镇、芙蓉镇,大量栽植猕猴桃,打造出"神秘湘西"400 km绿色画廊风光带,形成了农业生态游良好格局,对猕猴桃产业起到了较好的宣传与推广作用,扩大了永顺猕猴桃果品的知名度,有利于猕猴桃产业的健康发展;同时,猕猴桃产业的发展有助于永顺县生态建设和旅游业快速发展,形成对张家界山水游、凤凰人文景观游的有益补充和有效延伸,彼此呼应,协调发展。

2 猕猴桃产业发展现状

2.1 各级政府高度重视

近些年,永顺县按照"政府引导,公司带动,示范推动,大户联动,群众参与"的发展思路,积极引导、扶持猕猴桃产业发展,产生了很好的效果。

2.2 规划布局合理,已形成一定的产业规模与效益

在重点乡镇建立猕猴桃示范基地,突出基地开发、规模生产、产业化经营主题,加快了区域优势产业带的形成。目前全县拥有猕猴桃种植面积0.4万公顷,主要分布在松柏镇、高坪乡、芙蓉镇、石堤镇及毛坝乡5个乡镇,约占全县耕地面积的14.16%,鲜果产量近12万吨,种植和加工产值达3.6亿元,占全县生产总值的11.66%,提供税收2 000万元,猕猴桃产业形成的财政收入占全县财政总收入的11.36%,猕猴桃产业已成为永顺县社会经济活动开展的重要保障。面积与产量均超过湖南省猕猴桃总面积与总产量的1/3,在全省猕猴桃产业发展中发挥举足轻重的作用。

同时,猕猴桃产业提供全县农民人均收入约1500元,占当年农民人均纯收入的50.99%,猕猴桃产业的发展使全县10万农民从中受益,解决了全县22.84%的农业人口的经济生活问题,为全县19.85%的群众提供了收入保障。

2.3 果品生产与营销体系已现雏形

在猕猴桃鲜果营销思路上,一是按照"立足湖南、挺进中原、抢占西南、适时东进、兼顾两北(东北、西北)、试探东欧"的营销思路,在长沙、昆明、西安、北京、上海、沈阳、哈尔滨等地建立农产品销售宣传点,拓宽了营销渠道。近几年,特别是长沙、上海等地猕猴桃经营企业的进入,使得猕猴桃鲜果出园价连续突破4元/千克,去年达到5元/千克的高位,产生了良好的经济效益。

二是与国家农业产业化龙头企业湖南老爹科技和永顺县猛洞河农产品开发公司等9家猕猴桃精深加工企业建立了长期合作关系,采取"公司+基地+农户"模式,将永顺县发展成龙头企业的原料供应基地。

三是成立了富硒猕猴桃专业合作社,由合作社与外界经销商联系,统一收购、统一销售,消除果农后顾之忧。

2.4 产品获得国家地理标志保护,品牌价值得到提升

2007年,产品保护范围包括永顺县在内的"湘西猕猴桃"通过了国家质检总局地理标志产品保护评审(国家质检总局公告2007年第119号),这意味着"湘西猕猴桃"跻身国家地理标志产品保护行列,其品牌价值受国家原产地法律保护。

3 猕猴桃产业发展存在的问题

(1) 品种结构单一。'米良一号'作为湖南省自主创新的第一代品种,其丰产性为世人所瞩目,但品质与耐贮性较目前选育出的新一代猕猴桃品种要差很多,不宜继续作为鲜食品种推广。

(2) 生产管理较为粗放,标准化程度低。主要体现在树体结构、病虫害防治、施肥及灌溉等方面。

(3) 猕猴桃溃疡病等产业技术难题亟待解决。

(4) 早采早摘现象严重,果实品质参差不齐。

(5) 采后商品化处理水平低下,贮藏、加工条件严重滞后。

(6) 果品销售乏力,果实品质及形象较差,仅能占据猕猴桃果品低端市场,产业效益没有得到充分的发挥。

(7) 组织化程度低,合作社的功能没有得到充分发挥,企业参与产业的程度不高,各家各户分散经营已成为产业发展的重要制约因素。

4 猕猴桃产业健康发展的几点建议

(1) 进一步加强组织领导与对外宣传力度,增强永顺猕猴桃的知名度,争取各级领导与社会人士的支持与参与。

(2) 强化合作社及企业在猕猴桃产业各个环节中的作用与地位,提高产业组织化程度,引导分散农户逐渐向大户转移,实现部分果农向产业工人的身份置换。

(3) 加强招商引资力度,创造优越环境吸引企业投资猕猴桃种植、采后商品化处理、冷库、营销及加工等环节。

(4) 加强与省内外大专院校与科研院所的紧密联系,对产业中出现的重大技术难题及时立项,协同攻关,争取尽快解决。

(5) 改善品种结构,引进1~2个更适宜鲜食的猕猴桃品种。

(6) 抓好生产及采后商品化处理环节有机化、标准化技术体系的建设与规范,重点强化修剪、施肥、病虫害防治、果品采收与分级包装等环节的标准化、有机化程度。

5 后记

笔者坚信,有各级领导的高度重视及社会各界人士的广泛参与,在永顺这块文明、富饶的土地上,猕猴桃产业同全国各大猕猴桃产区一样必将呈现出勃勃生机,产生良好的经济、社会与生态效益,造福勤劳勇敢的永顺人民。

The Development and Thinking of Kiwifruit Industry in Yongshun County

Peng Juncai[1,2]　Wang Zhongyan[1,2]　Peng Yinglong[3]
Tian Zhixian[4]　Zhang Xiaomin[5]　Zhu Jianjun[6]

(1 Hunan Horticulture Research Institute, Changsha, Hunan　410125, China

2 Changsha Yanoon Biotech Co., LTD, Changsha, Hunan　410125, China

3 Yong-shun science & technology bureau, Yong-shun, Hunan　416700, China

4 Yong-shun poverty alleviation and development office, Yong-shun, Hunan　416700, China

5 Yong-shun agriculture bureau, Yong-shun, Hunan　416700, China;

6 Yong-shun ombudsman office of science and technology, Yong-shun, Hunan　416700; China)

Abstract　Yongshun county is located in the middle of Wu-ling mountain which is in the Midwest combination area in China. It is one of the main kiwifruit producing regions of Xiang-xi autonomous prefecture and Hunan province. At present, kiwifruit planting area is 4000 hectares in Yongshun, which covers 14.16% of county cultivated land. Fresh kiwifruit production is nearly 120 million kilograms, growing and processing output value reached 360 million CNY, it accounts for 11.66% of the county's GDP. The kiwifruit industry has become an important guarantee to Yongshun social and economic activities. In this paper, the advantages of Yongshun kiwifruit industry development conditions, present state of development, existing problems and the suggestions for healthy development are discussed in detail, in order to arouse the attentions and support from all walks of society to the Yongshun kiwifruit industry, and contribute to the healthy development for Yongshun kiwifruit industry.

Key words　Kiwifruit　Industry　Development and Thinking　Yongshun county

江苏猕猴桃产业现状与发展对策

钱亚明[1]　赵密珍[1]　张洪池[2]　于红梅[1]　张　淼[2]

(1 江苏省农业科学院园艺研究所　江苏南京　210014
2 海门市三和猕猴桃服务中心　江苏海门　226113)

摘　要　江苏猕猴桃虽然2013年栽培面积仅约为700 hm^2、产量约为3 800 t,但对农业产业来说,是一项高效、生产和消费市场潜力巨大的朝阳产业。在客观分析江苏省猕猴桃产业现状、存在问题和优势的基础上,对江苏猕猴桃产业发展提出可行性对策,为实现江苏省猕猴桃产业可持续科学发展提供有益的思路。

关键词　江苏　猕猴桃　产业现状　存在问题　优势　对策

猕猴桃(kiwifruit)是猕猴桃科猕猴桃属(*Actinidia* Lindl.)植物的总称,为雌雄异株多年生木质藤本植物,是一种重要的果树资源。中国猕猴桃不仅种类多,而且生态习性各异,在27个省、市、自治区均有分布。猕猴桃果实富含维生素、甜酸适口、风味特异,用途广,可以鲜食,又可以加工成罐头、果汁、果酱、果脯和酿酒等,经济价值高。新西兰人从湖北宜昌引种,成功地完成了其人工驯化栽培,于20世纪70年代开始进行大规模商业化栽培,并逐步成为世界各地竞先发展的新兴果树产业。

江苏猕猴桃产业作为桃、苹果、梨、葡萄、草莓等优势果树产业必要的有益的补充,正在蓬勃发展。笔者现从江苏猕猴桃产业现状、存在问题、优势和对策等进行浅析,以期为江苏猕猴桃产业健康、稳定发展提供有益思考。

1　江苏猕猴桃产业现状

1.1　科研现状

江苏省猕猴桃科研起步较迟,且没有坚持与深入下去。20世纪80年代徐州果园开展了相关科研工作,育成了'徐冠'、'徐香'两个品种。随后相关企业和个人如扬州杨氏猕猴桃科学研究所、海门市三和镇张洪池先生先后开展了猕猴桃引种选育工作,先后选育出杨氏金红系列和'海艳'等。目前,江苏农业科学院园艺研究所、镇江地区丘陵山区农科所、中科院南京植物研究所等部分科研院校积极开展猕猴桃新品种引选及配套栽培技术研究,以进一步推动江苏猕猴桃产业的稳定发展。当前,江苏地区虽然有自主选育的品种,但种植规模和替代性都不是很强。

1.2　生产现状

近年来,随着农业产业结构调整和经济发展,以及葡萄消费者对猕猴桃优质果品的日益需求,猕猴桃产业作为江苏省一项朝阳产业,其栽培种植正逐渐被一些民营企业和个人所重视,发展比较迅猛。2011年和2012年江苏猕猴桃栽培面积约为5 500亩和7 000亩。据不完全统计,2013年全省猕猴桃栽培面积已经超过1万亩,与2011年相比,两年内增幅超过80%。主栽品种为'红阳'、'徐香'、'海沃德'、'金霞'、'武植3号'、'金魁'等。栽培区域主要在扬州邗江槐泗镇、苏州相城区黄埭镇、海门市三和镇、江都樊川、如皋桃源镇、南京六合、连云港赣榆等地。主要生产者是一些私营企业和农业专业合作社,也有少量、零星分布的农户进行种植。

1.3 果品消费与流通现状

目前,江苏猕猴桃果品一方面还处在供不应求的格局,本地市场生产的果品远远不能满足消费者的需求,国内陕西、湖南等地生产的猕猴桃,以及国外少量引进的猕猴桃果品进入江苏市场以弥补本地生产的不足;另一方面,为了追求猕猴桃生产更大的利润空间,少数果品流入到上海、浙江等市场售价相对更高的省市。在消费方式上,多以鲜果食用为主,常结合保鲜库冷藏以延长果品销售期和货架期。初加工产品多以猕猴桃汁为主,缺乏猕猴桃深加工产品。在果品销售上,主要进行市场零售和礼品相结合的销售方式,仅有少量进入超市销售。

2 存在问题

2.1 园区规划不到位

随着消费者对保健型农产品的需求越来越大,猕猴桃作为医学药用价值和保健作用是各种水果中名列前茅的重要果树之一,在江苏地区正得到长足发展。但是,由于好些园区急功近利,往往从建园伊始就没有注重园区的整体规划,这将为园区安全、优质、丰产和稳产带来极大的隐患,这主要体现在三个方面。

一是品种选择上,往往不考虑区域适应性,不考虑土壤特性及品种的抗病、抗逆性,更多注重市场经验来选栽品种,如近阶段,对猕猴桃溃疡病抗性较差的红阳在江苏引种较为普遍。另外,猕猴桃是雌雄异株,在雄株搭配上也是往往凭经验、苗木供应商的推荐或是直接从市场上购买花粉,这都有可能直接影响猕猴桃园区的正常生产。

二是在沟渠配套和排水系统上,没有更多考虑江苏地区雨水多且相对集中的气候特征,一旦遇到连绵大暴雨就不能做到及时排水,从而导致植株死亡。

三是在基础设施建设上,没有更多考虑现有猕猴桃品种绝大多数不耐热、既需水又不耐涝的特性,没有考虑遮阳网、喷灌设备的合理安装使用,从而对生产带来不利影响,如2013年的高温气候就导致许多种植户栽种的猕猴桃植株死亡。另外,还应考虑利用设施减少台风、冰雹等自然气象灾害对猕猴桃生产的影响。

2.2 栽培管理不平衡,部分园区管理粗放

江苏猕猴桃栽培管理很不平衡,部分园区管理粗放,其生产对象主要集中在两类:一是有一定经济条件的私营企业或者农业合作社,规模较大,往往种植面积在100亩以上;二是普通种植户,分散且规模小。对于前者,由于受劳动力缺乏、劳动力素质不高和劳动力成本越来越高的制约,在劳动力投入上往往不到位,再加上园区面积大,园区生产管理比较粗放,往往形成生产上有规模、经济效益差的局面;对于后者,由于种植面积小,不是主要经济收入来源,缺乏管理的积极性,猕猴桃套袋、施肥等田间管理难以保障。

2.3 激素应用还有待探讨

关于激素科学性使用问题,一直是科技和生产人员值得研究和探讨的话题,曾经由于过分滥用激素,而严重影响了猕猴桃产业的发展。对江苏当前的主栽猕猴桃品种如'红阳'、'徐香'、'海沃德'等来说,如果不使用激素,就会出现果实偏小、平均单果重低、果型不美观、果品商品性差等问题。科学合理使用激素是当前提高果实商品性、增加经济效益行之有效的手段。目前,江苏包括全国许多猕猴桃种植企业和种植户对激素的使用比较粗放,关于其标准规范化安全性应用还值得多多细致研究。

2.4 品种引选和技术研发投入不足

猕猴桃在江苏果树生产中所占比重不大,相应地各级生产管理部门对猕猴桃产业的重视

程度有限,在品种引选、技术研发以及猕猴桃推广应用方面的投入也相对较少,这就导致江苏适栽猕猴桃品种少、品种更新慢,配套栽培技术研究和推广应用程度不够,产业发展受到很大制约。

2.5 猕猴桃果品深加工产业缺乏

猕猴桃果品深加工产业的缺乏不仅仅是江苏,可能是我国许多猕猴桃产区制约其产业持续化、区域化、规模化发展的"瓶颈"。果品采后处理和精深加工是水果产业发展趋势,既可以缓解市场销售压力,又可以延长产业链,有效增加果品的附加值,提高果农收入。猕猴桃作为加工、鲜食兼用的水果,更具有深加工方面的优势。因此,如果要实现猕猴桃产业的可持续发展,应加大猕猴桃果品深加工的投入和研发。

3 江苏发展猕猴桃产业的优势

3.1 地理和区位优势

江苏省位于亚洲大陆东岸中纬度地带,属东亚季风气候区,处在亚热带和暖温带的气候过渡地带。气候温和、四季分明、季风显著、冬冷夏热、光热充沛等气候特点为猕猴桃生长提供了非常有利的条件。

江苏省位于中国东部沿海中心,地处美丽富饶的长江三角洲,东濒黄海,西连安徽,北接经济强省山东,东南与富庶的浙江和上海毗邻。江苏发展猕猴桃潜在市场相当广阔。

3.2 经济优势

2011年江苏地区生产总值超过4.8万亿元,增长11%左右,2013年,江苏省近6万亿。江苏着眼于建设特色现代农业,提高农业综合生产能力,促进农业增效、农民增收。"十一五"期间提出建设高效农业、外向型农牧业基地、观光农业示范区、生态农业和农牧业支撑与保障体系等众多项目,投资近100亿元,这必然能促进江苏猕猴桃产业的迅猛发展。2012年后,政府也加大了对猕猴桃科研项目的投入,江苏省农业科学院园艺所、镇江农科所、扬州杨氏猕猴桃科学研究所、南京绿航生态农业有限公司等科研院校、民营企业得到省、市农业主管部门的项目资助。

3.3 科技优势

在推动江苏农业发展过程中,江苏涉农科研院所起到中流砥柱的作用。其中,江苏省农业科学院园艺所在园艺作物种质资源收集、评价和新品种选育方面始终走在同行业前列,目前研究建成国家级资源圃1个,国家行业体系岗位和试验站各3个,先后育成果树新品种30多个,在省内的推广应用覆盖率达60%以上,在其他省市也得到大面积的应用,获国家、部、省各类科技成果奖30余项,这些科研积累为江苏省猕猴桃产业发展提供了牢固的技术基础。2012年2月,由江苏省农业科学院园艺所牵头,联合扬州杨氏猕猴桃科学研究所、海门市三和猕猴桃服务中心、扬州宏大猕猴桃科技开发公司、南京绿航生态农业有限公司、扬州永和现代农业科技开发公司和江苏省中科院植物研究所等单位成立了猕猴桃科技协作攻关小组,这将极大地推动江苏猕猴桃产业大发展。

4 对策

4.1 充分利用国内外科技平台,进一步整合地方科技资源,提高研发水平

加强与国内外科研院所的紧密合作,加快新特优品种的引进、筛选和创新,引选出适合江苏气候土壤等条件生长的优良猕猴桃品种,并通过嫁接、扦插等技术,加速品种结构的优化调整。与此同时,进一步整合地方科技资源,提高研发水平,提升江苏猕猴桃研究水平,为江苏猕猴桃产业可持续发展奠定坚实的基础。

4.2 加大政府投入,做好前期规划,完善基础设施建设,营造发展有利条件

充分利用江苏省各方优势,一方面对新建园区做好前期规划,引进先进农田配套设备;另一方面对已建园区进行改良,完善基础设施条件建设,促进产业改造升级。在此基础上,加快猕猴桃精品园地建设,发挥示范带头作用,制定产业发展战略,营造猕猴桃发展的有利条件;建立猕猴桃质量标准体系,实施标准化管理,走可持续发展道路,加快我省猕猴桃优质新品种、高产新技术的集成、示范与推广应用。另外,还得加快对猕猴桃果品贮藏运输环节的投入。

4.3 利用地理、经济优势条件,发展观光采摘,加快深加工研发,延伸猕猴桃果品产业链

江苏地区是东部地区经济较为发达地区之一,越来越多的消费者既想享受猕猴桃果品带来的保健功能和美味,又想亲身感受大自然给予猕猴桃生长的魅力。江苏也是一个较适宜猕猴桃种植的地区,为了提高江苏猕猴桃种植的经济效益,应充分利用江苏的优势资源,发展观光采摘业。与此同时,应加快猕猴桃产品初加工和深加工产品的研发,进一步延伸猕猴桃果品产业链,以推进江苏猕猴桃产业的发展。当前,在发展观光休闲农业方面,南京绿航生态农业有限公司已经走在了江苏猕猴桃观光产业发展的前列,南京绿航猕猴桃基地作为南京六合区"六朵茉莉"之一,进一步彰显观光产业带来的连锁经济效益。

Status and Development Strategy of Kiwifruit Industry in Jiangsu Province

Qian Yaming[1] Zhao Mizhen[1] Zhang Hongchi[2] Yu Hongmei[1] Zhang Miao[2]

(1 Jiangsu academy of agricultural sciences Horticulture Research Institute, Nanjing, Jiangsu 210014

2 Haimeng Sanhe kiwifruit Service Center, Nanjing, Jiangsu 226113)

Abstract The kiwifruit planting area is 700 hectares and kiwifruit production is approximate 3.8 million kilograms in Jiangsu province, however kiwifruit industry is efficient and promising in agricultural industry. Based on the status of kiwifruit industry, existing problems and advantages, we proposed feasible countermeasures to promote sustainable scientific development for kiwifruit industry.

Key words Jiangsu Province Kiwifruit Industrystatus Existing problems Superiority Countermeasure

四川猕猴桃产业发展的微观思考

王明忠

(四川省自然资源科学研究院 成都 610015)

摘 要 通过对四川猕猴桃产业发展的历史回顾和现状分析,着重研究猕猴桃产业链上的每一个环节,包括优良品种、栽培管理技术、病虫害防治、市场营销和科学技术等在猕猴桃产业发展方面的地位和作用。只有认真解决好产业链中各个细枝末节上的问题,才能做大做强整个猕猴桃产业。

关键词 四川 猕猴桃 产业发展 微观思考

四川虽为猕猴桃的原产地和起源中心之一,但长期对猕猴桃的营养成分和经济价值认识不足,对其社会经济效益未有足够重视,因此开发利用起步较晚,直至20世纪80年代初才开始猕猴桃的生产栽培。当时在改革开放和世界猕猴桃热的推动下,意识到我们虽然身处猕猴桃故乡,却对身边的猕猴桃视而不见,大有'不识庐山真面目,只缘身在此山中'之慨。为了改变这种麻木无睹的局面,开始了以资源调查、品种选育、人工栽培和加工利用为主要内容的猕猴桃科学研究和开发工作。

1 四川猕猴桃产业发展历史

1.1 科技进步推动了四川猕猴桃产业的兴起和发展

四川猕猴桃的产业发展史,就是四川猕猴桃的科技发展史,科技每进一小步,产业就进一大步。以往学者们对猕猴桃的研究多局限于分类学和中药学,很少涉及引种栽培和经济开发,20世纪80年代初,在四川省科技领导部门的动员和部署下,组织相关单位开展了猕猴桃资源调查、新品种选育和产品开发工作。基本查清了四川野生猕猴桃资源家底,选育出5个'川猕'系列栽培品种,研发出一些畅销的加工产品。90年代又在中华猕猴桃育种中获得重大突破,成功选育出了红肉猕猴桃新品种'红阳',在猕猴桃家族中第一次有了红肉类型,把猕猴桃品质提升到一个新高度,得到科技界、种植者和消费者的高度认可。

进入21世纪以来,利用'红阳'为材料,通过实生和杂交育种方法,培育出了'红华'、'红什'等新品种。又在美味猕猴桃育种中取得突破,培育出了彩色猕猴桃新品种'红美'。在不断发掘、引种野生优良猕猴桃资源的同时,又以这些野生资源和新品种为育种材料,继续不断培育出'中华'和'美味'红肉型的新优株和优系。这些都为四川猕猴桃产业发展奠定了坚实基础,使猕猴桃产业进入了良性和可持续发展时期。

正是上述科技进步使四川猕猴桃产业从无到有,从小到大,不断兴起、发展和壮大。

1.2 猕猴桃产业发展历史

四川猕猴桃产业发展历经了三个阶段。

第一阶段为产业起步期(1980~1990年)。1980年以前四川没有多少人了解和认识猕猴桃,更无一株人工栽培的猕猴桃。1980年秋季,通过日本友人将新西兰的'海沃德'引种到了四川,种植在四川的峨眉山和都江堰市的青城山,面积约30亩,两年以后开始结果。峨眉山引种失败,现今尚存个别植株于野生状态。都江堰市引种很成功,现已长成树径达20 cm多的大树,该市已成为四川'海沃德'猕猴桃的主产区,面积达7万亩。四川全部和省外部分栽培的'海沃德'都是它们的无性系后代。

20世纪80年代中后期,由于育成了适应性强,投产早,产量高,见效快,抗病虫,耐粗放经营的'川猕'系列品种,推动了人工栽培的发展。各地在政府部门的推动下,开始了迅速推广,特别是其中的'川猕1号'、'川猕3号'和'青翠'新品种很受种植者和消费者欢迎,栽培面积迅速扩大。这期间总面积达到3万余亩,使四川猕猴桃产业起步良好,为产业发展开了个好头。

第二阶段为产业发展期(1990~2000年)。在我国猕猴桃的天然资源中,存在着红肉类型,其中最有商业前景的是中华猕猴桃变种红肉猕猴桃和美味猕猴桃变种彩色猕猴桃。我们在这期间重点开展了红肉猕猴桃新品种选育研究,这项研究开始于20世纪80年代,当时已经掌握了育种材料,1991年正式列为省攻关项目,1995年成果鉴定,1997年品种审定,命名为'红阳'猕猴桃。这是世界首个红肉品种,也是中国首个获得植物新品种权的品种。其经济性状非常优良,以果实大,可溶性固形物、总糖、维生素C含量高,总酸含量低,果肉鲜红,美观,肉质细嫩,香味浓,口感好,丰产性强,售价高而著名。这一品种的育出,大力推动了四川猕猴桃产业的发展。政府部门组织推广,种植者大量栽培。为了投产快,不少人还将原'川猕'品种,甚至将'海沃德'都改成'红阳'。这阶段栽培面积扩大到10万余亩,为四川猕猴桃产业壮大奠定了坚实基础。

第三阶段为产业壮大期(2000年至今)。由于前两个阶段做好了品种和技术积累,进入21世纪迎来了猕猴桃产业发展新机遇。由于红肉新品种'红阳'猕猴桃独特的风味,高额的经济价值,在国内外市场逐渐看好,大大激发了政府、业主和农民的生产积极性,每年以超万亩的速度递增。2007年四川省委在《四川省社会主义新农村建设规划纲要(草案)》中,把发展优质猕猴桃作为社会主义新农村建设的内容之一,将猕猴桃作为经济产业中的新兴优势产业或潜在优势产业进行布局。重点建设具有地方特色的川西、川北优质猕猴桃产业带,把猕猴桃摆上了重要位置,为四川猕猴桃产业发展提供了前所未有的机遇。在猕猴桃产业带上的各地政府都为发展猕猴桃制定了相关鼓励政策,在土地流转、土地整理、基础设施、配套服务和资金扶持等多方面进行支持,推进猕猴桃产业发展。

四川在2008年特大地震灾害后,栽培在龙门山脉一带的猕猴桃虽遭受一定损失,但也迎来了发展机遇。各灾区在对农业制定恢复重建规划时,都把猕猴桃作为重点纳入规划,发展力度更大了,如成都市震前规划15万亩,而震后规划为20万亩,还配套了相关扶持政策,增加了资金的支持。

在猕猴桃产业基地建设方面,各地都加强了领导,编制了专职负责猕猴桃产业发展的办事机构,出台了产业发展优惠政策。在政府规划的重点产业片区,土地整理、道路修建、排灌设施、电线铺设、甚至棚架材料都由政府解决,投产前三年还给予适当资金补助。这些措施大大激励了当地发展猕猴桃的积极性和热情,迎来了产业发展高潮,使栽培面积在上世纪基础上翻了两番,达40万亩以上。猕猴桃已成为一些农村脱贫致富的途径。

为了提高产业化水平,有三个县市申报成功了猕猴桃国家地理标志产品,不少业主都实施了标准化栽培,按照无公害或绿色标准进行生产。有的业主还按照欧盟良好农业规范的水果标准进行操作和认证,或在商检部门进行出口备案认证,这对提高果实品质,顺应国际市场要求奠定了基础,将会大大推动四川猕猴桃产业的发展。

科技方面继续深化品种选育和成果转化工作,以'红阳'为材料,通过杂交或实生育种,选育出了'红华'、'红什'等红肉新品种,还从美味猕猴桃中育出了彩色猕猴桃新品种'红美',并在两性花育种方面取得突破,育出'龙山红'品种。这为将来产业发展壮大做好了品种和技术储备。

2 四川猕猴桃产业发展现状和主栽品种

四川猕猴桃产业形成了以红肉品种为主,配套绿肉和黄肉品种;以早熟品种为主,配套中熟和晚熟品种的产业结构格局。据相关部门统计,至2013年猕猴桃栽培总面积达到50.10万亩,其中投产面积40.53万亩,总产量32.66万吨,总产值23.90亿元,四川猕猴桃产业和猕猴桃经济已初步形成。

四川猕猴桃主栽品种主要是'红阳'、'海沃德'、'金艳'三大品种,其他品种的栽培面积和产量都很少。'红阳'的面积40余万亩,产量约28万吨,占四川总面积和总产量的绝对多数;'海沃德'的面积有7万余亩,产量2万余吨;'金艳'的面积2万余亩,产量近2万吨。果肉颜色有红肉、绿肉和黄肉,三色齐备,风味各异,任君选取。

目前主栽品种的结构基本是合理的,但各品种在栽培面积上应适当调整。由于种植'红阳'经济效益高,无论环境是否适宜,都一概种'红阳',因而一些地方病害严重,损失较大。在气候寒冷或海拔较高地区不宜种'红阳',而应发展'海沃德'。'海沃德'在绿肉品种中仍占有重要地位,果大、整齐、耐贮、丰产、抗逆性强,不易染病,在海拔较高的山区具有很大的推广前景。'金艳'品种在四川还有很大发展空间,只要消费者喜欢,就应扩大面积,增加产量。

3 对发展四川猕猴桃产业的微观思考

把猕猴桃这个新兴产业做成可持续发展的万岁产业,长久造福人民,这是猕猴桃科技界共同的梦想。为实现这个梦想,我们应当做好猕猴桃产业链上的每一个微观环节,用我们各自所掌握的科学技术来解决各个细枝末节上的问题,齐心协力做实做大做强四川的猕猴桃产业,做实做大做强中国的猕猴桃产业。

3.1 优良的栽培品种是猕猴桃产业发展的基础

一个优良的猕猴桃品种就能兴起一项优质的猕猴桃产业,当今各国各地猕猴桃产业的竞争,说到底就是猕猴桃品种的竞争,谁掌握了优良品种,谁就掌握住了市场竞争的主动权。

没有猕猴桃栽培品种就没有猕猴桃产业。如果当初没有'海沃德'品种,能有今天的世界猕猴桃产业吗?如果没有'红阳'猕猴桃新品种问世,能有现在的四川猕猴桃产业热吗?答案是肯定没有。一个新品种带动一项新产业的兴起,这已是不争的事实。

1904年新西兰人从中国引进猕猴桃种子,开展育苗和品种选育工作,对育出的品种进行商业种植并出口果品,在国际上引起轰动。直到1960年因出口果品大量腐烂而遭受巨大损失,使猕猴桃种植业受到重创,这时才重新审视当初并未引起完全重视的耐贮性能良好的'海沃德'品种。正是有了'海沃德'才挽救了猕猴桃产业,1964年以后终于起死回生,以至发展到后来的世界猕猴桃热。到20世纪90年代初,世界猕猴桃的面积、产量和产值都达到一个空前水平,形成了风行世界的欣欣向荣的猕猴桃产业。不可思议的是当时世界猕猴桃98%的面积、产量及产值都是由'海沃德'品种所创造的,而它们都源于不及芝麻大的一粒种子的后代,这说明优良品种对猕猴桃产业有多么重要。

这一时期虽然猕猴桃面积、产量和产值的总量上去了,但价格却下跌了,效益则下降了,再推进发展已失去动力。原因在于单一的品种,单调的口味和清一色的绿果肉,消费者产生了视觉和味觉疲劳,从而使市场进入了疲软期,挫伤了产业发展的积极性。但很快推出的黄肉型品种'Hort16A'上市,又给猕猴桃市场注入了活力,刺激猕猴桃产业再次兴旺。进入21世纪,丰富的中国猕猴桃新品种,尤其是红肉型品种的入市,把猕猴桃颜色、风味、品质提高到了一个新水平,使得世界猕猴桃产业更加热闹繁荣,更加兴旺发达,更加可持续发展。

猕猴桃品种不同,风味不同,价格差异很大,经济效益也不一样。以四川为例,'海沃德'的果园统价为每公斤4~6元;'红阳'的果园统价为每公斤14~20元,最优秀的种植者每亩最高收入达到5万元。这再次说明品种的重要性。

我们现在的问题是品种太多太杂,优劣并存,不利于商业种植,难于形成产业优势,造成经济效益低下。因此,在不断培育优良品种的同时,还要作好现有品种综合评价,提出推广种植意见,这是育种界的当务之急。

保护植物新品种权,保护育种者的权益就是保护猕猴桃产业。大规模、集团化地任意侵犯育种者的权益,已成普遍现象,这样下去谁来育种？拿什么来发展猕猴桃产业？

3.2 适宜的栽培管理技术是猕猴桃产业产量和品质的保障

优良的猕猴桃品种必需配套优良的栽培管理技术,才能获得优质的猕猴桃果品和丰产稳产的猕猴桃产量,这就是常说的良种良法。自从国家实施标准化战略以来,对许多农作物都制定了标准,就果树而言有无公害、绿色、有机等标准。猕猴桃也不例外,制定有不同层级的标准,这些标准规定了猕猴桃的果实品质、质量、生产环境条件中大气、土壤、灌溉水质量标准,重点是卫生指标,重金属和农药残留限量等。

标准化只解决了部分问题,但没有解决高产稳产问题。不同品种的生长发育条件和农业生物学特性是千差万别的。同一品种栽植在不同地区,对环境的适应性也是有差别的。如何优质丰产,仅靠标准化是不能解决的。再优良的品种,若没有与之相适应的、因地制宜的配套栽培技术措施,不可能收获高产优质的果品。优良的品种需有优良的栽培管理技术,才能获得优质丰产稳产的猕猴桃产量。通过对'红阳'猕猴桃果园调查发现,高产园常年产量维持在每亩1 500~2 000 kg,中产园每亩750~1 500 kg,大多数果园亩产500~750 kg,低产园亩产500 kg以下。

低产原因分析,一是把猕猴桃栽错了地方:栽培环境条件恶劣,园地土壤瘠薄又未经改良,既不保水又不保肥,有机质缺乏又只施化肥,干旱频发又无灌溉条件,降雨量多又排水不畅,气温高又不遮阳。

二是建园标准低:土壤改良不到位,园地过于分散零星,资金投入不足,因陋就简,园区难看,广种薄收,没有真正把猕猴桃当成庄稼来务,当成产业来做。

三是栽培管理技术粗放:果园缺肥尤其缺有机肥,既不灌溉又不排涝,整形修剪不合理,植株难成型,光合效率低,授粉不良,果实偏小,不疏花疏果,只图数量不图品质,不从技术管理上增加果重,而以滥施激素来弥补,造成了恶性循环。

3.3 有效防控病虫害是猕猴桃产业可持续发展的保障

猕猴桃的栽培品种均来源于野生,它们在自然界形成的抗性和免疫力仍在人工栽培中继续发挥作用,加之在植物形态特征上多毛,抗病虫害的能力应强于其他水果。但应看到栽植在农耕地里的猕猴桃,正处于各种传统果树和农作物病虫害的包围之中,正在不断遭受着各种病虫害的侵袭,而且越来越严重,有的甚至是毁灭性的。如不能有效防治病虫害,猕猴桃产业的可持续发展将受到巨大挑战。

栽培条件下的猕猴桃,生长环境发生了改变,由与原来生态系统复杂的、对病虫害有抵抗力的众多天然植物为伴，变成了与现在生态系统较简单的、病虫害较多的栽培果树和农作物为伴，使其自身的抗性和免疫力受到挑战，一些为害传统果树和农作物并具有抗药力的病虫，渐渐转移到猕猴桃上为害。加之栽培中的猕猴桃逐渐形成了对化肥、农药的依赖，使其自身的抗性和免疫力开始下降。这样，猕猴桃的病虫越来越多，为害越来越重，有的病虫甚至可以造成灾难性后果，比如溃疡病就成为猕猴桃的大敌。

根据现有资料记载，对猕猴桃造成危害的病、虫总数多达140余种。其中传染性病菌多达40余种，包括细菌、真菌、病毒、线虫引起的病害及其他病害；害虫多达100余种，包括蛾类、金龟甲类、蚧壳虫类、螨类、叶蝉类、叶甲类、地下害虫类及天牛、蚜虫、叶螨、蜗牛、蛞蝓等其他害虫。它们分别为害着猕猴桃的根、茎、枝、叶、花、果等任何器官。无论病害还是虫害，都可以严重威胁猕猴桃的生长发育，引起植株衰弱甚至死亡，造成果实畸形、腐烂、减产和品质低下。

根据多年观察，我们应当高度重视以下一些病虫害的防治。

一是细菌性溃疡病。栽培中的猕猴桃，被包围在数十种寄生着溃疡病菌的传统果树和农作物之中，如桃、李、杏、樱桃、核桃等和豆类、番茄、洋葱、魔芋、马铃薯等，感染溃疡病已是在劫难逃。溃疡病菌主要为害主干、枝蔓、芽，其次是叶片、嫩梢、花蕾及花，但一般不为害果实和根。病原为丁香假单胞杆菌猕猴桃致病变种（*Pseudomonas syringae* pv.*actinidiae*），新西兰称PSA病，也有专家认定是桃李致病型（*P.syringae* pv.*morsprunorum*）。是一种好氧性、腐生性、弱寄生性细菌。因好氧而不会危害根部，因腐生和弱寄生而主要从植物各种伤口侵入，尤其从新伤口侵入。伤口、叶痕、皮孔、气孔、芽基、剪口、嫁接口、枝杈处、新旧病斑都是感菌并发病之处。溃疡病菌是一种耐低温的细菌，主要在春季暴发流行。远距离传播主要靠苗木、穗芽、花粉，近距离传播主要靠随风飞溅的雨水、昆虫、鸟类以及农事操作等。病菌主要在感病的主干、枝蔓和芽体及地面土壤上、园内残渣落叶上越冬，成为来年初侵染源。

溃疡病多发生在进入丰产期的成龄果园，已成为猕猴桃的头号毁灭性病害，因溃疡病造成大面积毁园的先例在国内外已有不少，今年个别果园因溃疡病而毁树高达25%，已显现出溃疡病的严重后果。现在猕猴桃正遭受到溃疡病的威胁，搞不好将成为制约产业可持续发展的死结。防控溃疡病已是当务之急，重中之重。

二是以疫霉病为主的根腐病。真菌引起的猕猴桃根腐病有多种，如白绢根腐病、假蜜环菌根腐病、白纹羽病，但在四川疫霉根腐病为害更重，它由多种疫霉菌（*Phytophthora* spp.）感染后发病，如柑橘褐腐疫霉（*P.citrophthora*）、柑橘生疫霉（*P.citricola*）、侧性疫霉（*P.lateralis*）、棕榈疫霉（*P.palmivora*）、苹果疫霉（*P.cactorum*）等多种病原菌。感染病原菌后最终危及猕猴桃根颈部。轻者主干根颈部局部坏死，地上部分生长衰弱，成半蔫半活状态，叶小、果小、叶早落，春季枝条发芽迟缓，枝蔓顶端易枯死；重者根颈部皮层成环割状腐烂坏死，致使全株叶片萎蔫，整株死亡。该病主要出现在旺长期挂果季节，如遇时雨时晴或雨后连日高温，猕猴桃会突然焉萎枯死。根腐病可造成局部园地猕猴桃树成片死亡，对猕猴桃果园有很大的危害。

病原菌在土壤中越冬，随雨水和灌溉进行传播，从伤口侵入。与土壤接触的根颈部最容易受侵染，嫁接口部位较低或嫁接口遭水淹易受侵染，根颈部冻伤、虫伤及机械损伤均利于病害发生。土壤黏重、地势低洼积水的果园发病重，采用大水漫灌会使病情进一步扩展。

猕猴桃疫霉病从春末夏初开始发病，7~9月为病害发生严重期。应采用农业措施和药剂，积极加以预防和治疗。

三是以黑斑病为主的叶斑病。猕猴桃叶斑病种类很多，其中以黑斑病和褐斑病发生最普遍，为害最严重，尤以黑斑病为甚。黑斑病是红肉猕猴桃较为严重的病害，叶、枝、芽、果均可染菌,是发生很普遍的真菌性病害,严重导致早期落叶,树势衰弱,感菌果实大量腐烂,不堪食用,失去商品价值。亲睹病害严重果园的病果率高达80%~90%,几乎颗粒无收。

黑斑病属真菌性病害,病原菌为小球腔菌属(*Leptosphacria* sp.),无性阶段为猕猴桃假尾孢(*Pseudocercospora actinidiae*)。从气孔、伤口侵入叶片、枝蔓和果实。侵染叶片最初形成黑褐色绒毛状小霉斑,严重时叶片布有许多黑色霉斑,7~9月份遇高温高湿导致早期落叶。枝蔓侵染初期在表皮出现黄褐色或红褐色水渍状,纺锤形或椭圆形、稍凹陷,形成溃疡状,病部表皮或坏死组织上产生黑色霉点或灰色绒霉层。果实在6月初出现不明显病斑,后扩大成暗黑色霉斑,形成圆形或近圆形凹陷斑,病部果肉呈锥形或陀螺状硬块,在7~9月份黑色病斑明显。果实冷贮期间表皮形成0.2~0.5 cm椭圆形黑色病斑,后熟期间导致整个果实腐烂。

病原菌在枝蔓病部越冬,或在病叶、病果残体组织上越冬,成为来年初侵染源。翌年春季5月上旬以后,温湿度适宜时,越冬的菌丝体产生分生孢子进行侵染。猕猴桃整个生育期的叶、芽、枝、果均可感病,高温高湿是病害发生的重要条件,易爆发性流行。褐斑病也是导致早期落叶的主要叶斑病。因此,发展猕猴桃生产,应高度重视叶斑病的防治。

四是果实腐烂病。猕猴桃果实腐烂病种类较多,主要有由核盘菌核菌(*Sclerotinia sclerotiorum*)感染引起的果实软腐病(菌核病、褐腐病),由灰葡萄孢菌(*Botrytis cinerea*)感染引起的果实蒂腐病(灰霉病、花腐病),由刺盘孢菌(*Colletotrichum* sp.)感染引起的果实炭疽病等。这些病主要为害果实,也为害花、芽、叶,除猕猴桃外,还有其他果树、蔬菜和农作物等寄主植物,是对猕猴桃具有重要经济影响的一类病害。

猕猴桃产业最终体现的是获取优质丰产的果实,而果实腐烂病害的肆虐,将严重制约猕猴桃产业的发展,即使收获了丰盛的果实,最后也腐烂掉了,变不成经济效益。因此,应认真防治果实腐烂病,把好猕猴桃产业链上的最后关口。

五是害虫。猕猴桃的害虫很多,在四川对猕猴桃造成严重威胁的害虫有以苹小卷叶蛾(*Adoxophyes orana*)和斜纹夜蛾(*Prodenia litura* Fabricius)为主的多种蛾类,以桑盾蚧(*Pseudaulacaspis pentagona*)为主的多种介壳虫,以小绿叶蝉(*Empoasca flavescens*)和大青叶蝉(*Tettigoniella viridis*)为主的多种叶蝉,以黄褐丽金龟(*Anomala exoleta*)、小青花金龟(*Oxycetonia jucunda*)和棉弧丽金龟(*Popillia mutans*)为主的多种金龟甲等。

(1)苹小卷叶蛾。苹小卷叶蛾幼虫俗称舔皮虫,是红肉猕猴桃果实最普遍、最常见、最严重的害虫,主要啃食果皮。一年生育3~4代,群体数量大,若不及时防治,果实被害率可高达80%以上,果皮被啃食后,形成许多疤痕并可连成片,疤痕对应的果肉最先腐烂,严重丧失商品价值,给猕猴桃生产造成极大损害。

(2)斜纹夜蛾。斜纹夜蛾幼虫俗称乌头虫,是一种喜温暖并耐高温的世界性分布的作物害虫,中国除个别地区外,各地都有发生。幼虫食性很杂,能取食300余种植物,属间歇性猖獗为害的害虫。2009年9月在都江堰胥家猕猴桃基地,暴发性发生了斜纹夜蛾幼虫大规模啃食猕猴桃叶的情况,数量之多,令人毛骨悚然。9月中旬是为害盛期,虫口密度极大,有的一株树上有几十至上百条虫,所到之处无一剩叶,食完叶后还啃食幼芽。它们无所不吃,吃完这块地后,马上集体越过园间道路迁移到另一块园地继续吃,直到吃光为止,受害面积上千亩。

(3)介壳虫。介壳虫为害猕猴桃枝、叶和果实,有10多个种类,以桑盾蚧为最严重。四川一年可发生3~5代,它们以成虫、若虫群集于适当部位后,固定不动,长久刺吸猕猴桃枝干、叶和果实的汁液,严重时遍布枝干和果实,密密麻麻,吸干树液,造成树势衰弱,甚至引起枝干或整株枯萎死亡,被害果实失去了商品价值。

(4) 叶蝉。叶蝉又名浮尘子,是为害猕猴桃的重要害虫,在南方已是著名的害虫,常见种类20余种。其中发生较普遍,对猕猴桃危害较严重的有6种,以小绿叶蝉和大青叶蝉为主。它们一年发生3代,成虫飞翔活动能力强,午间气温高时较为活跃。以成虫、若虫刺吸猕猴桃叶片、枝蔓的汁液,常造成叶片失绿呈灰白色而提早脱落,以秋季数量最多,为害最重,使植株生长发育受到严重影响。

(5) 金龟甲。危害猕猴桃的金龟甲有10多种,其中黄褐丽金龟、小青花金龟、棉弧丽金龟等较常见。金龟甲成虫食性很杂,几乎所有植物都吃,包括啃食植物的叶、花、蕾、幼果及嫩梢,形成不规则缺刻和孔洞。金龟甲的幼虫称为蛴螬,食性广泛,可啃吃很多种类的农作物、果树及林木的根。蛴螬是猕猴桃地下害虫中种类最多,分布最广,危害根部最严重的一个类群。啃食猕猴桃根皮,咬断地下幼根或根颈部,截断水分和养分的供给,严重影响猕猴桃的生长发育和结实,甚至导致整株死亡。四川的山区果园和靠近山区的平地果园,蛴螬往往对猕猴桃幼龄树造成成片死亡。金龟甲多为1年1代,少数2年1代,春、夏季成虫吃植株地上部,随后交配,入土产卵后孵化成幼虫即蛴螬,一直在地下吃植物的根。冬天以幼虫或成虫状态潜入深土层,营造土窝将自己包裹越冬。

为保证猕猴桃持续高产、稳产和优质,防治病虫害的工作应贯彻落实到全年生产中的每一环节。根据有害生物和环境之间的关系,充分发挥自然控制因素的作用,把病虫害造成的损失控制在经济允许水平之下,以获得最佳的经济、生态和社会效益。因为难以做到病虫害的早期诊断,一旦症状显露,树体组织和器官已被破坏,进行治疗难以奏效,所以应采取综合防治的原则,既要考虑经济成本,又能保护生态系统,防止环境污染,生产出无公害猕猴桃果品。

在综合防治的内容和措施上,首先,应实行检疫防治,杜绝将危险性病虫害从外地引入当地;第二,实行农业防治,通过技术措施协调好农业生态体系中各个因素,达到控制病、虫的数量,从而达到控制病、虫的危害;第三,选择与品种相适应的栽培环境条件,合理进行土肥水管理,增强树势,提高抗性,果实套袋,搞好果园卫生;第四,根据病虫害发生规律,提前预测预报,如根据四川多年经验,严寒冬季之后花量大增,利于增产,但溃疡病也大发,为害加重,遇此情况需及早预防,趋利避害;第五,开展物理防治,根据病虫的习性,用机械、热力、趋光等方法,采取灯光、糖醋液和潜所诱杀、地面覆膜、热力和预冷处理等,达到防治病、虫害的目的;第六,采用生物防治,以虫治虫,以菌治虫和以菌治菌,既能控制有害生物种群,又能持效安全。

化学防治在病虫害猖獗时仍是首选,具有快速、简便、高效的特点,可在短时间内控制病虫。但应不产生药害,不杀伤害虫天敌,不污染环境,不致病菌和害虫产生抗药性为原则。提倡合理选择农药,科学使用农药,优先使用植物源农药、微生物源农药、矿物源农药、昆虫生长调节剂和植物生长调节剂。化学农药在必要时仍是不可或缺的防治手段,但应选择低毒、低残留的化学农药。严格控制农药用量、次数和浓度,从施药方法和技术方面来提高药剂的防治效果。

3.4 市场营销体系建设是猕猴桃产业经济效益的保障

一些国家的猕猴桃产业能取得巨大经济效益,全赖于市场的健康发展,营销体系的建立健全。种植者努力管好果园,种出高质量和高产量的猕猴桃果品,由营销部门统一销售,无后顾之忧。营销者专心开拓市场,多销产品,销出好价钱。果农和营销商高度信任,待果品售完收回货款后再分账,以往新西兰的分配比例是果农约占84%,营销商约占16%。二者联合起来,各有分工,各施其责,各享其利,他们是命运和利益共同体。

我们的市场营销体系很脆弱,很不健全,往往种植者又是经销商,自种自销,随行就市。果品经销商小而分散,实力薄弱,争夺的是本地市场或者充其量是国内市场,无力竞争国际市场。经销商总是把种植者的价钱压得越低越好,先从种植者身上赚第一次钱,再从消费者身上赚第二次钱,种、销二者互不信任,利益不统一,这与国外的理念相去甚远。所以要把猕猴桃产业做强,首先要把市场做强,但这还要走一段相当长的路。如果猕猴桃产业缺乏市场支撑,种植者的积极性和利益受到挫伤,对产业发展极为不利。

四川猕猴桃产业发展到今天,仍然缺少市场营销的龙头企业,使产业发展的市场支撑乏力,所以营销体系建立健全应该摆到重要位置加以研究。市场营销体系建设,首先要靠政府协调,有意识地组织联合一些有实力的企业参与猕猴桃市场营销服务,给他们创造条件和扶持。其次,一些大的农业产业公司和种植者,应该向猕猴桃产业中的营销商转移。其实新西兰的猕猴桃营销体系就是这样形成的,通过多次联合、改组和重组,最终于1997年确立'猕猴桃新西兰',将'佳沛 zespr'国际有限公司作为其产品销售商并注册成商标,终于做大做强了该国的猕猴桃产业和猕猴桃经济。

3.5 科学技术进步是猕猴桃产业发展的永恒推动力

猕猴桃由原来一名不闻的野果变成了今天举世瞩目的深受消费者喜爱的畅销水果,发展成为欣欣向荣的猕猴桃产业,这是科学技术创造的奇迹。为什么原产中国的猕猴桃没有在中国首先开发并形成产业?归根结底是科学技术落后,没有用科技手段来认识猕猴桃的价值,也没有用科技手段来支持猕猴桃产业的发展。应该说中国科技界通过30多年的努力,在猕猴桃科学技术上取得了巨大进步和众多成果,无论是科技队伍培养,科研手段配置,优良品种选育,还是良种推广、栽培面积、产量和质量都不输别人。但科技力量的整合,科研方向和内容的分工,缺乏统一协调,各自为战,重复劳动,造成人力、财力和资源浪费。猕猴桃的各个方面都有研究,就缺乏研究市场。

猕猴桃科学研究和技术开发的重点,仍是围绕市场竞争的遗传资源与育种材料、新品种选育与产业化、栽培技术与病虫害防治、植物生理与营养管理、果实品质控制与采后处理等方面的研究和技术。但资源与育种研究永远是关注的重点。

The Consideration of Kiwifruit Industry Development in Sichuan Province

Wang Mingzhong

(Sichuan Provincial Academy of Natural Resource Sciences Chengdu 610015)

Abstract Looking back and analyzing the development of kiwifruit industry in Sichuan province, we pay attention to every step of kiwifruit industrial chain including the status and utilityof superior cultivars, cultivation techniques, pest control, marketing and scientific technology in kiwifruit industry development. It is only the problems existing in each step are fixed that kiwifruit industry will be better and stronger.

Key words Sichuan province Kiwifruit Industry Development Consideration

湖南猕猴桃产业发展现状与对策

王仁才 庞立

(湖南农业大学园艺园林学院 长沙 410128)

摘 要 湖南为我国野生猕猴桃分布中心之一,具有明显的种质资源与栽培品种优势,已选育出美味猕猴桃(*Actinidia deliciosa*)品种'沁香'、'米良1号'和中华猕猴桃(*Actinidia chinensis*)品种'丰悦'、'翠玉'、'楚红'、'丰硕'、'源红'、'湘吉'等品种,其中'米良1号'和'翠玉'为湖南主栽品种。猕猴桃"果王素"、休闲食品、果酒、醋等综合加工产业的迅速发展带动了全省猕猴桃产业的发展。当前湖南猕猴桃产业发展需在加快品种结构调整的基础上,加快标准化示范园建设,提高果实品质及安全水平,推进"公司+基地+农户+科技+加工"相结合的产业发展模式,实施以"地理标志保护制度"为特色的"湘西猕猴桃"品牌营销。

关键词 猕猴桃 产业 发展 现状与对策 湖南省

湖南省是我国野生猕猴桃的主要分布中心及原产地之一,也是野生资源的研究利用及猕猴桃人工栽培起步最早的省份之一[1,2]。早在1976年即开始进行猕猴桃野生资源调查,1979年成立全省猕猴桃科研协作组,进行全省猕猴桃资源调查与利用研究,继而选育了许多优良品种。20世纪90年代,由于湘西的地理优势、扶贫开发的支持,以及猕猴桃加工业的发展,猕猴桃生产得到迅速发展,2012年全省栽培面积达9 700 hm^2,产量12.2万吨以上,并成为湘西的主要产业之一。但随之出现生产品种结构单一、栽培管理粗放、采后处理措施滞后等诸多猕猴桃产业高效发展的制约因素。为充分利用湖南的自然条件与资源优势,促进猕猴桃产业化生产的持续发展,笔者以湖南湘西、湘南及湘东猕猴桃主产区为重点,进行了猕猴桃产业现状调查,结合国内外相关研究成果,在分析全省猕猴桃产业现状与存在问题基础上,提出了湖南猕猴桃产业发展的对策。

1 湖南猕猴桃产业发展的优势

1.1 优越的自然条件,丰富的猕猴桃资源

湖南地理环境素有"七山一水二分田"之称,其东、南、西三面环山,分别为幕阜山、罗霄山、南岭山脉、雪峰山及武陵山等山脉围绕,中部、北部地势低平,北部为洞庭湖平原,湘、资、沅、澧四大水系网罗全境,汇往洞庭湖,全省海拔跨度大,最高2000多米,最低在40米以下。湖南属于亚热带湿润季风气候,四季分明、热量充分(年均温度16~18.5℃),雨量充沛(年均雨量1 250~1 750 mm)。同时湘西地区与鄂西毗邻相连,同属寒武纪地质,土壤富含硒,其硒含量达0.2~0.8 mg/L。

由于不同海拔的特殊地理环境及良好的土壤、气候等自然条件,湖南不仅为我国野生猕猴桃分布中心之一,种质资源丰富,种类繁多,而且是我国猕猴桃的主产地及优质果生产区域之一。据1979年全国猕猴桃野生资源调查研究,湖南省是中华猕猴桃和美味猕猴桃的主要原产地之一,全省猕猴桃野生资源拥有35个种和变种(其中变种13个),加之后来发现的红肉猕猴桃与彩色猕猴桃2个变种,全省共拥有37个种和变种,占全国猕猴桃野生资源种类40%[2,3]。其中分布较广、蕴藏量大的种类主要有中华猕猴桃、美味猕猴桃、硬齿猕猴桃、阔叶

猕猴桃、金花猕猴桃及京梨猕猴桃,年产量约 23 000 吨。猕猴桃资源变异类型多,按果实大小有大果型、中果型等;按果形有圆形、扁圆形、长圆形等;按果肉颜色有黄色、绿色、红心等;按种籽多少有多籽、少籽、无籽等,同时尚有雌雄同株种质。全省 80% 以上的县市均有猕猴桃资源,且呈明显的水平地带性和垂直分布性规律,主要分布于山区,丘陵区次之,湖滨地区很少,以中华猕猴桃和美味猕猴桃分布最丰富,前者多偏东南分布,后者多偏西北分布,具有明显的种质资源优势[4]。

1.2 良好的研究与生产发展基础

湖南为最早进行猕猴桃野生资源调查、良种选育及人工驯化栽培等研究的省份之一。早在 1976 年即开始进行猕猴桃野生资源调查,20 世纪 80 年代中期,弄清了全省猕猴桃种质资源,首次发现并命名了美味猕猴桃新变种——彩色猕猴桃,进行了彩色猕猴桃原生质体融合及其再生植株农艺性状研究,相继选育出 470 个优良株系,筛选 40 个进行驯化栽培和良种选育,其中有大果型、长果型、红心型、无籽型、丰产型、矮化型等优良类型;而且在湘西北东山峰农场建立了当时国内最大的猕猴桃人工驯化栽培基地,面积达 200 hm^2,进行猕猴桃生物学特性、适栽环境及人工栽培技术研究。20 世纪 90 年代以来,湖南吉首大学选育出美味猕猴桃品种'米良 1 号'、'湘吉'等[5];湖南农业大学还就猕猴桃雄性品种选育进行了系统研究,探讨了雄性品种选育的基本原则、条件与方法,选育出美味猕猴桃'湘峰 83-06'、'湘峰 83-11'和中华猕猴桃'岳-3'、'岳-9'等优良雄性品系[6]。湖南农业大学选育出美味猕猴桃优质鲜食品种'沁香',特耐贮藏新品系'E-30'等[7];湖南园艺研究所选育出中华猕猴桃'丰悦'、'翠玉'、'楚红'、'丰硕'、'源红'等新品种。其中'米良 1 号'由于适应性强,易栽培管理,产量高,且鲜食加工均宜而迅速成为湖南特别是湘西地区的主栽品种,'翠玉'、'沁香'由于风味品质佳成为湖南推广栽培的优质鲜食品种。新近选育的'丰硕'、'源红'为优质耐热新品种,'湘吉'为无籽猕猴桃。同时,就猕猴桃育苗、建园、丰产优质栽培技术、猕猴桃耐贮性机理及贮藏保鲜技术进行了系统研究,2003 年成立了湖南猕猴桃产业化工程技术研究中心,从而为猕猴桃产业发展奠定了良好基础,促进了猕猴桃生产的迅速发展。截至 2012 年,全省猕猴桃栽培面积 9 700 hm^2,产量 12.2 万吨,湘西地区栽培面积占全省 90% 以上。

1.3 较快发展的加工及深加工业

早在 20 世纪 80 年代初,湖南即有 30 多家罐头厂、酒厂生产猕猴桃制品,如整果和片罐头、果汁、果酒、果脯等,但由于技术和市场问题均未能发展起来。20 世纪 90 年代起,原湖南老爹猕猴桃公司(现湘西老爹生物有限公司)就猕猴桃综合加工技术进行了深入研究,并从果实种子萃取的种子油中研究出具有降血脂功效的"果王素"保健产品,已开发出果汁、果脯、果籽饼干、休闲食品、果王素、化妆品等 35 个系列加工产品[8]。长沙国猿猕猴桃科技开发有限公司研发的猕猴桃果王酒深受国内外市场欢迎。猕猴桃加工业优势突显[9,10]。

1.4 初见成效的产业模式

湘西地区依托加工龙头企业优势初步建立了"公司+大学+协会+基地+农户"的科技扶贫新模式和产业运营机制,成立了湘西猕猴桃产业协会。公司与农户采用股份合作制、租赁经营制及创业扶持三种合作模式,其中创业扶持制是对于有独立创业愿望的农民,公司免费提供培管技术,经农户申请,公司可向部分农户提供价值 15 000 元/hm^2 的搭架铁丝和水泥柱,农户则以产出的鲜果还款。通过该产业模式的实施,促进湘西猕猴桃产业迅速发展,成为湘西山区扶贫致富的支柱产业[8,11,12,13,14]。

1.5 品牌效应的国家地理标志保护产品

地理标志是指识别某产品来源于某地域或该地域内某地区、地点的标志,而该产品的特定质量、信誉或其他特性主要取决于该地理来源,受世贸组织与贸易有关的知识产权协定(TRIPS 协定)的保护,被誉为产品进入国际市场的"绿色通行证"[15],地理标志保护产品有利于提高产品市场竞争力,打造具有自主知识产权的民族品牌。2007 年,"湘西猕猴桃"成为国家地理标志保护产品,为增加湘西猕猴桃声誉、提高猕猴桃国内外竞争力奠定了良好基础。

2 湖南猕猴桃产业发展存在的问题

2.1 品种较单一、结构不合理,影响市场销售竞争力

目前主栽品种'米良1号'占总栽培面积的 82%、总产量的 80%,而早中熟的中华猕猴桃'翠玉'、'红阳'仅占总面积的 15%,总产量 18%。由此可见,晚熟品种占绝对比重,且品种较为单一,造成成熟期集中,市场供应单一,加之果实成熟期温度高,采后处理设施滞后,从而严重影响果品的市场销售与竞争力。同时,主栽品种'米良1号'虽产量高、投产早,但果实风味偏酸,果实不耐贮藏,偏适于加工。'红阳'猕猴桃果实品质好,深受市场欢迎,售价高(20 元/公斤),但果实偏小,极不耐贮,同时'红阳'果肉的红色性状不稳定,易受海拔高度、夏季气温与湿度的影响,且适应性较差,病虫害严重,高海拔山区栽培易感溃疡病。因此品种结构严重不合理,综合商品性状优良、适应性广泛的主栽品种严重不足。

2.2 栽培管理粗放,缺乏标准化栽培的应用

2.2.1 缺乏统一规划,建园质量低

许多种植户栽培管理随意性较大,未能根据猕猴桃生物学特性及品种特性进行合理规划,适地适栽。部分猕猴桃种植者直接使用干旱瘠薄丘岗地、土壤板结、排水不良的平地、或未行改良的洼地种植猕猴桃。同时,建园基础设施薄弱,平地及稻田未开好排水沟,山地则缺乏蓄水、保水工程,靠天灌溉,从而造成雨季平地、稻田果园植株因涝死株现象明显,或根腐病为害严重;山地因夏季高温干旱引起严重落叶落果,甚至全株死亡现象突出。如 2006 年及 2013 年的高温干旱造成湘西猕猴桃大面积落叶落果,不仅严重影响了当年产量,而且造成许多植株死亡并影响次年产量。

2.2.2 搭架及整形技术不规范

湖南大部分产区猕猴桃虽然采用水泥桩棚架,但架材多偏小,架高偏低,整个架面低,架面不牢固,造成结果后园内通风透光性差,果园郁闭,病虫害严重,果实品质降低,而且带来管理操作的不便。同时,许多果园未采用单干上架的规范整形技术,常一株多干,树形凌乱,架面枝条纵横交错,株与株之间也是交织在一起,导致架下枝条结果少,以架上枝条结果为主,造成平面结果,从而产量降低。

2.2.3 标准化果实管理技术缺乏,果实品质降低

许多果园片面追求产量,强调保花保果,从不疏果,树体超载严重,造成果多但大小不一致,小果比例达到 35% 以上。同时,为了增大果实,使用了大果灵(CPPU)等植物生长调节剂浸果或喷果,使果实的耐贮性大大降低,加之大果灵喷涂不匀,造成畸形果多,外观品质差。此外,缺乏统一采收标准,普遍早采现象严重。目前猕猴桃主要是根据果实可溶性固形物含量确定最佳采收期,但大部分果农与经销商均因缺乏检测条件,主要凭经验和市场需要来判断采收,从而造成果农为了销售好价格,普遍提早采收,甚至有些果农只要有人收购即采。本来要

国庆节上市的湘西'米良1号'多提早至9月上旬即采收完成,近两年甚至在8月初即采收上市,此时果实可溶性固形物尚未达到5%、果实口感差、品质低劣,从而大大地影响了该品种果实的销售声誉。

2.2.4 冬季清园管理不到位,病虫害严重

冬季果园管理不重视,未有效进行整形修剪、挖园清耕、清洁果园及打药封园等冬季清园管理工作,致使越冬病虫密度大,次年病虫为害多,如蝽象、黑斑病等危害果实造成落果、烂果及疤痕果等,严重影响产量与品质,而且提高了果园管理成本。

2.3 采后商品化处理能力低,贮藏保鲜设施滞后

目前湖南猕猴桃果实大部分销售仍是统装销售,只有少部分高档果实实行采后手工分级包装,其处理量不足销售总量的9%,且缺乏标准化的猕猴桃采后商品化处理包装线。同时大多产地多采用简易通风库及常温贮藏,部分有条件的采用冷库低温贮藏,但低温冷库容量小,全省不足1 000吨,不足总产量的2%。由于湖南果实采收期集中、采收期温度高、贮藏设施的不足等因素造成果实积压、腐烂损耗率高,市场供应期短,持续供货能力低,加之果品在外观一致性、质量稳定和包装档次上同进口猕猴桃存在较大差距,尚难以进入主流超市和高端市场,因此较难实现猕猴桃产业的高收益,也难以持久地在消费者群体中形成品牌号召力。

3 湖南猕猴桃产业发展的对策

3.1 合理规划,优化产业布局,实行区域化种植

按照"统一规划、合理布局、集中连片、规模发展"的思路,根据湖南猕猴桃不同种类品种适应分布带及各区域自然条件与地理实际,合理规划猕猴桃栽培种类品种及其优质栽培区域,建立优质猕猴桃生产基地,改造老猕猴桃果园。具体栽培品种部署,如在湘西北可以中晚熟及加工型的美味猕猴桃品种为主;在湖南湘东、南地区则宜以发展中华猕猴桃优质早熟鲜食良种为主。

3.2 加快良种选育与品种结构调整

充分利用湖南资源和生态优势,积极选育新品种,培育适合不同消费市场和满足上市季节的新品种,加快品种结构调整。在优化利用现有品种基础上,积极引进成熟早、品质优适于湖南发展新品种进行栽培推广。

3.3 加强猕猴桃标准化示范园建设,建立和推行标准化栽培技术规范及技术体系

建立猕猴桃丰产优质标准化生产示范基地,积极探索研究猕猴桃标准化生产综合配套技术。加快规范建园、配方施肥、科学修剪、人工授粉、合理负载、果实套袋、果园生草覆盖、节水灌溉、病虫综合防治、生态栽培等关键生产技术的应用,积极推广栽培新技术,提高猕猴桃果品品质及安全水平。

3.4 探索与完善产业发展模式,推进猕猴桃产业化经营

加深企业与科研单位合作,建立产学研联盟;加强技术人才培养,促进科技成果转化;培育壮大龙头企业,推进猕猴桃产业化经营;完善"公司+基地+农户+科技+加工"相结合的产业化发展道路,促进与农户联结的合作经济组织发展。

3.5 加强果品文化建设,实施以"地理标志保护制度"为特色的"湘西猕猴桃"的品牌营销

借助湖南对猕猴桃果品营养与健康的系统研究与深度开发的优势,一方面加大猕猴桃营养与健康文化的建设与宣传;另一方面充分利用湖南得天独厚的自然优势和旅游资源,发展休闲观光果园,让游客充分了解猕猴桃文化,掌握果品生产、贮藏、营养保健等方面的知识,从而

拉动消费,促进猕猴桃产业快速发展。同时,依托"湘西猕猴桃"的产品品牌,加大宣传利用,进一步实施以"地理标志保护制度"为特色的品牌营销,在国际市场上实施差异化战略,摆脱低价竞争,打造湖南猕猴桃知名品牌。

参考文献

[1] 崔致学.中国猕猴桃[M].济南:山东科学技术出版社,1993
[2] 熊兴耀,王仁才.湖南猕猴桃资源的研究与利用[C]//黄宏文.猕猴桃研究进展Ⅳ.北京:科学出版社,2007
[3] 林太宏,熊兴耀,王禹道.彩色猕猴桃地理分布、植物学特征及主要生长习性的初步研究[J].广东农业科学,1991(2):17-19
[4] 祝晨,张宏达,徐国钧,等.湖南省猕猴桃属植物资源调查[J].中国中药杂志,1998,23(1):8-10
[5] 王仁才.猕猴桃优质高效生产新技术[M].上海:上海科学普及出版社,2000
[6] 李顺望,熊兴耀,王仁才,等.猕猴桃雄性品种选育和栽培利用探讨[J].园艺学报,1989,16(2):89-94
[7] Wangrencai. The selection and cultivation of 'QinXiang' Actinidia [C]//The Fifth International Symposium on Kiwifruit Acta Horticulture, 2003
[8] 李吉斌.加强猕猴桃产业链建设带动湘西林业产业快速发展[J].湖南林业,2009(8):18-19
[9] 朱春华,龚琪,李进学,等.猕猴桃果实加工综合利用研究进展[J].保鲜与加工,2013,13(1):57-62
[10] 郑晓琴,陈彦,李明章,等.猕猴桃加工技术发展现状及四川猕猴桃产业近况[J].资源开发与市场.2009,25(6):531-533
[11] 钟彩虹,李大卫,龚俊杰,等.湖北省猕猴桃产业发展调查与研究[J].湖北农业科学,2012,51(12):2496-2502
[12] 刘占德,刘燕飞,陈鑫,等.以大学为依托的猕猴桃产业化技术推广效益研究[J].安徽农业科学,2012,40(18):9920-9922
[13] 涂美艳,江国良,陈栋,等.四川省猕猴桃产业发展现状及对策[J].湖北农业科学,2012,51(10):1945-1951
[14] 黄伟,万明长,乔荣.贵州猕猴桃产业发展现状与对策[J].贵州农业科学,2012,40(4):184-18
[15] 霍尚一.猕猴桃产业发展的奇迹:新西兰猕猴桃的案例启示[J].生态经济,2011(5):131-136

Development Status and Strategy of Hunan Kiwifruit Industry

Wang Rencai　Pang Li

(Horticulture and Landscape College, HNAU　Changsha　410128)

Abstract　As one of distribution center of wild kiwifruit in China, Hunan Province has obvious advantages on natural resources and cultivars, and has selected *Actinidia deliciosa* cultivar 'qinxiang', 'Miliang-1' and *Actinidia chinensis* cultivar 'Fengyue', 'Cuiyu', 'Chuhong', 'Fengshou', 'Yuanhong', 'Xiangji' etc. 'Miliang-1' and 'Cuiyu' are main cultivars in Hunan. The advantage in processing production of 'Capsult of kiwi oil', 'Snack foods' and 'Cosmetics' produced by Xiangxi, Guanyuan kiwi wine and vinegar produced by Changsha promoted the kiwifruit industry development in Hunan. Nowadays, it needs to speed up the adjustment of cultivar structure and the construction of standard demonstration gardens, improving fruit quality and safety standards. Furthermore, it also needs to promote the model of "company + cultivate base + farmer + technology + processing" and the development of cooperative economic organizations, implement the brand marketing strategy of national geographical indications protection featuring 'Xiangxi kiwifruit'.

Key words　Kiwifruit　Industry　Development　Status and Strategy　Hunan province

湖北建始县猕猴桃产业存在的问题与对策

王顺安 黄庭文

(建始县林业局 湖北建始 445300)

摘　要　通过对建始县猕猴桃产业发展现状的分析,指出建始县猕猴桃产业在品种结构、优果率、储藏保鲜、销售、深加工及组织等方面存在的问题,并提出相应的政策、建议,以保证建始猕猴桃产业的进一步发展。

关键词　建始县　猕猴桃　产业

1　建始县猕猴桃产业发展概况

建始县位于鄂西南山区北部,史称"川楚咽喉"。地跨北纬30°06′~30°54′,东经109°32′~110°12′,是"人类起源地"、"世界硒都"。东连巴东县,西接恩施市,南邻鹤峰县,北与重庆市巫山县毗连,西北与重庆市奉节、巫山两县接壤。神奇的"北纬30°线"纵贯县境,是世界公认的猕猴桃原生区和最佳适生区,其境内蕴藏着大量的野生猕猴桃资源。同时,建始县又是湖北省定点的猕猴桃标准化栽培示范县、湖北省最大的猕猴桃生产基地及中国富硒猕猴桃产业第一县。

建始俗称"金建始",总面积2 666平方千米,耕地面积70万亩,辖4乡6镇,407个行政村,51.3万人。近年来,建始立足资源禀赋和地缘优势,积极实施林果产业发展战略,按照"市场引导、科技支撑、企业拉动、政策扶持"的思路,强力推进猕猴桃产业规模化、标准化、品牌化、产业化发展。截至目前,全县共发展猕猴桃2万亩,2012年全县猕猴桃鲜果产量1 500吨,产值3 000万元,在湖北省名列前茅。全县共有10万人从事猕猴桃及其相关产业,带动了农村经济的发展。与之相关的贮藏加工业、销售运输业也迅速发展起来,提供了新的就业机会,保证了农村的社会稳定。目前,全县猕猴桃贮藏冷库已达10余座,总库容达5 000吨。全县猕猴桃深加工企业1家,初步形成了产、销、加工一条龙的产业化经营格局。

2　建始县猕猴桃产业存在的问题

2.1　主打品种单一,且适应性差,容易滋生猕猴桃溃疡病,为产业的做大做强埋下隐患

当前建始海县主打品种为'红阳',市场占有率为80%,'红阳'虽然好吃、好销、价格高,但其产量低、果实不耐贮藏且抗病性差,容易感染溃疡病,而溃疡病是一种细菌性病害,一旦感染,传播途径广泛、蔓延快,而且可防不可治,感染的病株,只能铲除销毁,别无他法,这给猕猴桃产业的发展埋下隐患。与之形成鲜明对比的是,从新西兰进口的优良猕猴桃品种'海沃德'在建始县多地表现出较强的适应能力。而建始县猕猴桃品种多是栽种于20世纪90年代的'红阳'、'金魁'、'米良'、'武植'系列等品种,这使得病虫害防治难度很大。

2.2　经费投入严重不足,后期管理不到位

前几年,县政府设立了猕猴桃专家组,聘请了猕猴桃首席专家,但没有工作经费,致使专家组无法开展工作。猕猴桃的后期管理,特别是溃疡病的防治工作,要群防群治、整体联动,才能

消灭殆尽，没有基本投入，尤其是药品投入，群防群治只能是纸上谈兵，一纸空文。

专业合作社和种植大户，也存在投入不足，管理跟不上的现象。有的地方在发展的时候，党委政府对农户作了大量的承诺，到现在没有兑现，农户有很大的抵触情绪，甚至产生了反感。还有少部分农户等、靠、要思想严重，苗木已长到了一米多高必须上架，农户不想自己出铁丝，坐等政府出资购买，没有积极性。

2.3 组织机构缺乏，技术推广体系没有发挥应有的作用

建始县自2000年发展猕猴桃初期，成立过猕猴桃产业发展办公室，但由于后期暴发溃疡病，产业毁于一旦而解散了猕猴桃产业发展办公室，到目前为止还没有专门的猕猴桃产业管理机构，成了农业技术推广体系中的空白，致使猕猴桃产业发展处于放任自流、自生自灭的无序阶段。

2.4 果品品质下降，优果率低，与真正的有机猕猴桃有差距，影响猕猴桃的销售

（1）标准化管理技术普及率低。技术服务不到位造成大部分果农重栽不管，放任式经营。栽后忽视管理，任其自生自灭，形成弱树，基本上没有产量；部分管理的果园，也因缺乏技术，在施肥、整形、修剪等方面达不到要求；甚至部分果农舍不得投资，不搭棚架，任其生长。长期以来的低水平管理，导致投产率低，单产水平不高，品质一般，发挥不出应有的效益。

（2）早采、早卖的行为屡禁不止。由于品种结构不合理，早熟价格比集中上市时略高，部分果农早采、早卖未成熟果，使其流向市场，影响建始猕猴桃的形象。

（3）只求产量，忽视质量。果园整体管理水平低，有的果园为追求产量滥用化肥、农药及"膨大剂"。"膨大剂"化学名叫"吡效隆"，是一种激素类药物，俗称"大果灵"，用过"大果灵"的猕猴桃果个猛增且成熟期提前，造成果实品质下降，且不易贮藏，贮藏中易腐烂。目前，"大果灵"已被各地禁用。

2.5 管理、服务滞后，组织化程度低

（1）信息服务体系尚未形成，没有专门的信息服务机构和组织。

（2）市场服务体系不健全，产销渠道不畅。产地市场很不规范，缺少必要的硬件设施和销售环境，销售地市场和窗口建设就更无从谈起。

（3）龙头企业少，种植与经营大户不多，猕猴桃销售主要依赖于外地客商上门收购，果品销售形不成网络，产销渠道不稳定。

2.6 产后处理与贮藏保鲜能力不足，增值不明显

建始猕猴桃采后处理滞后，大小不一，优劣不分，统装统卖，包装大众化。尽管有的猕猴桃果实品质不错，但因卖相差，贮藏、保鲜及仓储等功能设施不足，好果无好价。

建始猕猴桃采摘后，由于优果率低及生产规模较小等，使得经保鲜等处理的猕猴桃比例低。因为果库对猕猴桃果实要求较高，有的还要进选果机，农户对进入果库储存没有积极性，因此农户采摘后大多现场进行处理，或以较低的价格整体出卖给经销商，农民自己将果实送交果库储藏的很少。少量进入果库的猕猴桃也由当地一些资金丰厚、人际关系较广的经销商以低价收购；但又因信息不对称等原因，这些经销商在扣除成本和各项费用后赚得很少。所以建始猕猴桃虽然品质好，但因仓储管理工作跟不上，没能把握住春节前后出售这一有利商机。

3 建始县猕猴桃产业发展的对策

发展猕猴桃的优势资源，把猕猴桃产业列入全县林果产业发展系统工程，应坚定不移地推进猕猴桃产业的发展，坚持以市场为导向，以产业提质增效、果农增收为目标，通过更新观念，

健全技术服务体系,加强技术指导,加大科技投入,加速推进产业化经营,将资源优势转化为经济优势。

3.1 进一步加强品种结构调整[1],引进新特优品种

一是加强对原有区域内的品种改进工作。通过嫁接、扦插等技术对现有果园进行品种改良。在保持原有'红阳'、'金魁'、'米良'、'武植'系列品种的基础上,扩大国际名牌'海沃德'品种的栽培面积,逐步进行品种结构调整,发展新特品种,改变建始县主打品种单一的现状。

二是依托现有的科研机构,多方吸引资金,利用本县野生猕猴桃资源,加大对猕猴桃新品种的研究开发力度,开发出一些名优品种,提升建始县猕猴桃品种结构。

3.2 坚持因地制宜、科学规划的原则,制定全县猕猴桃产业发展统一规划

县委、县政府要出台决定,一是加强宣传引导,增强果农发展猕猴桃产业的信心,通过大力宣传、示范引导、加强培训等措施,增强果农战胜溃疡病,大力发展猕猴桃的信心;二是禁止在海拔700 m以上发展'红阳'猕猴桃,在1 200 m以上发展猕猴桃;三是今后发展猕猴桃品种应以'海沃德'、'金桃'为主,其中'海沃德'要占80%以上;四是发展的重心要向长梁、业州、三里等低山乡镇倾斜,花坪镇主要是稳定现有发展面积,加强后续管理,不再大规模发展,使全县猕猴桃园的种植面积逐步达到5万亩。

3.3 健全机构,解决必要的工作经费

设立猕猴桃产业发展办公室,定编4~5人,解决相关工作经费,专门负责猕猴桃产业发展有关工作。同时将猕猴桃后期管理和病虫害防治工作经费纳入财政预算,每年100万元,确保足额到位。

3.4 加强科技交流和培训,推行标准化生产

组织技术人员和种植大户到湖南吉首、河南西峡、陕西周至参观学习,加大猕猴桃生产技术培训,提升果农猕猴桃生产科技水平和管理水平。建立1 000亩猕猴桃高标准示范园,逐步推行猕猴桃的标准化生产。

3.5 培植扶持龙头企业和生产经营大户

通过政府引导和帮扶,有目的、有选择地培育一批贮藏、加工、营销龙头企业和大户。鼓励龙头企业、专业合作社及技术人员领办猕猴桃生产示范园,逐步使企业、猕猴桃专业合作社和种植、营销大户成为发展主体,通过他们来拉动产业的发展,提高产业的组织化程度。通过招商引资,支持龙头企业建设1~2个2 000吨的猕猴桃气调保鲜库,从而带动全县猕猴桃产业升级,提升市场竞争力。

3.6 以专业合作社为载体,建立猕猴桃产业全程服务体系

建设完善猕猴桃专业合作社联社,建立"信息、市场、营销"三大体系。开展对猕猴桃的国内外市场动态和病虫害预测预报、技术服务等工作;发展壮大猕猴桃专业合作联社,逐步建立起以龙头企业和专业合作社为主体的果业营销服务体系;建设产地批发市场和销售窗口。

3.7 加大科技投入,推动猕猴桃产业的发展

从各方面积极争取项目资金用于猕猴桃良种的引进、中试、示范,以及新技术的推广与技术培训。逐步扩大猕猴桃生产规模,提高猕猴桃生产的产业化经营程度,使猕猴桃产业又一次成为建始县继烟草产业之后的第二大支柱产业。

参考文献

[1] 黄宏文,等.猕猴桃高效栽培.北京:金盾出版社,2001.

Problems and Countermeasures of the Kiwifruit Industry in Jianshi County, Hubei Province

Wang Shunan   Huang Tingwen

(Forestry Bureau of Jianshi County Hubei Jianshi 445300)

Abstract Based on the analysis on the developing situation of kiwifruit industry of Jianshi county, the paper indicated the problems in product structure, ratio of quality fruit, storage preservation, markrting, deep processing, and organization in the kiwifruit industry. Relevant policy and suggestion were proposed with the aim of assuring further development in the industry.

Key words Jianshi county   Kiwifruit   Industry

桂林市猕猴桃产业存在问题与对策

张 欣

(桂林市水果生产办公室 广西桂林 541001)

摘 要 根据桂林市的自然环境、猕猴桃的分布情况,介绍猕猴桃产业在桂林市发展存在的问题。结合目前国内猕猴桃产业发展的情况,提出在桂林市发展猕猴桃产业的对策。

关键词 猕猴桃产业 分布 问题 对策 广西桂林

猕猴桃属共有109个种(变种、变型),广西壮族自治区分布有38个种(变种、变型),约占全国所有猕猴桃的1/3,与云南省同居全国首位,其中16个种为广西特有。而桂林的龙胜县、资源县在广西猕猴桃分布最多的地区榜上有名。这无疑是为桂林猕猴桃产业发展提供了广阔的资源。与此同时,由于猕猴桃喜欢温暖湿润、阳光充足、土壤适宜、排水良好的环境,萌芽期怕晚霜和大风,生长期怕旱怕涝,成熟期怕霜冻和降雪。在降水量1 000 mm左右、空气湿度大的地区猕猴桃生长发育良好。猕猴桃发育较正常的地区,年平均温度15.0~18.5 ℃,7月平均最高气温30~34 ℃,1月平均最低气温4.5~5 ℃。桂林市大部分地区尤其是北部山区都适合猕猴桃的生长。然而要进一步发展桂林市的猕猴桃产业,还需要进一步了解桂林市的猕猴桃产业现状和存在问题。

1 产业现状

据桂林市水果生产办公室定案数,截至2012年桂林市猕猴桃面积为4 500亩,投产面积为2 952亩,产量为2 550吨。目前为止,桂林大面积栽培的多为鲜食品种,如'红阳'、'金艳'、'翠香'等。主要种植县为资源、龙胜、临桂、兴安等县。其中,以资源县栽培的'红阳'猕猴桃比较有特色。

2 存在问题

2.1 人工种植面积小,品种结构单一

除资源县有较成规模的'红阳'猕猴桃外,其他各县虽有种植各种猕猴桃品种,但是还未成规模,个别县虽有猕猴桃但是没有管理,基本上没有产量。因此桂林市的猕猴桃面积及产量都有提升的空间。

2.2 种植较为分散,科技投入不足

桂林市北部山区有大量的猕猴桃分布,但是除'红阳'猕猴桃有公司参与,并有技术指导和销售引导外,其他品种的猕猴桃基本是以各家各户种植为主,没有一套成熟集成的技术做指导,基本上无科技投入,碰到病虫害就束手无策。

2.3 资源未充分利用,优质果品率低

桂林市虽然有很多的野生猕猴桃资源,市场上也有些野生猕猴桃销售,但因为不成规模,

作者简介:张欣,女,1979生人,硕士研究生,农艺师,桂林市水果生产办公室副主任,从事农业技术推广。

加之品种参差不齐,很难提高果品的整体质量,价格自然上不去。即使有品质较好的果品,也不能做到优质优价。

2.4 产业体系不健全,信息服务滞后

目前,桂林市除资源县的'红阳'猕猴桃有公司参与外,其他品种猕猴桃均没有与加工企业和专业合作社合作,种植户自种自卖,分散销售,不能实现猕猴桃的最大经济价值。

2.5 缺乏加工品种

目前,桂林市主要的品种为'红阳'、'金艳'等鲜食品种,虽然鲜食的品种可以品质获得较好的收益,但是每年猕猴桃采收只有9~10月期间,由于猕猴桃储藏要求较高,所以储藏相对较难,并且经过储藏的猕猴桃味道大不如鲜品,价格被市场左右的风险随之增加,因此加工品种的缺失是猕猴桃产业大规模发展的重要缺失部分。

2.6 果品深加工技术的研发有待加强

果品的采后处理和精深加工是水果产业发展趋势,它既可以缓解市场销售压力,又可以延长产业链,有效增加果品的附加值,提高果农收入。统计表明,果汁、果酒、果醋的市场份额逐年增加,果酱、果脯等相关加工技术的研发也日渐成熟,猕猴桃作为加工鲜食兼用的水果,进行深加工可以大大提高它的附加值。目前,国内外初级产品和深加工产品之间的价格差值较大,猕猴桃深加工已成为我国猕猴桃产业发展的一个趋势。猕猴桃作为一种营养价值较高的果品,随着人们生活水平的提高和保健意识的加强,猕猴桃的市场需求会日益旺盛,产业前景广阔。

3 发展对策

3.1 高标准建园,提升基地素质

根据猕猴桃的生物学特性,结合桂林市山区特点,猕猴桃建园应选择平坦地或坡度在15°以下背风向阳的缓坡地,海拔400~1 200 m,土壤pH=5.5~6.5,土层深厚、有机质含量高、疏松透气、排灌条件良好、交通便利的地方为佳。栽培优质品种要配置好花期一致的授粉树,雌雄配置比例为(6~8):1。新建基地要高标准建园,加强水、电、路、渠配套设施建设,确保建一块成一块。

3.2 加大科技投入力度,培养专业技术人才

一是加大高科技投入,使猕猴桃从种植到收获,再到贮藏都有科技的支撑,延长猕猴桃的销售时间。虽然我国种植猕猴桃的面积居世界第一位,但是单产、优质商品果率和新西兰、意大利还有很大差距,重视科技的投入才能缩小差距。二是抓好科技人才技能培训,通过形式多样的培训活动,把猕猴桃种植技术普及到千家万户,培养一批猕猴桃种植能手和技术骨干。

3.3 发展专业合作组织

实行标准化生产建立猕猴桃合作社,严格管理,进行标准化生产,使引进的先进种植管理技术可以迅速推广,严禁使用膨大剂及类似果实膨大剂等植物生长调节剂蘸果或喷洒,促使果实非正常膨大,影响果实商品性和安全性。在果实最佳成熟期采摘,严禁早采影响果实本来的风味。

3.4 大力开发野生资源

广西野生猕猴桃资源很丰富,而桂林西北部山区的龙胜县、资源县正处在这个猕猴桃资源带上,这不但说明了桂林市发展猕猴桃产业有着得天独厚的自然资源,也表明桂林的环境很适合猕猴桃的栽培种植,利用猕猴桃科研人才队伍大力开发桂林市的野生资源已经刻不容缓。

如果能将桂林市的野生猕猴桃资源开发完成,桂林市猕猴桃产业不仅可以从无到有,从小到大,而且可以走出国门,走向全球。

3.5 依托当地旅游景点

"桂林山水甲天下",自古就有名句在描述桂林的美景,桂林市完全可以依托国际旅游文化名城的名片,打好旅游牌促进桂林市猕猴桃产业的更好发展,如在旅游景区周围发展优质有机猕猴桃观光园,不仅可以增加收入,还可以为游客增加新的乐趣。

3.6 发展加工品种,增加产业的抗风险力

加工品种的广泛种植是猕猴桃产业发展不可或缺的重要部分。要提高猕猴桃产业的附加值,必须提高猕猴桃产业的抗风险能力,就需要多品种种植,比如加工品种的引入就可以解决以上的问题,既保证了产品的营养,又延长了货架期,提高了猕猴桃产业的抗风险能力。

参 考 文 献

彭家清,等.2013.十堰市猕猴桃产业发展存在的问题与对策.现代农业科技(1):36-318
梁畴芬,等.1983.论猕猴桃属植物的分布.广西植物,3(4):229-234
俞学文,等.2013.上虞市猕猴桃产业发展现状及对策.浙江农业科学(4):416-418

Existing Problems and Countermeasures of Kiwifruit Industry in Guilin City

Zhang Xin

(Fruit Production Office of Guilin City Guilin 541001)

Abstract Based on the natural environment and distribution of kiwifruit in Guilin City, the existing problems of kiwifruit industry in Guilin Ctiy was introduced. Combined with the kiwifruit industry development status in China, some developing countermeasures for kiwifruit industry in Guilin City were proposed.

Key words Kiwifruit industry Distribution Problem Countermeasure Guangxi Guilin

贵州省猕猴桃生产发展刍议

周骥宁

(贵州吉恒奇异果农业生态发展有限公司　贵州贵阳　550018)

摘　要　贵州为猕猴桃属植物重点分布的省区之一,适于大面积经济栽培,20世纪70年代贵州省果树研究所开始引种试验,80年代研究培育出'贵长'、'贵丰'、'贵蜜'、'贵露'四个地方品种,九五期间全省实际种植面积不到20万亩,由于产业运行机制出现问题,逐渐萎缩到目前不足6万亩。本文就猕猴桃生产发展中许多关键环节进行探讨。首先,在种植管理上选择适合本地栽培的'海沃德'、'徐香'、'红阳'、'翠香'、'金桃'5个品种;其次,采用大窝、多肥、壮苗等建园的重要技术;选用"T"字形小棚架、大棚架和相应的树形,以及对结果母蔓采用缓放和疏剪是增产的重要措施。注意反复摘心、园内排灌、病虫害防治等技术环节。最后,果品加工产量及品质有待进一步提高,果品贮藏等科学研究方面还有待探索。

关键词　贵州省　猕猴桃　种植面积　生产发展　关键环节

"九五"期间贵州省猕猴桃生产发展较快,六盘水、丹寨、江口、龙里、剑河、贵阳、修文等地都有了一定的栽培面积,并有急速扩大之势,然而由于多种原因,目前已萎缩至不足6万亩,"十二五"期间全省计划发展40万亩。现就生产发展中存在的一些问题,提出一些看法,供参考。

1　国内外简况

猕猴桃原产自中国,由于它的风味独特,营养丰富,经济价值较高,是水果中的珍品,各国竞相发展。目前栽培利用猕猴桃的国家除我国外,有新西兰、美国、法国、日本、意大利、澳大利亚、印度、荷兰、比利时、德国、埃及、伊朗、南非和俄罗斯等,尤以新西兰猕猴桃商品化生产居世界首位。新西兰1904年引入种子,1910年开始结果,1940年左右开始商业性栽培,1953年进入国际市场。以后发展迅速,2010年发展到面积13 600公顷,产量38.5万吨。美国也发展很快,自1904年引入后,1910年在加利福尼亚州开始结果,种植面积已达1 600公顷,2010年产量达2.5万吨。法国在1971年建立150亩猕猴桃果园,2010年发展到4 600公顷,产量6.7万吨。日本1963年先后从新西兰引入种子和苗木栽培,2010年面积达2 700公顷,产量3.7万吨。

在我国,1955年中国科学院南京植物园引种栽培,进行生物学特性观察。随后一些研究单位相继引种栽培,但我国丰富的猕猴桃资源并未引起足够的重视。自1978年和1980年两次全国猕猴桃科研座谈会议,不少省区开展了资源调查、良种选育、苗木繁殖、丰产栽培和加工贮藏等多项研究工作。至2010年全国已栽培的猕猴桃70 000公顷,产量49.2万吨。目前国际猕猴桃市场98%仍为新西兰所占领,市场紧缺,供不应求,主要进口国为日本、美国、德国、法国和南美国家等近30个国家。栽培猕猴桃,发展创汇农业,前景乐观,大有可为。

2　贵州发展猕猴桃生产的前景

据报道,全世界有猕猴桃61个种,我国有57个种和46个变种,除内蒙古、宁夏、新疆、青海外,其余省份均有生长。分布区由东北的大兴安岭南下,顺东南季风控制的长白山山地往西至燕山山地,特别是燕山东南侧迎风坡,随太岳山、太行山南下,再顺秦岭至陇南山地,南下四川盆地西缘,越过横断山脉至西藏东南,形成一条自东北至西南的猕猴桃分布区西北界的内陆弧线。自内陆弧线至东南沿海,自北而南的千山、崂山、天台山、阿里山、五指山、十万大山、西双版纳等,形成一条猕猴桃分布区东南界的沿海弧线,内陆、沿海的两条弧线向广阔的山地林区形成半月状的猕猴桃分布区。半月形的中部,即秦岭以南,横断山脉以东,受东南季风暖湿气流影响最盛,是各种猕猴桃集中分布区。现已查明,河南、陕西、湖南、湖北、江西、浙江、安徽、福建、四川、重庆、云南、贵州、广西、广东、甘肃、江苏、台湾17个省份中华猕猴桃和美味猕猴桃分布最多。西南地区是本属分布的中心。

猕猴桃对气候条件适应范围广,年平均温度9.2~17.2℃,绝对最高温度42℃,绝对最低温度-27.4℃,年降雨量为682.9~2 100 mm,相对湿度59%~90%,年日照1 240~2 229小时,无霜期190天以上的地方都可以引种。贵州省地处中亚热带季风湿润气候区,水热条件较好,全年气候温和,冬无严寒,夏无酷暑,年均温15.6℃,大部分地区12~18℃,七月最热,均温22~26℃,一月最冷,均温3~6℃,10℃的积温4 000~5 500℃,年降水量1 100~1 300 mm,6~8月的降水量约占全年的47%,平均相对湿度77%左右,无霜期260天上下。气象条件与世界上栽培猕猴桃最成功的国家新西兰相近,而且风害很小。所以,贵州的大部分地区都适宜猕猴桃的经济栽培,可以大量发展猕猴桃生产。如果做好工作,可望成为贵州农业创汇的经济作物。

3 产业中存在问题与发展对策

3.1 栽培品种选择

果树栽培同其他农业生产一样,优良品种具有决定性的意义,选用优良品种,可在其他条件不变的情况下,取得巨大的经济效益。猕猴桃雌雄异株,在生产栽培中不仅要选择优良的雌性品种,还要配置配套的优良雄性授粉品种。新西兰经过多年努力已经选出6个雌性品种('海沃德'、'布鲁诺'、'蒙蒂'、'艾伯特'、'阿利森'、'早金')和两个雄性品种('马图阿'、'汤姆利')在生产上推广,综合指标以'海沃德'最好,是新西兰的主栽品种。我国的猕猴桃分布广,历史悠久,资源十分丰富。近10年来,经过广大科技人员的积极工作,在品种选择上已有很大进展,目前已有几十个品种(品系)通过省级鉴定。贵州省选出的优良单系品种尚在观察研究中。几年来省内各地栽培园除少量为四川引进的'海沃德'、'红阳',江西引进的'庐山79-2',陕西引进的'秦美'、'翠香'外,多数为未通过鉴定的株系,更有甚者,有的大面积丰产园竟是从山上剪回来的野生植株接穗直接用于生产嫁接。野生猕猴桃多为种子自然繁殖,变异复杂,类型很多,良莠不齐,栽植后有的多年不结果,有的产量很低,有的果小质差,已经给生产造成很大困难和经济损失。建议尽快引入国内外优良品种,进行品种比较试验,力争在较短时间内选出适宜贵州省风土条件的丰产质优的主栽品种,特别是选出适于出口鲜果的主栽品种,在生产上推广。鉴于目前贵州既未进行全面品比试验,又急于大面积发展的实际情况,根据前段积累的经验,目前贵州可暂以'海沃德'、'贵长'、'徐香'、'脐红'、'红阳'、'皖翠'、'翠香'、'金桃'及其配套雄性品种进行栽培,加工品种选择'超泰上皇'。

'海沃德'为新西兰选育的美味猕猴桃品种,果大质优,耐贮藏,丰产性好,为目前国际市场畅销的唯一鲜果品种,如能大量生产,可以很快出口创汇。'秦美'为陕西省选育已通过省级鉴定的优良美味猕猴桃品种,生长旺,结果早,丰产性能好,果大质优,维生素C含量高,耐贮性好,各项指标接近或超过'海沃德',在贵州表现好。'红阳'在六盘水地区表现较好,甚于原产地。

3.2 苗木

近年来,由于生产发展较快,苗木和接穗供不应求,一些单位从外省购进苗木,有的品种混杂,有的以劣充优。省内苗木也是良种不多,质量较差,延长了果园投产年限。嫁接苗生长好质量高,在生产中仍被普遍采用。但从播种实生砧到嫁接成苗需要2~3年的时间,周期长。同时,嫁接苗在一些缺乏技术的地区栽植,往往形成大量砧芽,生长旺盛,生产者还认为长得好,致使该苗的接穗部分长不起来,该去掉的砧芽不敢剪去,白白浪费了时间和养料。据新西兰科学与工业研究部园艺与加工研究所戴维森博士等人的研究,"从目前看来,利用海沃德的扦插苗和嫁接苗栽植法,在生长和结果方面未发现差异"。扦插苗、组培苗属自根苗,所以发出的枝条均为本身品种,适宜于缺乏技术的地区应用。为了获得适合品种的优质苗木,全省应统筹建立猕猴桃苗木基地或种苗公司。

3.3 架式选用

猕猴桃为蔓生果树,一般需设立支架。架式的选用是影响猕猴桃产量的重要因素的之一。新西兰猕猴桃商业性栽培历史较长,其架式经历的过程是篱架到现在的"T"字形小棚架和大棚架。猕猴桃生长旺盛,用篱架整枝过重,枝条易徒长并且过密,管理不便,产量不高,果实品质降低。目前新西兰除老园保苗部分外,已经很少应用篱架。"T"字形小棚架,投资省,操作方便,便于机耕,在新发展的果园中普遍采用。平顶大棚架,虽然费工费料,但产量较高,有条件的园区也在应用。

贵州省近几年来发展的猕猴桃园,绝大多数架式采用单臂篱架,少数用"T"形小棚架。在我国建立猕猴桃园架材投资的比例较大,而且一经设立会使用多年,更换困难。因此,选用架式在建园时应给予足够重视。建议在建新园时采用目前较先进的"T"字形小棚架和大棚架,或者研究更先进的架式,避免再重复别人走过的道路。

3.4 定植与土壤改良

新西兰猕猴桃产区,由于土层深厚,土壤肥沃,生长旺盛,因而株行距都较大,一般为5~6 m×6~5 m。贵州多为酸性黄壤,耕层浅,土壤肥力差,其株行距以4 m×3 m为宜。已栽植2 m×3 m株行距的园区,在配置雄株和整形修剪时应作好隔株淘汰的准备。

建园定植应选质优健壮苗木,或先栽砧木而后就地嫁接。雌雄株8:1之配比为目前通用。栽植质量是建园的基础工作之一。根据贵州土壤质地和肥力,定植时以挖大坑多施肥为好。栽植质量不好、肥料不足,将会使苗木生长不良,延长结果年限。为防止积水死苗,可采用行间挖沟行内起垄栽培,并随树龄增长逐年增加垄宽。幼年果园行间可间种绿肥,以解决有机肥料不足之困难。同时伏旱期间可将绿肥割下覆盖树盘,既可保墒又可增加土壤有机质含量。贵州省已建的猕猴桃生产园,多数因栽植质量差,苗木生长不良,结果晚,以致有的园区栽植4~5年仍未投产或产量很低。这部分果园应增施肥料,加强管理,使之尽快投产。

猕猴桃的根系虽然穿透能力很强,但分布较浅,施肥就显得十分重要。猕猴桃果实的发育,从子房受精到果实成熟需100~110天,而且在落花后40天内果实生长极为迅速,约为总生长量的80%。因此,必须在11月前后施入基肥,并施入化肥总量的1/2,其余追肥可在萌芽前和花后两次追肥,果实生长后期不宜多追施氮肥,以免降低果实的贮藏性。根外追肥在猕猴桃上效果显著,0.3%~0.5%的尿素溶液,喷后5~7天,叶片浓绿,生长明显较旺,在果实迅速生长期可以使用。

猕猴桃既怕旱又怕涝。贵州省猕猴桃生长季节雨水均匀,灌水虽不十分重要,但在春旱、伏旱严重时,人工灌水仍十分必要,在有条件的地方建园时应同时设置灌溉设施。久雨积水会导致整株死亡,因此,雨季应注意及时排除果园积水。

苗木不壮、栽植质量差、施肥不足,是延迟猕猴桃进入结果、丰产期的重要原因。

3.5 整形修剪

猕猴桃是藤本果树,如果任其自然生长,则枝条纠缠、拥挤,通风透光不良,下部枝条很快枯死,结果部位外移,致使结果少产量低,品质下降,大小年现象严重。因此,整形和修剪是猕猴桃栽培的一项重要技术措施。通过正确的整形修剪,可以加速幼树成形,改善光照条件,充分利用架面空间,调节生长和结果的关系,达到提早结果、丰产稳产、提高品质和延长经济结果年龄的目的。

贵州的猕猴桃园目前基本是幼树,正处于整形阶段。但这个问题并未引起足够的重视,不少园区(包括科研单位)的枝条自然形成或多主蔓丛状,有的层次不分,较好的也是沿用葡萄的多株蔓扇形,管理不便,产量不高。

省内早期建园多采用篱架,而篱架整形应该是选择一个生长健壮的蔓作为主干向上生长,从主干上分出6~8个永久性主蔓,分别缚在左右两边的铁丝上,使其向两边生长,形成3~4层双臂水平树形,再从这些主蔓上每隔30~40 cm选留结果母枝。如用"T"字形小棚架或大棚架,则应单主干达棚面时两边分出两主蔓,再从主蔓上分生侧蔓,生出结果枝结果。

整形一般在冬季修剪时进行,贵州冬天无严寒不必担心冻害,可在12月至次年1月进行。如修剪过晚,出现伤流,会使树体损失大量养分,严重时会使枝蔓枯死,影响结果。猕猴桃生长旺盛,一般不宜重短截,缓放和疏剪是增产的重要措施。如我公司2010年春改接的一株'早鲜',生出两个旺枝,2011年缓放,平均剪留长度236 cm,共萌发结果枝63个,结果398个,约19公斤,萌芽率为95.5%,结果枝平均长度28 cm。夏季修剪,对猕猴桃栽培来说,必不可少,一般进行反复摘心。一些品种的直立旺梢、过密枝要进行疏剪。

新西兰对猕猴桃所采用的架式和修剪方式,是由篱架到"T"字形小棚架和大棚架,由对结果母枝重剪到疏剪和缓放,这两项改进使单产大幅度增加,被认为是猕猴桃栽培技术史上的里程碑。

3.6 病虫害防治

贵州省猕猴桃人工栽培历史不长,但新西兰的花腐病、外省发现的猕猴桃溃疡病等在贵州也已出现,所以认为猕猴桃病虫害不需防治的观点是有害的。目前,猕猴桃园中的浮尘子、介壳虫、金龟子、天牛、刺蛾类、袋蛾类害虫已有不同程度的发生。浮尘子从六月至十一月为害叶片,造成减产。今后随着栽培历史的延长、栽培面积的扩大、产量的提高,病虫害发生的种类会逐渐增多,为害程度会逐渐加重。因此,对猕猴桃病虫害的调查、观察及防治措施的研究,应该提到议事日程,引起高度重视。

3.7 加工与贮藏

猕猴桃果实,除市场鲜销外,还可加工成多种产品,很受市场欢迎。贵州猕猴桃加工研究已做了不少工作,取得了可喜进展,省轻工所、江口、雷山等县加工厂已成功的生产出猕猴桃酱、汁、酒、罐头等加工品,受到市场的欢迎和消费者的好评。为充分利用野生资源和栽培园生产的残次品果打下了基础。今后如果想打入国际市场,仍需进一步改进技术,提高质量,创名牌产品。

贮藏工作,因野生果采收太早,栽培园还未大批投产,贮藏试验尚未提上议事日程。今后随着产量的逐年增加,每年进行一些贮藏试验,逐步积累经验,为大量贮藏,延长供应时间,做好准备。

4 科学研究

贵州省为野生猕猴桃广泛分布的省之一,全省各地几乎每县都有;而人工栽培尚少,近几年来才开始,历史不长,各方面的工作才刚起步,经验不多,需要研究的课题还很多。根据目前实际,下列研究工作应该及早进行:建立猕猴桃种质资源圃、开展猕猴桃遗传规律的研究、品种比较试验和确立国际贸易畅销品种、丰产栽培的综合农业技术措施研究、砧木选育、病虫害调查及防治研究、加工贮藏研究、新品种培育(杂交育种技术及细胞质融合技术的研究)、快速育苗及组培技术研究、营养诊断及施肥研究、产业发展模式与应用研究,建立完善猕猴桃产品质量安全体系,提高质量安全意识。

Comment on Cultivation Development of Kiwifruit Industry in Guizhou Province

Zhou Jining

(Guizhou Ji Heng Actinidia Eco-Agriculture Development Ltd. Co.　Guiyang　550018)

Abstract　Guizhou province is one of the main distribution provinces of *Actinidia* and suitable for large-scale cultivation of kiwifruit. Guizhou Institute of Pomology trend to introduce *Actinidia* in 70s and breed four local varieties " Guichang ", " Guifeng ", " guimin ", and " Guilu " in 80s. During the 9th "5-year-Planning ", the total planting area of kiwifruit was less than 20,000 acres, then decresed to less than 60,000 acres at present due to the industrial mechanism problem. The paper discussed the key aspects in kiwifruit cultivation. Firstly, select the five suitable varieties, such as " Hayward ", " Xuxiang ", " Yanghong ", " Cuixiang " and " Jintao "; Secondly, in order to increase the output, applying the major technique of deep dig, rich fertilizer and enhance seeding vigor; selecting the big or small "T" shape arbors and suitable plant shape; slow releasing and thinning out the fruitful mother vines. It also shall be emphasizing the key techniques of repeatedly pinching, garden irrigation, and pest control.Finally, the quality and quantity of fruit processing should be improved, and the fruit storage need more research.

Key words　Guizhou province　Kiwifruit　Planting area　Production development　Key techniques

资源与育种

猕猴桃属濒危植物金花猕猴桃的生物学特性及保护生物学研究

李洁维　莫权辉　龚弘娟　叶开玉　蒋桥生　张静翅

(广西壮族自治区中国科学院，广植物研究所　广西桂林　541006)

摘　要　金花猕猴桃(*Actinidia. chrysantha* C. F. Liang)是猕猴桃属中被列为濒危植物的物种之一，专门针对其开展的研究较少。本文调查了金花猕猴桃的分布现状、生境，研究了其形态、物候、开花结果习性、繁殖特性，分析了其濒危原因，并在此基础上提出保护建议。研究结果表明，金花猕猴桃现存数量很少，调查共发现6个居群，最小的居群仅有5株；金花猕猴桃适生生境内物种多样性丰富，600 m^2的样地内共有维管束植物77种；金花猕猴桃物候因海拔不同而不同，较低海拔地区5月中下旬开花，高海拔地区5月下旬至6月上旬开花，花期持续7~10天，果实每年9月下旬至10月上旬成熟；雄株花枝率76.5%，雌株果枝率61.9%，果实长圆柱形、短圆柱形或椭圆形，一般单果重9.32~25.31 g，最大果重32.5 g；金花猕猴桃为虫媒和风媒共同授粉，主要访花昆虫有蜂类、蝇类和长脚蚊；金花猕猴桃种子发芽率低，来源于不同居群的种子发芽率存在差异，参试的三个居群平均发芽率分别为：花坪17.5%，资源车田15.36%，贺州姑婆山0%；金花猕猴桃扦插成活率高，最高可达90%以上。

关键词　金花猕猴桃　濒危植物　生物学特性　保护生物学

金花猕猴桃在猕猴桃属植物的分类系统中属斑果组，果实仅小于中华猕猴桃，属中果形，果肉呈淡绿至绿色具香气，酸甜可口，营养丰富，适宜于鲜食或整果加工罐头，且成熟期较迟，果皮较坚硬，耐贮藏，有利于调剂鲜果供应期及加工季节，是有较大经济价值的一种，也是杂交育种创造新种质的珍贵资源。金花猕猴桃又是猕猴桃属植物中唯一开金黄色花的种类，开花季节，满树呈现出一片金黄美丽的花朵，甚为美观，是良好的园林观赏植物。金花猕猴桃在广西主要分布于临桂、龙胜、资源、兴安等地，湖南省的城步、宜章、宁远、芷江和广东省的阳山、乳源等地也有零星分布。金花猕猴桃的垂直分布，一般分布在海拔500~1 500 m的低中山灌丛疏林或冲沟两旁疏林中，群体分布多出现在海拔1 000 m以上的山地；而在海拔1 000 m以下的山地，金花猕猴桃多是散生；海拔500 m以下的低丘山地，尚未发现有金花猕猴桃分布。由于金花猕猴桃生境要求特殊，对其遗传资源的迁地保护难度大；又由于其分布范围狭窄，加上近年来国家对山区经济开发的力度加强，使金花猕猴桃的生境遭到严重破坏，种群逐渐缩小，居群数量越来越少且小，有的分布区已无法找到金花猕猴桃居群。

据我们这两年的多次调查和寻访，发现现存的金花猕猴桃居群共有6个，这些居群金花猕猴桃数量少且老树居多，自然更新差。由此可见，金花猕猴桃已处于严重濒危的境地，如不采取有效措施加以保护，该物种将会趋于灭绝。因此，本文对金花猕猴桃在广西花坪保护区的详细分布、生物学特性、濒危状态和原因、保护措施等方面进行了研究，为该物种的有效保护提供科学依据。

基金项目：国家自然科学基金(30760027)[Supported by the National Natural Science foundation of China(30760027)]。
作者简介：李洁维，女，广西贵港人，研究员，主要从事果树种质资源及遗传育种等研究。

1 材料与方法

1.1 试验地概况

选择金花猕猴桃分布数量多的黄沙-安江坪居群作为主要观测试验样地,对植株分布进行定位和观察。黄沙-安江坪居群位于广西东北部的临桂县与龙胜各族自治县交界处的广西花坪国家级自然保护区,地处东经109°48′54″~109°58′20″,北纬25°31′10″~25°39′36″,总面积15 133.3 公顷。保护区地质古老,具有古陆性质,属江南古陆南部边缘地区,褶皱明显,构造复杂,以砂页岩为主,间有石灰岩,属中山地貌。海拔1 200~1 600 m,主峰蔚青岭海拔1 807.5 m。属于中亚热带季风气候,保护区域内年平均气温为12~14 ℃,全年降雨日数多达220天,年总降水2 000~2 200 mm,降雨的季节变化为,春季阴雨连绵,降雨量为824.9 mm,占全年降雨量的35.7%;夏季雨量相对集中,降雨量为943.8,占40.8%;秋冬季降雨量相对较少,降雨量分别为252.1 mm 和291.3 mm,各占总降雨量的10.9%和12.6%。全年降雨丰沛,干湿季节不甚明显,旱情很少发生。年相对湿度85%~90%。在全年湿润气候条件下,域内各种植物生长茂盛,森林植被发育。这里拥有世界上数量最多、植株最大的"植物熊猫"——银杉。

1.2 定位观测项目

对金花猕猴桃的生存状况、物候、实生苗更新、开花结果习性、开花结果过程、种子散布方式和种子萌发情况等进行观察,并了解金花猕猴桃的利用和分布历史。调查时间分别为2008年10月、2009年9月和2010年5月。

1.3 传粉生物学观察

在花期对该居群进行套袋和捕捉传粉昆虫:①选取含苞待放的花蕾进行纱网和硫酸纸袋套袋;②标记花枝,记录每花枝上的花数,统计自然结果率;③在花期观察昆虫访问时间、频率,采集昆虫标本进行鉴定。

2 研究结果与讨论

2.1 金花猕猴桃的植株分布和伴生植物

通过调查发现现存的金花猕猴桃居群共有6个,分别为位于广西花坪国家级保护区的黄沙-安江坪居群、龙胜金竹坳居群、资源车田居群、贺州姑婆山居群、湖南城步三十六渡河明头坳居群、广东阳山天井山居群。其中,黄沙-安江坪居群最大,共有金花猕猴桃约180株,在黄沙境内主要连续分布在阳坡路旁,海拔980~1 208 m,到了安江坪境内,在一坡度45°的阳坡上呈集中分布,共有30株左右,海拔1 334 m,植株较集中在山坡的10~20 m 处,上升到50 m 以上没发现有金花猕猴桃植株;龙胜金竹坳居群仅有金花猕猴桃5株,均为老植株;资源车田居群有7株被砍伐后重新长出来的植株;贺州姑婆山居群有7株,其中2株是被砍伐后重新长出的萌蘖幼龄树,5株40龄的老树;湖南明头坳居群共有8株,均为砍伐后重新长出的年龄4年左右的萌蘖植株;广东天井山居群约有金花猕猴桃150株,呈连续分布于路旁,集中分布于阳坡,路旁的植株为被砍伐后重新萌发的3~4龄植株,阳坡的树龄10年左右。

金花猕猴桃为大型藤本植物,自然攀高10 m 以上,未被砍伐过的原生植株最粗基径11.5 cm,萌蘖植株的基径最粗7.8 cm,最小2.3 cm。繁殖方式主要为种子繁殖、营养繁殖和萌蘖繁殖。在自然状态下,由于金花猕猴桃林地的腐殖质层较厚,果实成熟掉落后,种子无法接触到土壤,容易被风干而导致萌发力很差,故在金花猕猴桃自然居群样地中,没有发现有由种子繁殖形成的幼龄植株,幼龄植株均是老植株被砍伐后重新长出来的萌蘖。营养繁殖是金花猕猴桃的主要自然繁殖方式,当藤蔓倒下接触到地面时,接触土壤的枝条节位就会形成须根,继而芽眼萌发形成新的植株。金花猕猴桃的枝条萌发力较强,当主干被砍伐时,会从基部萌发出4~6个新梢形成丛生植株。

金花猕猴桃幼年植株喜阴,在上层乔木的荫蔽下生长,成苗后则喜光,多攀援到乔木顶部,在群落中占绝对优势。作者在调查中,发现林下几乎没有幼龄种子苗,而该群落是天然次生林,而且群落中金花猕猴桃年龄相近,均为10~15年的成年植株,与该次生林的年龄相吻合,据此可以推测,该居群的金花猕猴桃,可能是在上次人为砍伐后,发出的幼苗、萌蘖或根蘖苗,由于光热条件适宜,随该次生林一起成长起来的。猕猴桃枝条生长速度快,可以迅速的攀援至林冠上层,在群落演替早期及其后一定时期内可占据优势地位。但是随着林龄的增长,林内郁闭度增大,林下就不能再满足其幼苗生长的条件,其优势地位将被占据一定优势地位的进展物种所代替。由此可推论,适当的砍伐,反而是有利于金花猕猴桃的自然更新的。

金花猕猴桃主要伴生植物有光叶山矾(*Symplocos lancifolia* Sieb. et Zucc.)、新木姜子(*Neolitsea aurata*(Hay.)Koidz.)、小新木姜(*Neolitsea umbrosa*(Meissn.)Gamble)、润楠(*Machilus pingii* Cheng ex Yang)、山苍子(*Litsea cubeba*(Lour.)Pers.)、杨梅(*Myrica rubra*(lour.)S.et Z.)、盐肤木(*Rhus chinensis* Mill.)、泡桐(*Paulownia fortunei*(seem.)Hemsl.)、树参(*Dendropanax chevalieri*(Vig.)Merr.)、鹅掌柴(*Schefflera octophylla*(Lour.)Harms)、楤木(*Arlia. chinens* Linn.)、马尾松(*Pinus massoniana* Lamb.)、鼠刺(*Itea chinensis* Hook. et Arn.)、野柿(*Diospyros kaki* Thunb. var. silvestris)、杉木(*Cunninghamia lanceolata*(Lamb.)Hook.)、网脉山龙眼(*Helicia reticulata* W. T. wang)、贵州杜鹃(*Rhododendron guizhouense* Fang f.)、华中山柳(*Clethra fargesii* Franch.)、杨桐(*Cleyera japonica* Thunb.)、尖叶山茶(*Camellia cuspidata*(Kochs)Coh.-stuart)、单体红山茶(*Camellia uraku*(Mak.)Kitamura)、木荷(*Schima superba* Gardn et Champ)、柃木(*Eurya japonica* Thunb.)、厚皮香(*Ternstroemia gymnanthera*(Wight et Arn.)Beddome)、南方荚蒾(*Viburnum fordiae* Hance.)、山檨叶泡花树(*Meliosma buchanifolia* Merr.)、豆梨(*Pyrus calleryana* Dcne.)、钩藤(*Uncaria rhynchophylla*(Miq.)Miq. ex Havil.)、野漆(*Toxicodendron succedaneum*(Linn.)O. Kuntze)、青榨槭(*Acer davidii* Franch.)、小叶女贞(*Ligustrum quihoui* Carr.)、桂南木莲(*Manglietia chingii* Dendy)、阔瓣含笑(*Michelia platypetala* Hand.-Mazz.)、米槠(*Castanopsis carlesii*(Hemsl.)Hayata.)、半枫荷(*Semiliquidambar cathayensis* Chang)、虎皮楠(*Daphniphyllum oldhami*(Hemsl.)Rosenth.)、桤木(*Alnus cremastogyne* Burk.)、黄杞(*Engelhardtia roxburghiana* Wall.[E. chrysolepis Hance])、毛竹(*Phyllostachys heterocycla*(Carr.)Mitford cv. Pubescens Mazel ex H.de leh.)、海桐(*Pittosporum tobira*(Thunb.)Ait.)、杜英(*Elaeocarpus decipiens* Hemsl.)、乌饭树(*Vaccinium bracteatum* Thunb.)、南烛(*Lyonia ovalifolia*(Wall.)Drude)、羊角杜鹃(*Rhododendron westlandii* Hemsl.)、尾叶冬青(*Ilex wilsonii* Loes.)、油桐(*Vernicia fordii*(Hemsl.)Airy Shaw)、中平树(*Macaranga denticulata*(Bl.)Muell. Arg.)、山乌桕(*Sapium discolor*(Champ.ex Benth.)Muell.Arg.)、朱砂根(*Ardisia crenata* Sims)、山地杜茎山(*Maesa montana* A. DC.)、花椒簕(*Zanthoxylum scandens* Bl.)、野牡丹(*Melastoma candidum* D. Don)、地菍(*Melastoma dodecandrum* Lour.)、美肉穗草(*Sarcopyramis delicata* C. B. Rob.)、稀子蕨(*Monachosorum henryi* Christ)、乌毛蕨(*Blechnum orientale* Linn.)、单芽狗脊(*Woodwardia unigemmata*(Makino)Nakai)、三花假卫矛(*Microtropis triflora* Merr. et Freem.)、十字苔草(*Carex cruciata* Walhlenb)、台湾榕(*Ficus formosana* Maxim.)、梨叶玄钩子(*Rubus pirifolius* Smith)、锈毛莓(*Rubus reflexus* Ker)、粗叶悬钩子(*Rubus alceaefolius* Poir.)、蓝叶藤(*Marsdenia tinctoria* R. Br.)、福建蔓龙胆(*Crawfurdia pricei* (Marq.))、芒萁(*Dicranopteris dichotoma* (Thunb.) Bernh.)、马兰(*Kalimeris indica* (Linn.) Sch.-Bip.)、大叶艾纳香(*Blumea martiniana* Vanl.)、淡竹叶(*Lophatherum gracile* Brongn.)、心叶稷(*Panicum notatum* Retz.)、无芒山涧草(*Chikusichloa mutica* Keng)、五节芒(*Miscanthus floridulus* (Lab.) Warb. ex Schum et Laut.)、荩草(*Arthraxon hispidus* (Trin.) Makino)、亮叶崖豆藤(*Millettia nitida* Benth.)、红背山麻杆(*Alchornea trewioides* (Benth.) Muell. Arg.)、白花败酱(*Patrinia villosa* Juss.)、粉菝葜(*Smilax glamuco-china* Warb.)。根据样方调查资料统计结果,金花猕猴桃优势群落的物种组成丰富,在 600 m² 的样地内共有维管束植物 77 种,隶属于 34 科 56 属。含物种较多的科有樟科(5 属 9 种)、山茶科(4 属 8 种)、禾本科(5 属 5 种)、山矾科(1 属 4 种)、冬青科(1 属 4 种)和百合科(2 属 4 种),这 6 个科所含种数占总数的 44.2%。根据指示性植物马尾松和芒萁,可判断金花猕猴桃生长的土壤呈酸性。

2.3 形态、物候、开花结果

2.3.1 形态

金花猕猴桃为落叶藤本植物,叶软纸质,阔卵形至卵形,边缘有圆锯齿,叶片长 8.5~17.8 cm,宽 3.8~9.5 cm,表面草绿色,洁净无毛,背面粉绿色,无毛,叶柄水红色,洁净无毛,长 1.7~4.7 cm;雌雄异株,花生于新梢叶腋,每花序有花 1~3 朵,花瓣金黄色,5~7 枚,花药黄色。雌花花序柄长 0.5~0.7 cm,花柄长 1.0~1.7 cm,花冠直径 1.9~2.7 cm×2.4~2.8 cm,柱头 20~22 枚,子房大小为 0.4~0.55 cm×0.43~0.47 cm,萼片 4~6 枚,长和宽均为 0.5~0.6 cm,雄蕊 25~30 枚,花丝长 0.3~0.5 cm,花药长 0.2~0.3 cm,花粉不发育。雄花花序柄长 0.4~1.0 cm,花柄长 0.3~1.0 cm,花冠直径 1.7~2.5 cm×1.5~2.6 cm,柱头不发育,萼片 5~6 枚,长 0.3~0.4 cm,宽 0.25~0.4 cm,雄蕊 32~38 枚,花丝长 0.5~0.7 cm,花药长 0.18~0.25 cm。果形为长圆柱形、短圆柱形或椭圆形,纵径 3.57~3.91 cm,横径 2.43~3.14 cm,一般单果重 9.32~25.31 g,最大果重 32.5 g,果肉淡绿色至绿色,有香气,酸甜可口。种子为扁卵形,深褐色,每果有种子数 98~314 粒,千粒重 1.30~1.65 g。

2.3.2 物候与生长习性

金花猕猴桃的物候期随着海拔的不同而有差异,低海拔比高海拔要早 5~7 天。一般于 3 月下旬至 4 月上旬萌动抽梢,低海拔地区 5 月中下旬开花,高海拔地区 5 月下旬至 6 月上旬开花。果实成熟期为 9 月下旬至 10 月上旬。春季随着新梢的生长伸长,叶片也接着展开并逐渐长大。这一时期抽生的枝条,有 2/3 是结果枝,1/3 是营养枝。一年生枝条从基部至中上部(约占全枝条的 2/3),几乎每节均可抽生新梢,约占 1/3 的尾部每隔 2~4 节才抽生一个新梢;二年生的枝条虽然能抽新梢,但新梢的数量比一年生枝条少;三年生枝条抽生的新梢相对地比二年生枝条少,一般每隔 3~5 节不等地抽生一个新梢。金花猕猴桃具有抽夏梢的习惯,当结果枝开花后幼果形成期间,结果枝的顶梢基本上趋于停止生长,此时二三年生枝条的中部,开始抽生营养枝,即夏梢,一般每个枝条能抽生 1~3 个新梢,这些新梢都较早春的结果枝为粗壮,生长 1~2 年后,自然更新较老的结果母枝,成为新的结果母枝,年复一年地交替发生,扩大其树冠和冠积,保持着强大的生命活力。

2.3.3 开花结果习性

雄花的开花习性:雄株萌发的花枝较多,约占萌发新梢的 76.5%。雄花现蕾期与新梢伸长期相一致,于 4 月中旬开始现蕾,花序为聚伞花序,着生于花枝基部的 1~2 片叶腋中,一般每条花枝能着生花序 5~7 个,每个花序有发育花 3 朵,个别有 4 朵。从整个花枝而言,一般从花枝的基部开始由下而上顺序开放,以一个花序而言,是由花序中间的花朵先开放,然后是花序两侧的花朵开放。单花开放时间为凌晨4~5点,历时2天,第三天开始萎缩脱落。单株的花期为7~10天,整个居群的花期为10~15天。

雌株开花结果习性:在一年生枝上能萌发较多的结果枝,而在二三年生的枝条上也能萌发部分的结果枝,但数量不多,仅有2~3条,结果枝占萌发新梢的61.9%。花序着生于结果枝基部的第2~4片叶腋中,每条结果枝有花序4~6个,每个花序有能发育的花1~2朵,不同类型花序的花数略有区别,一般短圆柱果类型的一个花序有2朵花,而长圆柱果类型则多为1朵花,较少有2朵的,花序两侧的两朵小花一般不发育。雌花多于凌晨4~5时开放,阴雨天可延迟到12时左右开放。一般下午花不开放。花开后第二天花瓣开始变为褐黄色,并逐渐萎缩,第3天凋谢,如果花开放后迟迟未能授粉时,可延长花的开放时间,第4天花冠凋谢脱落,第5~6天整花从花托处脱落,呈现出由授粉不良而引起的生理落花。授粉良好的,花瓣谢后的第2~3天,子房迅速膨大,接着幼果迅速生长,从花瓣谢后40~45天,果实基本定形,其大小已达到成熟时的95%以上,7月中旬以后,果实的发育主要是以碳水化合物的积累,于9月下旬至10月上旬果实成熟。果实成熟后,如果没有人为采摘,将自然脱落。由于金花猕猴桃果实香甜,果实脱落后往往被老鼠或是其他野生动物吃掉,残存的种子落在枯枝落叶上被风干,不利于发芽。

2.4 传粉

金花猕猴桃是雌雄异株植物。在野外自然环境中,金花猕猴桃的自然坐果率达90%以上,说明金花猕猴桃属风媒和虫媒混合授粉;用硫酸纸套袋的坐果率为零,说明金花猕猴桃的雄蕊不育,不能自花授粉;去雄与不去雄套网袋的坐果率均在80%以上(见表1),说明金花猕猴桃单靠风媒传粉亦有较好的效果。野外观察到的主要传粉昆虫为蜂类、蝇类及长脚蚊等,昆虫活动频繁的时段一般为上午9~12时,阴雨天可延迟到10~14时,其他时段仅有零星昆虫访花。风力及昆虫的共同传粉作用使金花猕猴桃获得较高的坐果率。

表1 金花猕猴桃坐果率统计

地点	调查项目	套硫酸纸袋	套网袋	去雄套硫酸纸袋	去雄套网袋	去雄不套袋	自然结实
安江坪	处理花数	30	30	30	30	30	150
	坐果数	0	26	0	25	27	135
	坐果率/%	0.0	86.7	0.0	83.3	90.0	90.0

2.5 繁殖能力探讨

2.5.1 种子萌发情况

采自不同居群金花猕猴桃种子发芽率有差异。分别采集广西临桂黄沙-安江坪居群(海拔1334 m)、资源车田居群(海拔1034 m)和姑婆山居群(海拔728 m)的金花猕猴桃种子,经沙藏后进行田间播种试验,观测其发芽率,结果显示,黄沙-安江坪居群的种子发芽率最高,为17.5%,资源车田居群的种子发芽率为15.36%,而姑婆山居群的种子发芽率为0(见表2)。可见,海拔高度可能影响着金花猕猴桃的种子繁殖能力,这也就解析了在高海拔山区金花猕猴桃个体分布数量多的原因。同一居群不同植株间发芽率有差异,最高发芽率为16.67%,最低发芽率仅3.67%。经过激素处理后播种的种子,发芽率为22.7%,常温储藏的种子,播种发芽率仅16%。在野外调查时,在样地内没有发现金花猕猴桃幼苗及幼龄植株,仅发现成年植株,即使有幼龄藤蔓,也是老龄植株被人为砍伐后从基部从新发出的枝蔓。

表2 不同分布区金花猕猴桃种子发芽率

分布区	海拔/m	播种数/粒	发芽数/粒	发芽率/%
广西花坪国家级自然保护区	1334	200	35	17.5
资源车田	1083	1120	172	15.36
贺州姑婆山	728	78	0	0

2.5.2 人工扦插繁殖

采集金花猕猴桃成年植株的枝条,分别以混合营养土、河沙+苔藓、河沙+珍珠岩、石英砂为基质进行扦插繁殖试验,结果显示,以混合营养土为基质的扦插生根成活率高达93.3%,珍珠岩+河沙为基质的扦插生根成活率为86.7%,以河沙+苔藓为基质的扦插生根成活率为81%,以石英砂为基质的扦插生根成活率为60%。

采集金花猕猴桃成年植株枝条,采用1 000 mg·L^{-1},1 500 mg·L^{-1},2 000 mg·L^{-1}三种不同浓度的吲哚丁酸(IBA)、萘乙酸(NAA)及IBA+NAA混合液处理插穗,进行扦插生根试验。结果表明,IBA 2 000 mg·L^{-1},NAA 1 500 mg·L^{-1},(IBA+NAA)1 500 mg·L^{-1}三者的扦插生根率均达50%以上。

上述结果表明,金花猕猴桃的种子繁殖能力较差,而无性繁殖能力较强。野外调查也发现,在样地内没有发现金花猕猴桃幼苗及幼龄植株,仅发现成年植株,即使有幼龄藤蔓,也是老龄植株被人为砍伐后从基部从新发出的枝蔓;同时也发现,匍匐于潮湿地面的金花猕猴桃枝条,可以长出很多不定根,这便为该濒危物种的繁殖保护提供了有力措施。

3 结论

3.1 濒危原因

3.1.1 内在的分子机制

现存金花猕猴桃的居群数量少,居群之间的地理距离远。一方面由于各个自然居群受地理隔阂的影响,单个自然居群内,来自其他居群的植株数量太少,居群内与外界基因交流较少,造成单个自然居群的遗传信息的丰富度相对较低。另一方面,单个自然居群内个体遗传相似系数大,遗传距离较小,亲缘关系近,遗传分化小。近亲遗传,容易造成后代性状过于纯合,或者劣势性状的叠加,进化潜力低,种群衰退,抵御不良环境的能力降低。单一自然居群内亲缘关系近遗传分化小可能是金花猕猴桃致濒的一个重要的分子机制。

3.1.2 外在因素

(1)地理分布狭窄。根据ISSR分子标记数据分析,聚类结果可以看出,无论是分为3组或是6组,金花猕猴桃基本上是按照一定的地理气候特征进行聚类的,在一定程度上反映了样品的地理分布情况,作为广布种的中华猕猴桃聚类上也存在一定的地域性,但没有金花猕猴桃那么明显。说明地理因素对金花猕猴桃自然居群的野外分布有很大影响。这与野外调查中金花猕猴桃集中分布区在高海拔山区(900 m以上)的结果相一致。对生存条件的要求的苛刻性,可能是金花猕猴桃濒危的一个外在因素。

(2)人为破坏严重。改革开放之后,随着山区经济开发力度的加强,修建山区道路、开发高山蔬菜等项目日益严重地威胁着金花猕猴桃的生存。调查中,分布区高山道路两旁可见到被砍伐后重新长出来的金花猕猴桃幼树,这些幼树生长一年后又可能遭遇被砍的命运,这样根本就没有开花结果的机会,也就没有繁衍后代的机会,长期下去,该物种便会有灭绝的危险。

(3) 失去种子繁殖机会。由于金花猕猴桃果实口感好,在果实成熟期,附近群众喜欢上山采摘,采摘后遗漏下来的果实,掉落地上后,又容易被鸟兽吃掉,所以少有种子存留在林地里。同时,由于林地枯枝落叶层较厚,即使有果实成熟后掉落地上,种子也因为长期无法接触到土壤而失水,失去生命力。因此,金花猕猴桃林地里几乎没有发现幼年植株。

(4) 营养繁殖几率低。几乎猕猴桃成年植株喜光,往往攀爬到乔木顶部,枝条落地的机会少。因此,尽管金花猕猴桃的营养繁殖能力强,但由于枝干没有接触土壤的机会,仍然无法进行繁衍。

3.2 保护建议

对于金花猕猴桃这样一个分布范围狭窄、开发价值高的濒危物种,应尽早开展其种质保护:①对金花猕猴桃现存居群进行全面调查,了解其个体数量和存活状况,以利于今后研究和开发工作的开展;②现发现的最大居群所在地已升级为国家级自然保护区,今后应在当地开展宣传教育,用切实的行动将保护落实到实处;③分子实验结果表明,迁地保护可以保持金花猕猴桃的遗传稳定性,因此,建议加大迁地保护的力度,创造有利于金花猕猴桃迁地保护的条件;④从各种渠道继续申请立项,进一步深入研究,开展金花猕猴桃的物种生物学、特别是繁殖生物学的研究,为濒危植物的科学保护提供理论依据和可行方案及技术,并结合该物种的繁殖特性,研究可行的人工繁殖技术和实施人工种植扩大种群数量。

结合迁地保护的进行,采集金花猕猴桃枝条进行扦插繁殖和组培快繁,对该物种的人工种质保育和种群恢复具有重要意义。

Study on Biological Character and Conservation Biology of Endangered Plant *Actinidia chrysantha*

Li Jiewei　Mo Quanhui　Gong Hongjuan　Ye Kaiyu　Jiang Qiaosheng　Zhang Jingchi

(Guangxi Institute of Botany, Gangxi Zhuangzu Autonomous Region and the Chinese Academy of Sciences　Guilin　541006)

Abstract　*Actinidia chrysantha* was one of the endangered species of *Actinidia* genus, until now, less special researches had been carried out in *Actinidia chrysantha*. In this study, we investigated the present distribution, habitat, morphological characters, penology, blossom, fruiting habit and propagation characteristics of *Actinidia chrysantha*. Furthermore, we analyzed the endangered reasons and gave some conservation suggestions to protect *Actinidia chrysantha*. We found 6 natural populations and one of the populations only has 5 individuals, inferring that there were few *Actinidia chrysantha* individuals in the wild. It exist 77 vascular plant species in 600 m^2 plots of *Actinidia chrysantha* population indicating the associated species were high diversity. The phenological characters of *Actinidia chrysantha* were of difference according to the altitude change: it blooms in the middle or late May at lower altitude area and the late May to early June at the higher altitude area; the flowering time lasted for 7~10 days. The fruit of *Actinidia chrysantha* ripened in late September to early October; the spray rate of the male plants was 76.5%, whereas bearing branch was 61.9%; the fruit shape was long column, short column or oval; the average fruit weight was 9.32~25.31 g, maximum fruit weight was 32.5 g. *Actinidia chrysantha* pollinated by insects and wind in common; the main pollinators included bees, flies and long legs mousquitoes. *Actinidia chrysantha*'s germination rate of seeds was low and germination rate of the seeds of different populations was varied, showing 17.5%, 15.36% and 0% in Hua-ping, Chetian of Zi-yuan county and Gu-po mounting of He zhou city, respectively; the survival rate of cutting was high and maximum survival rate was up to 90%.

Key words　*Actinidia chrysantha*　Endangered plant　Biological characteristics　Conservation biology

大巴山东部野生软枣猕猴桃的倍性变异和果实评价

满玉萍 赖娟娟 李作洲 王彦昌*

(中国科学院武汉植物园 武汉 430074)

摘 要 本研究通过流式细胞术对大巴山东部软枣猕猴桃(*Actinidia arguta* (Siebold and Zuccarini) Planchon ex Miquel)自然居群的倍性进行分析,首次在自然界中发现十倍体软枣猕猴桃个体。在此野生群体中,四倍体、六倍体、八倍体及十倍体比例分别为36%、11%、33%和20%。单倍体软枣猕猴桃基因组大小为776.4 ± 94.82 Mb。雌株果实着色呈现从浅红色到紫红色的一系列变异,这些单株的果实有圆形、卵形、长椭圆形、椭圆形及纺锤形。较高倍性的雌株果实横截面直径较小,长宽比较高。研究结果显示,不同单株果实中糖及有机酸含量差异较大,单株D-21果实中糖及有机酸含量极高。本研究结果证实了大巴山东部自然分布着十倍体及多种倍性的软枣猕猴桃。

关键词 软枣猕猴桃 倍性 十倍体 流式细胞术 果实品质 紫果

目前,虽然软枣猕猴桃生产规模还很小,但却是世界上第二个商业化的猕猴桃种(Kabaluk et al., 1997; William et al., 2003; Ferguson and Huang, 2007; Latocha and Jankowski, 2011)。它不仅有耐寒、生长周期短等园艺上的优势,而且营养价值高、果皮光滑无毛可食用、有利于人类的健康,这使得软枣猕猴桃成为消费者的新宠儿,并在越来越多的地区进行商业化种植(Chat, 1994; Park et al., 2005)。目前以提高软枣猕猴桃综合性状、适应市场多样化需要为主要目的,优质软枣猕猴桃品种的选育工作正受到越来越多的科研和育种工作者的关注。

在猕猴桃属植物中,软枣猕猴桃是分布最广泛的,东俄罗斯、韩国、日本以及从中国东北的长白山到西南部的云南大围山(纬度22°N~47°N)(Vorobiev, 1939; Liang, 1983; Cui, 1993)均有分布。据记载,二倍体的陕西猕猴桃在中国的西部、中部及东部山脉均有分布(Cui, 1993; Li et al., 2007)。另有报道二倍体软枣猕猴桃分布于日本(Watanabe et al. 1990; Phivnil et al., 2005)。四倍体软枣猕猴桃广泛分布于朝鲜北部、中国中部及东北部、日本、远东俄罗斯(Bowden, 1945; Xiong et al 1985; Deng et al., 1986; Watanabe et al., 1990; Baranec et al., 2003; Phivnil et al., 2005)。迄今为止,六倍体软枣猕猴桃仅发现于日本(Watanabe et al. 1990; Phivnil et al., 2005)。Yan et al. (1997), Kataoka et al. (2010)零星报道过八倍体,暗示着高倍体软枣猕猴桃广泛分布于中国中部和日本。此外,已有文献报道在日本自然分布着至少三种倍性的软枣猕猴桃并已形成一定的规模(Phivnil et al., 2005; Kataoka et al. 2010)。然而,该物种在中国自然分布的已知信息太少,无法系统地了解其遗传和表型的变异。

紫果猕猴桃(*Actinidia arguta* var. *purpurea* (Rehder) C. F. Liang)是软枣猕猴桃的变种,广泛分布于中国大陆西部(Li et al., 2007)。成熟期果实呈现紫红色,大部分可食用。然而,这些资源却很少在居群水平上被评价。

---

*通讯作者,E-mail: kiwifruit@wbgcas.cn

本研究分析了陕西省大巴山东部软枣猕猴桃自然居群的倍性变异,证实了十倍体软枣猕猴桃的存在,并从形态学及其与倍性水平的相关性上评价这些资源中的紫果猕猴桃。

1 材料与方法

1.1 试验材料

2010年9月下旬,从陕西省安康市大巴山东部采集了52个分布于5个小山谷和2个山坡上的野生软枣猕猴桃单株木质化枝条。这些单株分布于北纬 32°35′~32°45′、东经 109°33′~109°38′,海拔高度在1 470~1 899 m。剪取长25 cm、切面直径1~1.5 cm的生长旺盛的木质化枝条,运回中国科学院武汉植物园实验室进一步水培发芽。每棵雌株收获的20~50个果实,打包后用冰袋运回实验室。在果实软熟期测定所有样品的糖和有机酸含量。

1.2 流式细胞仪分析

取芽尖新展开的小叶约100 mg于培养皿中并将其置于冰上,加入1 ml缓冲液(10 mmol/L $MgSO_4$,1%(w/v) DTT,0.1%(w/v) Triton X-100,50 mmol/L KCl,5 mmol/L HEPES,pH = 8.0),用锋利的刀片快速均匀切割组织成小碎片状。用33 μm滤膜过滤后,加入1 μl RNAse 37 ℃消化15 min。加入5 μl 5 mg/ml 的PI试剂染色,用FACSAriaTM Ⅲ型高速分选流式细胞仪(BD Biosciences, United States)测量细胞核荧光强度。

以小番茄(*Solanum lycopersicum*) 'Stupiché'为参考标准样品来估算各样品的基因组大小。用已知倍性的二倍体猕猴桃品种'红阳'(*Actinidia chinensis* var. *chinensis* 'Hongyang') ($2n = 2x = 58$) (Wang et al., 1996)及与软枣猕猴桃样品采于同一地区的葛枣猕猴桃(*Actinidia polygama*)为参考以确定其他所有样品的倍性,每个样品重复三次。

1.3 形态学评价

在大巴山采集样品时,分别测量每一单株果实的长度和宽度,并用SAS软件(Version 9.1; SAS Institute Inc.)对这些果实大小的参数进行方差分析。

1.4 糖及有机酸含量分析

取2~3个果实中约10 g果肉组织进行糖和有机酸含量分析,每个单株样品重复3~4次。糖(蔗糖、果糖及葡萄糖)和有机酸(苹果酸、柠檬酸及奎宁酸)的提取及衍生化采用Wang et al.(2012)所描述的方法。在Agilent 6890N(Agilent Technology, Palo Alto, CA)气相色谱仪上进行色谱分析(色谱柱HP-5,30 mm×0.25 mm×0.1 mm)。用内标标准曲线法确定糖和有机酸含量,所有标准品购于Sigma-Aldrich公司(St. Louis, MO)。通过方差分析比较不同单株间果实糖及有机酸含量的差异。限于有些单株果实量少,没有进行糖和有机酸含量分析。另外,虽然在色谱图上有奎宁酸的峰,但却没有峰面积值输出,所以无法确定奎宁酸的含量。

2 结果与分析

2.1 野生软枣猕猴桃的倍性变异及基因组大小估算

四倍体、六倍体、八倍体、十倍体在这个野生软枣猕猴桃居群中均有发现(图1)。每种倍性单株数比例分别为36%,11%,33%和20%(图2)。该野生居群包含分布于5个山谷及2个山坡上的7个地理亚群。有趣的是,在每个亚群内部也存在着倍性变异。在这7个亚群中,有两个亚群主要有四倍体,三个亚群由八倍体和十倍体组成,其他两个亚群有多种倍性。

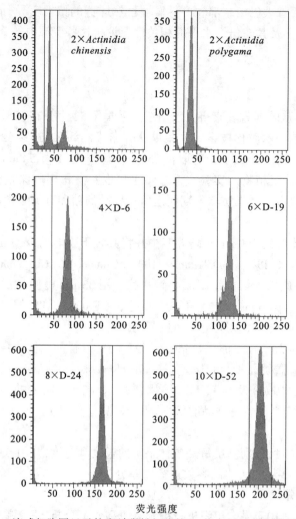

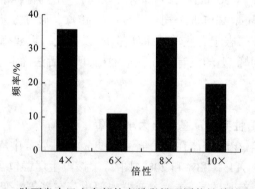

图 1 流式细胞图显示软枣猕猴桃细胞核 PI 染色后的荧光信号强度

Fig.1 Flow cytometric histograms show the relative fluorescence intensity obtained from PI-stained nuclei in *Actinidia arguta*. D-6, D-19, D-24 and D-52 indicate the individual plants of tetraploid, hexaploid, octaploid and decaploid respectively

图 2 陕西省大巴山东部软枣猕猴桃不同倍性单株比例

Fig.2 Frequencies of individual plants with different ploidy levels in the *Actinidia arguta* population from the east of Daba Mountain in a region of Shaanxi province

基于具有相同倍性的不同个体的数据,计算出了软枣猕猴桃的 DNA 含量和基因组大小。单倍体软枣猕猴桃基因组大小(776.4±94.82 Mb)高于中华猕猴桃(651.81±68.21 Mb)及葛枣猕猴桃(546.3±133.73 Mb)(表1)。

表1 陕西省大巴山东部不同倍性软枣猕猴桃基因组大小计算

Table 1 Estimated genome size of different ploidy levels of *Actinidia arguta* plants sampled from the east of Daba Moutain, a region of Shaanxi province

物种(倍性)	DNA 含量/(pg/2C)	估算的基因组大小/(Mb/2C)	估算的单倍体大小/(Mb)
中华猕猴桃 $2x$	1.33±0.14	1303.63±122.02	651.81±68.21
葛枣猕猴桃 $2x$	1.12±0.27	1092.60±267.47	546.30±133.73
软枣猕猴桃 $4x$	3.01±0.32	2945.71±304.40	736.43±76.10
软枣猕猴桃 $6x$	4.12±0.84	4032.36±819.61	672.06±136.60
软枣猕猴桃 $8x$	6.57±0.34	6427.37±331.69	803.42±41.46
软枣猕猴桃 $10x$	7.31±0.49	7149.63±478.36	893.70±59.80
平均值			776.40±94.82

DNA 含量 = 参考物种 DNA 含量×(样品相对荧光强度/参考物种荧光强度)

估算的基因组大小 = 978 Mb/pg×样品 DNA 含量

估算的单倍体大小 = 估算的基因组大小/倍性

2.2 果实形态学及其与倍性水平相关性研究

该居群的果实着色呈现从浅红色到紫红色的一系列变异,部分果皮有黑色斑点。在贮藏过程中,有些单株如 D-18, D-21 和 D-30 果实颜色从绿色转为红色再为紫色(图3)。这些单株的果

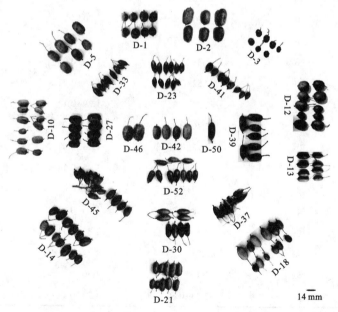

图3 陕西省大巴山东部软枣猕猴桃雌株果实

Fig.3 Fruits of female *Actinidia arguta* plants in the population located in the east of Daba Mountain in a region of Shaanxi province

四倍体: D-1, D-2, D-3, D-5, D-10, D-12, D-13, D-14, D-18, D-27, D-46;六倍体: D-19;八倍体: D-30, D-33, D-39, D-41, D-50;十倍体: D-21, D-37, D-45, D-52

实有圆形、卵形、长椭圆形、椭圆形及纺锤形(图3)。果实的横切面大多为圆形或扁圆形。部分果顶为圆形或者扁平状,而大部分因为残留的花柱而为突起状(图3)。

D-2果实的横切面比其他单株的果实更长,也更宽(表2)。D-5,D-18及D-46果实横切面比其他单株果实宽(表2)。果实长度和倍性水平之间无明显相关性。线性回归分析表明,果实横切面宽度随倍性增加而降低(果实宽度=−0.07915×倍性+1.91638,$R^2=0.4888$,$P=0.0004$),而长宽比与倍性水平呈正相关(L/D Ratio=0.1317×倍性+0.92043,$R^2=0.5822$,$P<0.0001$)。

表2 陕西省大巴山东部软枣猕猴桃果实长 L、宽 D 及长/宽比

Table 2　Fruit length (L), width (D) and L/D ratios of *Actinidia arguta* accessions sampled from the east of Daba Moutain in a region of Shaanxi province

编号	倍性	平均果实长度/cm	平均果实宽度/cm	L/D 比
D-1	4x	2.11±0.36	1.92±0.30*	1.10
D-2	4x	3.10±0.54*	1.77±0.28*	1.75
D-3	4x	1.30±0.11	1.37±0.20	0.95
D-5	4x	2.51±0.62	1.79±0.27*	1.40
D-10	4x	1.96±0.58	1.39±0.21	1.41
D-12	4x	2.21±0.62	1.80±0.34*	1.23
D-13	4x	2.33±0.53	1.24±0.20	1.88*
D-14	4x	2.18±0.55	1.61±0.21	1.35
D-16	4x	2.37±0.57	1.73±0.39*	1.37
D-18	6x	2.76±0.71	1.69±0.26	1.63
D-19	4x	1.70	1.00	1.70
D-21	10x	2.23±0.70	1.17±0.21	1.91*
D-23	8x	2.33±0.25	1.20±0.08	1.94*
D-27	4x	2.52±0.49	1.60±0.22	1.58
D-30	8x	2.85±0.31*	1.29±0.13	2.21*
D-33	8x	2.26±0.22	1.09±0.08	2.07*
D-37	10x	2.75±0.30	1.13±0.08	2.43**
D-39	8x	2.52±0.50	1.25±0.14	2.02*
D-41	8x	1.89±0.15	1.12±0.09	1.69
D-42	4x	2.58±0.38	1.63±0.11	1.58
D-45	10x	2.59±0.28	1.36±0.11	1.90*
D-46	4x	2.57±0.24	1.84±0.11*	1.40
D-50	8x	3.40	1.30	2.62
D-52	10x	2.73±0.32	1.23±0.14	2.22*

注:* 显著性水平为0.05。
** 显著性水平为0.01。
所测数据用平均值±标准偏差表示,除D-19和D-50只有一个果实外,其他单株样品数 $n \geq 20$。

2.3　野生软枣猕猴桃中糖及有机酸含量变化

在软熟期,苹果酸含量为1.31~2.55 mg/g·FW(表3)。所有样品中,柠檬酸含量均高于苹

果酸含量。D-21中柠檬酸含量极高,高达30.67 mg/g·FW(表3)。软化的果实中三种糖含量相近(表3)。另外,D-21中果糖、葡萄糖、蔗糖的含量是所有检测样品中最高的(表3)。

表3 陕西省大巴山东部软枣猕猴桃果实糖及有机酸含量

Table 3 Contents of sugars and organic acids in fruits of *Actinidia arguta* accessions sampled from the east of Daba Moutain in a region of Shaanxi province

编号	倍性	蔗糖 /(mg/g·FW)	葡萄糖 /(mg/g·FW)	果糖 /(mg/g·FW)	苹果酸 /(mg/g·FW)	柠檬酸 /(mg/g·FW)
D-1	4x	10.58±0.83	15.87±0.88	11.68±0.67	1.50±0.18	7.94±0.86*
D-2	4x	9.90±0.65	12.61±2.09	10.03±0.87	1.39±0.08	8.75±0.97*
D-10	4x	9.70±0.93	17.47±1.44	13.32±1.54	1.44±0.22	5.56±0.38
D-12	4x	11.30±0.76	15.38±0.69	11.59±2.12	1.36±0.12	10.53±1.09*
D-13	4x	11.00±1.05	13.99±1.33	11.25±1.08	1.53±0.17	6.93±0.76
D-14	4x	10.92±0.96	12.98±1.86	11.31±1.25	1.61±0.23	7.07±0.92
D-18	6x	11.42±1.17	14.57±2.13	11.94±0.95	1.54±0.27	8.20±1.02*
D-21	10x	19.08±1.22*	130.57±15.37**	81.38±5.45**	2.55±0.25*	30.67±2.47**
D-27	4x	11.34±0.64	15.60±2.19	12.37±1.79	1.31±0.16	9.83±1.06*
D-30	8x	11.41±1.08	20.21±2.88*	14.52±1.21	1.45±0.24	9.29±1.29*
D-39	8x	10.35±0.89	14.94±0.97	11.89±0.43	1.37±0.21	10.45±0.99*
D-45	10x	10.79±1.06	16.56±0.79	13.32±1.58	1.48±0.09	6.63±0.75
D-46	4x	11.20±0.99	13.23±1.35	11.02±0.97	1.47±0.22	8.65±0.93*
D-52	10x	10.77±2.11	18.60±3.02*	14.21±2.33	1.58±0.17	5.88±0.54

注:* 显著性水平为0.05。

** 显著性水平为0.01。

所测数据用平均值±标准偏差表示;FW表示果实鲜重。

3 讨论

本研究对一个软枣猕猴桃自然居群的倍性和果实品质进行了评价。通过流式细胞术分析,首次在自然界发现十倍体软枣猕猴桃。此外,四倍体、六倍体、八倍体及十倍体多种倍性软枣猕猴桃共存于大巴山东部地区。

据我们所知,在日本、韩国、中国东北发现的软枣猕猴桃应该归并于软枣猕猴桃原变种(Li et al.,2007)。根据日本的多样性数据,四倍体、六倍体及二倍体的比例分别为68.5%、17.3%及9.6%(Kataoka et al.,2010)。在本研究中,我们所研究的这个小区域的自然居群没有发现二倍体,却有较多的八倍体和十倍体。这些数据表明,与日本相比,中国中部的软枣猕猴桃自然居群更趋于多倍化。四倍体软枣猕猴桃广泛分布于中国台湾、中国中部和西南部并横穿寒冷的东北亚(Bowden,1945;Xiong et al,1985;Deng et al.,1986;Baranec et al.,2003;Liu et al.,2011;Hsieh,2012)。然而,关于软枣猕猴桃倍性水平的研究仅用到了中国大陆少量的野生资源(Bowden,1945;Xiong et al,1985;Deng et al.,1986;Yan et al.,1997;Liu et al.,2011),还需要收集大量的野生软枣猕猴桃倍性数据,才能阐明其在大生境中的倍性变异模式。

已有报道指出多种倍性的软枣猕猴桃和中华猕猴桃分别同域分布于日本、武陵-雪峰山区和大老岭国家自然保护区（Kataoka et al., 2010; Li et al., 2010a; Yan et al., 2012）。本研究发现四倍体、六倍体、八倍体、十倍体软枣猕猴桃同域分布于中国的大巴山。软枣猕猴桃种内的倍性变异是否同武陵雪峰山区的中华猕猴桃一样，是自然的倍性间杂交的结果（Li et al., 2010a），是一个值得研究的课题。若是这样，那么从大巴山评价和筛选软枣猕猴桃资源，对于种质改进是一个不错的选择，因为倍性间的杂交能结合具有商业潜能的不同性状（Yan et al., 1994; Li et al., 2010b; Wu, 2012）。另外，该居群多种倍性共存的发现有助于探索软枣猕猴桃的起源（Wu, 2012）。

其他研究报道的四倍体和八倍体紫果猕猴桃的 2C 值要稍低于本研究结果（Blancket et al., 1992; Ollitrault-Samarcelli et al., 1994; Ferguson et al., 1997），而 Blancket et al. (1992) 及 Ferguson et al. (1997) 报道的六倍体软枣猕猴桃的 2C 值要稍高于本研究结果（表1）。这些差异可能是由于样品数和/或实验条件的不同导致的。在本研究中，虽然我们以中华猕猴桃和葛枣猕猴桃作为二倍体内参，但是它们的基因组大小与软枣猕猴桃的基因组大小仍有微小的差异，仍需要进一步的细胞学技术来确定这些软枣猕猴桃的倍性。

在本研究中，野生软枣猕猴桃果实的长宽比与对应单株的倍性呈正相关。这个结果与最新报道的秋水仙素诱导的四倍体中华猕猴桃果实横截面长宽比小于原二倍体中华猕猴桃的完全不同（Wu et al., 2012）。这种现象到底是与物种相关还是仅仅是这个野生软枣猕猴桃居群的特性？要回答这个问题，还需要检测更多的个体和居群，很可能是这两个种果实生长的遗传机制不同。所有这些对于从基因组水平揭示它们的遗传和进化机制是很有意义的（Wu et al., 2012）。

果实品质在猕猴桃商业育种的种质评价中显得越来越重要。现今，果实表皮和果肉颜色是吸引消费者的重要农艺性状（Wu et al., 2013）。紫果猕猴桃是猕猴桃种质中唯一具有整果全红可食特征的野生种。对这种基因型的评价有助于开发一个可以通过肉眼观察果实颜色来判断果实成熟度的新型猕猴桃品种。本研究中软枣猕猴桃居群的糖和有机酸含量同 Boyes et al (1996) 的研究结果相似，都是紫果猕猴桃中的柠檬酸含量高于苹果酸。一个紫色果肉的栽培种，即'Purpurowaja Sadowaja'，其平均产量在属于同一物种的一些绿色果肉品种及紫色果肉与绿色果肉的杂交种中最高，虽然其平均单果重仅为 5.09g（Bieniek, 2012）。而在果实大小和糖酸含量方面，绿肉品种和紫肉品种之间并无明确的不同（Boyes et al., 1996; Latocha, 2007; Wang et al., 2011; Kim et al., 2012）。令人关注的是 D-21 积累了相当高的糖和有机酸，可能在产品研发上很有用，值得对其进一步评价。果实性状的一些变异可能是由于环境条件不同导致的，因为本研究评价的是野外采集的果实样品，还需要研究这些资源在相同生长条件下的果实品质。

参 考 文 献

Baranec T, Murín A. 2003. Karyological analyses of some Korean woody plants. Biologia, 58: 797-804.

Bieniek A. 2012. Yield, morphology and biological value of fruits of *Actinidia arguta* and *Actinidia purpurea* and some of their hybrid cultivars grown in north-eastern Poland. Acta Sci. Pol., Hortorum Cultus, 11(3): 117-130.

Blanchet P, Brown S, Hirsch A M, et al. 1992. Détermination des niveaux de ploïdie dans le genre *Actinidia* Lindl. par cytométrie en flux. Fruits, 47: 451-460.

Bowden W M. 1945. A list of chromosome numbers in higher plants. I. Acanthaceae to Myrtaceae. Am. J. Bot, 32: 81-92.

Boyes S, Strübi P. Marsh H. 1996. Sugar and organic acid analysis of *Actinidia arguta* and rootstock-scion combinations of *Actinidia* arguta. Lebensm.-Wiss. u.-Technol, 30: 390-397.

Chat J. 1994. Screening *Actinidia* species germaplasm for frost tolerance//Schmidt H, Kellerhals M. Progress in temperate fruit breeding. Kluwer Academic Pub: 459-461.

Cui Z X. 1993. Zhong Guo Mi Hou Tao (*Actinidia* in China). Jinan: Shangdong Science and Technology Publisher.

Deng X X, Sen H M. 1986. Studies on the chromosome numbers of *Actinidia*. Acta Hort. Sin, 13: 80.

Ferguson A R, O'Brien I E W, Yan G J. 1997. Ploidy in *Actinidia*. Acta Hort, 444: 67-71.

Ferguson R, Huang H. 2007. Genetic resources of kiwifruit: domestication and breeding//Janick J. Horticultural Reviews, 33: 1-121.

Ferguson A R, Zhang J L, Duffy A M, et al. 2009. Ploidy and the use of flow cytometry in kiwifruit breeding. Italus Hortus, 16(5): 78-83.

Hsieh T Y. 2012.Taxonomy and distribution of indigenous *Actinidia* in Taiwan. Taizhong: National Chung Hsing University.

Kabaluk J T, Kempler C, Toivonen P M A. 1997. *Actinidia arguta* characteristics relevant to commercialization production. Fruit Var. J., 51: 117-122.

Kataoka I, Mizugami T, Kim J G, et al. 2010. Ploidy variation of hardy kiwifruit (*Actinidia arguta*) resources and geographic distribution in Japan. Sci. Hortic, 124: 409-414.

Kim J G., Beppu K, Kataoka I. 2012. Physical and compositional characteristics of 'Mitsuko' and local hardy kiwifruits in Japan. Hort. Environ. Biotechnol, 53(1): 1-8.

Latocha P. 2007. The comparison of some biological features of *Actinidia arguta* cultivars fruit. Ann. Warsaw Univ. Life Sci, 28: 105-109.

Latocha P, Jankowski P. 2011. Genotypic difference in post-harvestcharacteristics of hardy kiwifruit (*Actinidia arguta* and its hybrids), as a new commercial crop. Part II. Consumer acceptability and its main drivers. Food Res. Int, 44: 1946-1955.

Liang C F. 1983. On the distribution of *Actinidia Guihaia*, 3: 229-248.

Li D, Liu Y, Zhong C, et al., 2010a. Morphological and cytotype variation of wild kiwifruit (*Actinidia chinensis* complex) along an altitudinal and longitudinal gradient in central-west China. Bot. J. Linn. Soc, 164: 72-83.

Li D, Zhong C, Liu Y, et al. 2010b. Correlation between ploidy level and fruit characters of the main kiwifruit cultivars in China: implication for selection and improvement. New Zeal J. Crop Hort, 38: 137-145.

Li J Q, Li X W, Soejarto D D. 2007. Actinidiaceae//Wu Z Y, et al. Flora of China, Vol. 12. Beijing: Science Press & Saint Louis, Missouri: Missouri Botanical Gardens: 334-360.

Liu C, Sun X, Dai H, et al. 2011.In vitro induction of octaploid plants from tetraploid *Actinidia arguta*. Acta Hort, 913: 185-190.

Ollitrault-Sammarcelli F, Legave, J M, Michaux-Ferriere M, et al. 1994. Use of flow cytometry for rapid determination of ploidy level in the genus *Actinidia*. Sci. Hort, 57: 303-313.

Park J H, Lee Y J, Choi J K. 2005. Pharmacognostical study on the Korean folk medicine 'Da Rae Ip'. Kor. J. Pharmacogn, 36: 26-33.

Phivnil K, Beppu K, Takamura T, et al. 2005. Flow cytometric assessment of ploidy in native resources of *Actinidia* in Japan. J. Am. Pom. Soc, 59: 44-49.

Vorobiev D P. 1939. Review of Far East species of genera *Actinidia* Lindley. Bulletin of Gornotaiegny Station of Far East Branch of the Academy of Sciences of USSR, Chabarovsk 3: 5-38.

Wang M Z, Li M Z, Wu B L, et al. 1996. Study on the breeding of new kiwifruit cultivar. Resour. Dev. Market, 12: 51-54, 63.

Wang Z, Mi J, Ji H, et al. 2011. Preliminary study on fruit quality of wild *Actinidia arguta*. Shanxi Forest. Sci. Tech, 40: 326-327.

Wang Y C, Zhang L, Man Y P, et al. 2012. Phenotypic characterization and SSR identification of red-fleshed kiwifruit germplasm accessions. Hort Sci, 47(8): 1-8.

Watanabe K, Takahashi B, Shirato K. 1990. Chromosome numbers in kiwifruit (*Actinidia deliciosa*) and related species. J. Japan. Soc. Hortic. Sci, 58: 835-840.

Williams M H, Boyd L M, McNeilage M A, et al. 2013. Development and commercialization of 'Baby Kiwi' (*Actinidia arguta* Planch.). Acta Hort, 610: 81-86.

Wu J H. 2012. Manipulation of ploidy for kiwifruit breeding and the study of *Actinidia* genomics. Acta Hort, 961: 539-546.

Wu J H, Ferguson A R, Murray B G. 2011. Manipulation of ploidy for kiwifruit breeding: in vitro chromosome doubling in diploid

Actinidia chinensis Planch. Plant Cell, Tiss. Organ Cult, 106: 503-511.

Wu J H, Ferguson A R, Murray B G, et al. 2013. Fruit quality in induced polyploids of *Actinidia chinensis*. Hort Sci., 48: 701-707.

Wu J H, Ferguson A R, Murray B G, et al. 2012. Induced polyploidy dramatically increases the size and alters the shape of fruit in *Actinidia chinensis*. Ann. Bot., 109: 169-179.

Xiong Z T, Huang R H, Wu X W. 1985. Observations on the chromosome numbers of 4 species in *Actinidia*. J. Wuhan Bot. Res, 3: 219-223.

Yan G, Ferguson A R, McNeilage M A. 1994. Ploidy races in *Actinidia chinensis*. Euphytica, 78: 175-183.

Yan G, Yao J, Seal A G, et al. 1997. New reports of chromosome numbers in *Actinidia* (Actinidiaceae). N.Z. J. Bot, 35: 181-186.

Yan L, Liu Y, Huang H. 2012. Genetic and epigenetic variation in the cytotype mixture population of *Actinidia chinensis*. Chin. Bull. Bot, 47(5): 454-461.

Ploidy and Phenotype Variation of a Natural *Actinidia arguta* Population in the East of Daba Mountain

Man Yuping   Li Zuozhou   Wang Yanchang

(Key Laboratory of Plant Germplasm Enhancement and Specialty Agriculture, Wuhan Botanical Garden, Chinese Academy of Sciences   Wuhan   430074)

Abstract   Ploidy levels of a natural population of *Actinidia arguta* from east of Daba Mountain were determined by flow cytometric analysis. Decaploids of *Actinidia arguta* were firstly found in the wild. The frequencies of tetraploid, hexaploid, octaploid and decaploid in the natural population were 36%, 11%, 33% and 20% respectively. The haploid size of *Actinidia arguta* was 776.4± 94.82 Mb. Fruits of the female plants are purple or red color with a range of color intensity. The typical fruit shapes of those individuals vary from round, ovoid, oblong, ellipsoidal to spindle-shaped. Fruits of female plants with higher ploidy levels had smaller diameter of cross section and higher L/D ratio (length/width). Contents of sugars and organic acids in fruits of the population varied largely, and D-21 was found to have extremely high accumulation of sugars and organic acids. Present data evidenced natural distribution of decaploid and the co-existence of multi-ploidy of the *Actinidia arguta* in the east of Daba Mountain.

Key words   *Actinidia arguta*   Ploidy   Decaploid   Flow cytometry   Fruit quality   Purple fruit

'徐香'猕猴桃与长果猕猴桃种间杂交亲和性研究

齐秀娟 徐善坤 方金豹

(中国农业科学院果树生长发育与品质控制重点开放实验室 中国农业科学院郑州果树研究所 郑州 450009)

摘 要 以美味猕猴桃(*Actinidia chinensis var. diliciosa*) '徐香'与长果猕猴桃(*Actinidia longicarpa*)进行远缘杂交,利用荧光显微镜观察了花粉管行为,常规石蜡切片法观察了受精及胚发育过程的差异,统计了杂交当代种子数量和坐果率。结果表明,种间杂交长果猕猴桃的花粉粒在美味猕猴桃'徐香'柱头的乳突细胞表面萌发、生长,但生长速度比对照的缓慢;花粉管在花柱中生长时出现波纹状弯曲、停止生长、胼胝质沿管壁不规则沉积等现象;受精过程延迟;胚胎发育出现异常;坐果率较低。种子总数明显少于种内杂交和种内自然授粉的数量,但正常种子的质量与后者大致相同。

关键词 美味猕猴桃 长果猕猴桃 种间杂交 花粉管行为 受精过程 种子

绝大多数猕猴桃属(*Actinidia* Lindl.)植物属于雌雄异株,雄株对坐果率、单果质量、可溶性固形物等诸多方面具有直感效应(metaxenia),笔者已经就这方面进行过研究(齐秀娟等,2007)。植物远缘杂交通常指植物分类学上不同种、属以上类型间的杂交(景士西,2000)。为创造猕猴桃新的种质,丰富其变异类型,有很多研究者从事远缘杂交的育种实践并对其亲和性展开研究。早在1927年,Fairchil(1927)成功地进行了软枣猕猴桃(*Actinidia arguta*)与美味猕猴桃的杂交;安和祥等(1993)观察了猕猴桃属4个种、十几个正反交组合花粉管在雌蕊上的行为;母锡金等(1990)报道了猕猴桃属种间杂交后期的胚胎学并成功地进行了胚拯救;梁铁兵等(1995)报道了美味猕猴桃和软枣猕猴桃种间杂交时花粉管行为和早期胚胎发生。但是针对猕猴桃属植物种间杂交从授粉、受精到种子形成缺乏系统的研究。

'徐香'是在生产中品质表现优良的美味猕猴桃(*Actinidia diliciosa*)品种,长果猕猴桃(*Actinidia longicarpa*)具有果皮极易剥离、维生素C含量高、有独特的芳香气味(李洁维,2007)等特点。本试验研究'徐香'美味猕猴桃和长果猕猴桃种间杂交时花粉管原位萌发、花粉管生长、受精以及胚发育过程,并统计了杂交当代坐果率及种子的数量,以期为种间杂交育种提供科学依据。

1 材料与方法

1.1 材料

试验于2009年在中国农业科学院郑州果树研究所猕猴桃资源圃(113°71′E,34°71′N)内进行。供试雌性品种为8年生美味猕猴桃'徐香'。用于人工授粉的雄株为美味猕猴桃'郑雄1号'种内授粉和长果猕猴桃种间授粉;自然授粉的雄株为美味猕猴桃的混合株系,作为坐果率、种子数量检测试验的对照。'徐香'花期为5月5~10日;'郑雄1号'和长果猕猴桃花期均为5月2~8日。园地管理水平一般,管理方法一致,各个树体树势基本一致。

1.2 花粉采集及活力测定

分别采摘授粉雄株树冠外围中部即将开放的大蕾期花蕾,在室内取下花药,用硫酸纸包好后埋于硅胶内,室温下干燥1 d,将散出的花粉分别收集于贴有标签的干燥小瓶内,置 −80 ℃冰箱中保存备用。授粉前取出少量使其恢复到常温状态,采用固体培养基培养法测定花粉生活力。培养基为10% 蔗糖+150 mg·L^{-1}硼酸+10 mg·L^{-1}Ca(NO$_3$)$_2$·4H$_2$O(姚春潮等,2005),26 ℃

条件下培养 5 h。两种雄株花粉生活力均大于 50%，可用于授粉。

1.3 杂交处理及其坐果率与成熟果种子性状调查

在'徐香'猕猴桃树体花蕾完全露白期，选择 3 株树上花期一致、花质均一的单花预先套袋。纸袋采用中国农业科学院郑州果树研究所果袋公司生产的石榴专用羊皮纸袋。在开花当天上午 9~10 时，分别用'郑雄 1 号'和长果猕猴桃花粉进行人工点授，之后立即重新套袋，挂牌标记，同时选择自然授粉的花朵为对照，采用不套袋挂牌标记。于授粉后 30 d 调查坐果率。

各杂交组合果实成熟后采收。待室内自然后熟软化后，用 LIBROR ED-H200 型电子天平测定单果质量。种子败育鉴定参照母锡金等（1990）的方法。每个杂交组合统计 10 个果实。

1.4 授粉后花粉管行为的荧光显微镜观察

分别在授粉后 1，3，5，7，10，20，30，35，45 h，每株树采集 3 朵花（果实），用刀片从花柱基部（子房与花柱连接处）切取花柱（含柱头），立即用 FAA 固定液固定。花柱的压片参照 Kho 等（1968）的方法并略作改动：从固定液中取出花柱，用蒸馏水冲洗 2 遍，用 2 $mol \cdot L^{-1}$ 的 NaOH 放置在 65 ℃ 的恒温箱中软化处理 5 h，用 0.1% 的苯胺蓝染色液染色（用 0.1 $mol \cdot L^{-1} K_3PO_4$ 溶液配制）3 h，制作压片。在 OLYMPUS BX 51 型荧光显微镜下观察花粉萌发和花粉管生长情况，选取典型图片拍照。由于'徐香'猕猴桃的花柱较大，所以先分部位拍照，然后用 Photoshop 软件调整照片对比度，拼接成完整花柱。

1.5 受精及胚发育过程的观察

分别在授粉后 20，35，45，55，75，100，120 h 以及花后 30，60，90，120 d，每种处理分别采集 5 个子房（幼果）进行 FAA 固定液固定。常规石蜡切片法制片，切片厚度 8~10 μm，铁矾苏木精整体染色，在 OLYMPUS BX 51 型光学显微镜下观察、摄影。另将部分同种授粉后 45 h 的石蜡切片进行 0.1% 的苯胺蓝染色液染色 3 h，置于荧光显微镜下观察。

2 结果与分析

2.1 坐果率比较

调查了授粉后 30 d 各授粉组合的坐果率情况。从表 1 可见，种间杂交坐果率明显低于种内杂交和自然授粉。

表 1 种间授粉与种内授粉组合坐果率比较
Table 1 Comparison on the fruit-setting rate between interspecific and intraspecific pollination

授粉组合 Crossing combination	授粉花朵数 Number of flowers pollinated	坐果数 Number of fruits obtained	坐果率/% Fruit-setting rate
人工种内授粉 Artificial intraspecific pollination	80	70	87.5Aa
人工种间授粉 Artificial interspecific pollination	60	28	46.7Cc
自然种内授粉 Natural intraspecific pollination	80	52	65.0Bb

2.2 花粉管在花柱中的生长差异

猕猴桃的花粉粒及花粉管经过 0.1% 水溶性苯胺蓝染色后，在紫外荧光显微镜下可观察到很强的荧光，花粉管的生长过程可以清晰显示出来。'徐香'猕猴桃花柱为白色，长 7~10 mm，柱头呈楔形，其上覆盖一层乳突细胞（图 1(1)），花柱基部为圆筒状。本试验所观察到的大量材料中，种间、种内传粉后，花粉粒均能在柱头上萌发，种内授粉花粉萌发率大于种间授粉。

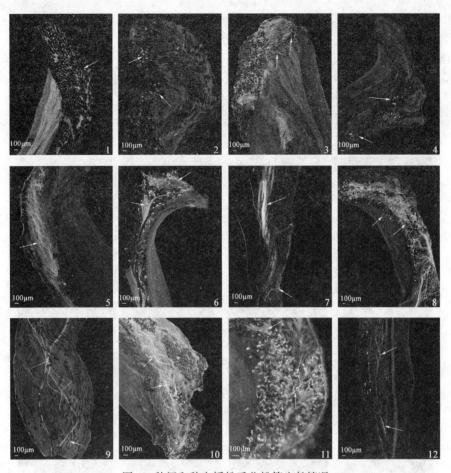

图 1　种间和种内授粉后花粉管生长情况

(1)柱头;(2)种内授粉后1 h;(3)种内授粉后3 h;(4)种间授粉后3 h;(5)种内授粉后7 h;(6)种间授粉后7 h;(7)种内授粉后20 h;(8)种间授粉后20 h;(9~11):种间授粉后30 h极少数花粉管到达花柱底部,胼胝质分布不均匀,胼胝质筛长短不一;(12)种间授粉后45 h。

Fig. 1　Growth of pollen tube following interspecific or introspecific pollination

(1)stigma;(2)1 h after intraspecific pollination;(3)3 h after intraspecific pollination;(4)3 h after interspecific pollination; (5)7 h after intraspecific pollination;(6)7 h after interspecific pollination;(7)20 h after intraspecific pollination;(8)20 h after interspecific pollination;(9-11) A few pollen arrived style base 30 h after interspecific pollination, Callose plugs with different length deposited irregularly;(12)45 h after interspecific pollination.

　　授粉后1 h的柱头表面,种内授粉的已有一些荧光点出现(图1(2));种间授粉的尚未见荧光点出现。授粉后3 h,种内授粉的很多柱头上花粉粒大量萌发,且整齐,多数花粉管已经穿过柱头表面,花粉管先端较细(图1(3));种间授粉的多数出现了较强的荧光点,个别也已长出了花粉管(图1(4))。授粉后7 h,种内授粉的绝大多数花粉管已经规则进入花柱道生长,并多处出现胼胝质塞,分布较为均匀,荧光较强(图1(5));种间授粉的花粉粒大量萌发,并生长出了一部分花粉管,但还没有按照正常的生长方向进入花柱道,而是缠结在柱头表面,与柱头的乳突细胞缠绕在一起(图1(6))。授粉后10~20 h,种内授粉绝大多数花粉管已长到花柱底部,且花粉管数量庞大(图1(7));授粉后20 h,种间授粉的花粉管大部分仍在柱头表面纠结,只有很少部分进入花柱道生长,且花粉管呈波纹状扭曲、花粉管顶端膨大呈钝圆形或尖细或缩短成团,部分已生长到花柱1/2的位置(图1(8))。授粉后30 h,种间授粉的花粉管也有极少部分到达了花柱底部(图1(9)),胼胝质塞的荧光很强烈,但存在花粉管分布杂乱、扭曲,花粉管内胼胝质分布不均匀、胼胝质塞长短不一等现象(图1(10~11)),而且种间授粉的花粉管并不随着授粉时间的延长而生长到花粉管基部(图1(12))。

2.3 受精过程的差异

猕猴桃是中轴胎座多心皮(图2(1))浆果,倒生胚珠,蓼型胚囊。胚囊发育成熟时3个反足细胞呈品字形排列,卵细胞圆形,2个助细胞并列,受精前大部分胚囊的2个极核合并成了次生核。花粉管进入子房后直达胚珠,由珠孔进入胚囊,属于珠孔受精。珠被最内层细胞质浓,排列整齐,成为珠被绒毡层。

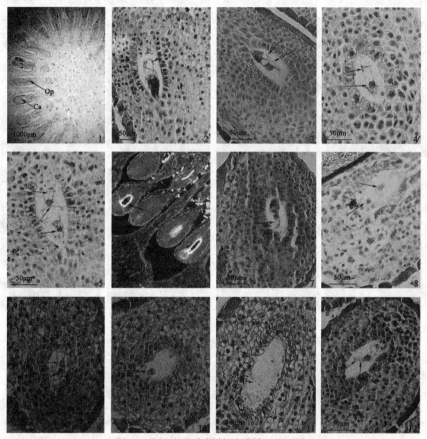

图2 种间和种内授粉后受精过程观察

(1)子房横切,示心皮(Ca)和胚珠原基(Op);(2)种内授粉后20 h,个别花粉管生长已到达胚囊附近;(3)种内授粉后45 h,花粉管破坏助细胞,释放两精子;(4)种内授粉后75 h,受精后合子细胞质变浓,初生胚乳核分裂先于合子,受精极核分裂已形成多个胚乳细胞时,合子仍未有变化;(5)种内授粉后100 h,合子还没有分裂,只有初生胚乳核分裂;(6)荧光显微镜下显示种内授粉后45 h完成受精过程,胚囊中高亮显示表示花粉管已进入胚囊;(7)种间授粉后55 h,花粉管进入胚囊;(8)种间授粉后75 h,反足细胞退化,形成合子和初生胚乳核;(9)种间授粉后120 h,合子没有分裂,受精极核进行一次横向分裂;(10)种间授粉后120 h,只有未分裂的合子,初生胚乳核消失;(11)种间授粉后120 h,没有合子也没有初生胚乳核的胚囊;(12)种间授粉后120 h,刚释放的精子。

Fig. 2 Fertilization process following interspecific or introspecific pollination

(1)Cross section of ovary, showing carpels(Ca) and ovule primordium(Op);(2)Pollen tube close to embryo sac 20 h after intraspecific pollination;(3)Pollen tube destroyed the synergid and released two sperms 45 h after intraspecific pollination;(4)75 h after intraspecific pollination,the cytoplasm of zygote became dense, the division of the primary endosperm was earlier than that of the zygote, and the primary endosperm cell divided into endosperm cells while the zygote didn't divide;(5)The zygote didn't divide while the primary endosperm divided 100 h after intraspecific pollination;(6)Fertilzation finished 45 h after intraspecific pollination under the fluorescence microscope. The high light in embryo sac indicated that pollen tube entered embryo sac;(7)The pollen tube entered the embryo sac 55 h after interspecific pollination;(8)The antipodal cell divided into zygote and primary endosperm 75 h after interspecific pollination;(9)The zygote didn't divide while the polar nucleus had a crosswise division 120 h after interspecific pollination;(10)The zygote didn't divide while the primary endosperm disappeared 120 h after interspecific pollination;(11)The embryo sac without any zygote and primary endosperm 120 h after interspecific pollination;(12)Sperms just discharged into the embryo sac 120 h after interspecific pollination.

种内授粉时,极少数距离花柱底部较近的胚囊在授粉后20 h就有花粉管到达其珠孔位置(图2(2))。绝大多数胚囊在授粉后45 h花粉管破坏助细胞,释放两精子(图2(3))。授粉后75 h,很多胚囊内反足细胞已经消失,合子细胞质变浓,初生胚乳核分裂先于合子,即受精极核首先分裂成多个胚乳细胞,但合子还没有变化(图2(4))。授粉后100 h,仍可以见到许多胚囊内的合子没有进行分裂,只有初生胚乳核分裂(图2(5))。在荧光显微镜下观察授粉后45 h的胚囊,发现有的胚囊已经完成受精过程,有的胚囊还未完成受精(图2(6)),这是由于花粉管到达的时间不同造成的。

种间授粉时,在授粉后55 h,花粉管生长到达珠孔位置,从一个退化助细胞的丝状器进入助细胞(图2(7))。授粉后75 h,反足细胞消失,形成合子和初生胚乳核,后者还没有进行分裂(图2(8))。授粉后120 h,合子还没有进行分裂,初生胚乳核进行了一次分裂(图2(9))或很多胚囊内的初生胚乳核消失,只剩下尚未分裂的合子(图2(10)),也可以看见一些既没有合子也没有初生胚乳核的胚囊(图2(11)),同期可看见刚释放的两个精子向助细胞方向移动(图2(12))。从受精速度上来看,种间授粉比种内授粉进行速度缓慢。

2.4 种胚生长的差异

花后30 d时,种内授粉的胚囊内出现了大量游离核,胚乳细胞变得浓厚(图3(1)),数量明显多于种间授粉,两种授粉胚囊内合子均未分裂。花后60 d时,种内授粉胚乳细胞几乎充满胚囊,其细胞质逐渐变得浓厚,细胞核明显增大,形成了小球形胚(图3(2));种间授粉胚乳

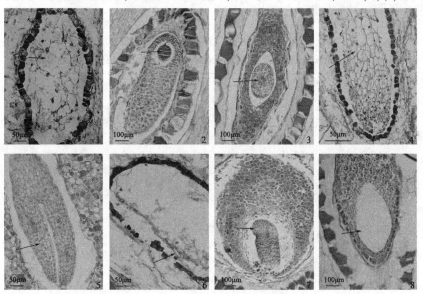

图3 种间和种内授粉后胚胎发育的差异

(1)种内授粉后30 d,胚乳细胞变得浓厚;(2)种内授粉后60 d,胚乳充满胚囊,球形胚;(3)种内授粉后90 d,胚体与临近胚乳细胞形成间隙,并有明显扩大的趋势;(4)种间授粉后90 d,胚乳细胞进一步增多,但未见胚体出现;(5)种内授粉后120 d,成熟胚;(6)种间授粉后120 d,胚囊中央的胚乳退化为残迹;(7)种间授粉后120 d,多细胞棒形胚(个别胚珠);(8)种间授粉后120 d,败胚和空胚囊。

Fig. 3 Differences in embryo development after interspecific or intraspecific pollination
(1) Concentration of endosperm cells 30 d after intraspecific pollination; (2) Embryo sac filled with endosperm 60 d after intraspecific pollination, globular embryo; (3) Gap formation between embryo and endosperm cells 90 d after intraspecific pollination; (4) Endosperm cells increase more, but no embryo, 90 d after interspecific pollination; (5) Mature embryo, 120 d after intraspecific pollination; (6) Aborted endosperm in the center of embryo sac, 120 d after interspecific pollination; (7) Multi-cell baculiform embryo (few ovule), 120 d after interspecific pollination; (8) Aborted embryo and empty embryo sac, 120 d after interspecific pollination.

细胞数量很少,也未见小球形胚出现。花后 90 d,种内授粉胚体与临近的胚乳细胞形成间隙,并有明显扩大的趋势(图3(3));种间授粉胚乳细胞数量逐渐变多,但未见胚体出现(图3(4))。花后 120 d,种内授粉的胚乳细胞分布于靠胚囊壁内侧周围,出现了心形胚或成熟胚(图3(5));种间授粉出现胚乳退化(图3(6))、直立胚(图3(7))以及败胚和空胚囊(图3(8))。

2.5 杂交当代果实种子调查

表2显示,种间杂交与种内杂交和对照相比,单果质量明显变小,种子数量明显变少,而且种间杂交各个性状的变异系数都比种内杂交和对照的高。变异系数最大的是种间杂交的正常种子数(141.7 %),其次是种间杂交的种子总数(134.3 %)和种间杂交败育种子数(105.6 %),都大于100%,属于强变异,说明该性状在相同杂交组合的不同个体之间的差异极大、性状极不稳定,所以种间杂交获得种子的随机性很强,种间杂交当代果实种子的数量极不稳定。变异系数为0的是种内杂交的正常种子质量,说明种内杂交时虽然单果质量略有变化,但正常种子的质量几乎没有变化。从外观上来看,正常种子大小为 2.0~2.2 mm,而败育种子不仅变小,而且干瘪。自然授粉的果实种子总数、败育种子数、正常种子数均最高;败育种子质量以种间杂交的最重。对不同杂交组合的果实单果质量与各类型种子数量做相关性分析,结果为单果质量与种子总数量呈直线相关 $y = 10.736x - 91.731, r = 0.700^{**}$,这与前人研究结果(Hopping,1976;Grant et al.,1984)基本一致;单果质量与正常种子数呈直线相关 $y = 9.5543x - 124.76, r = 0.800^{**}$;其他没有相关性。说明果实中种子总数和正常种子数影响果实的单果质量,这也解释了种间杂交果实单果质量较小的原因。

表2 杂交当代单果种子数量的比较
Table 2 Comparison in seed number between different pollination combination

授粉组合 Pollination combination	平均单果质量/g Average fruit weight(CV/%)	单果种子数 Seed number (CV/%)	败育种子数 Aborted seed number(CV/%)	败育种子质量/mg Aborted seed weight(CV/%)	正常种子数 Normal seed number(CV/%)	正常种子质量/mg Normal Weight (CV/%)
人工种内授粉 Artificial intraspecific pollination	51.7 Aa (18.2)	459 Ab (23.1)	60.9 Bb (54.4)	0.9 Bb (22.2)	398 Ab (24.4)	2.0 Aa (0.0)
人工种间授粉 Artificial interspecific pollination	26.7 Bb (33.3)	61 Bc (134.3)	7 Cc (85.3)	1.8Aa (105.6)	54 Bc (141.7)	2.0Aa (19.0)
自然种内授粉 Natural intraspecific pollination	54.5 Aa (16.9)	557 Aa (12.2)	134 Aa (81.6)	0.9 Bb (22.2)	423 Aa (25.9)	2.0 Aa (10.0)

注:CV,变异系数;多重比较采用新复极差法,同字母间差异不显著,小写表示 $P<0.05$ 水平,大写表示 $P<0.01$ 水平。
Note:CV, Coefficient Vaviance;Small letters and capital letters in the same column mean significant difference at 0.05 level and 0.01level tested by Duncan's SSR, respectively.

3 讨论

从本试验的结果来看,美味猕猴桃'徐香'与长果猕猴桃种间杂交,具有一定程度的杂交不亲和性,而且这种不亲和性存在于授粉、受精以及胚发育的整个过程,即受精前后的双重障碍是导致这种杂交亲和性差的主要原因。具体表现为花粉原位萌发率低,花粉管生长较晚、数量少、波纹状弯曲、胼胝质不规则沉积、末端膨大,受精延迟,胚乳退化、形成空胚腔干瘪种子、坐果率低等现象。花粉管形态变化的上述现象在中华猕猴桃与美味猕猴桃M59杂交(Harvey et al.,1991),以及美味猕猴桃与软枣猕猴桃杂交时也有报道(梁铁兵等,1995),推测花粉管生长受阻的原因与花粉管顶端的生长及胼胝质的不均匀堆积有关。

本研究中,长果猕猴桃对'徐香'授粉,种子总数下降,种子数量取决于实际受精的胚珠数量。根据前述花粉管行为及受精作用的观察,分析造成这种结果的原因:①柱头对远缘花粉的识别和接受能力使得柱头上花粉的萌发本身数量就少;②因沉积胼胝质,异种花粉管在花柱中的生长表现缓慢、扭曲变形或者停止生长,导致实际能进入子房并顺利到达珠孔位置的花粉管数量少,很多胚珠没有完成双受精作用;③由于种间杂交后受精过程比较缓慢,当花粉管生长到子房距离花柱基部较远的胚珠位置时,胚囊内的卵细胞以及极核有可能已经不是最佳的受精期。

另外,长果猕猴桃对'徐香'授粉,败育种子质量比对照高,坐果率较低。分析这种结果产生的原因是,长果猕猴桃授粉时,即使有些花粉管顺利到达珠孔并使胚囊发生了受精作用,但是在受精以后胚胎发育异常,或中途夭折,使得种子形成不饱满,所以败育种子质量比对照高,这种情况在各个调查果实中表现随机性很强,由于很多胚珠不能发育成正常的种子,所以阻碍了继续发育成果实,导致坐果率很低。

种内授粉和自然授粉也产生了一部分败育种子。分析这种结果产生的原因是,有些胚珠离花柱基部较远,一些胚珠根本没有进行受精,或刚刚受精就由于自身营养不良等原因胚胎停止发育较早,导致败育种子的出现。在实际纵切果实观察其切面上的种子时,也观察到在果柄部位瘪种子数量较果实上部多一些。

参 考 文 献

安和祥,Ferguson A R,Bank R J. 1993. 猕猴桃种内和种间传粉后花粉管在雌蕊上行为的观察//中国植物学会植物园协会.植物引种驯化集刊.第八集. 北京:科学出版社.

景士西. 2000. 园艺植物育种学总论. 北京: 中国农业出版社.

梁铁兵,母锡金.1995.美味猕猴桃和软枣猕猴桃种间杂交花粉管行为和早期胚胎发生的观察. 植物学报,37(8):607-612.

李洁维.2007.猕猴桃新种长果猕猴桃的生物学特性及评价.中国果树(1):32-33.

母锡金,王文玲,蔡达荣,等.1990.猕猴桃属美味猕猴桃和毛花猕猴桃种间杂交的胚胎学和胚援救.植物学报,32:425-431.

齐秀娟,韩礼星,李明,等. 2007. 3个猕猴桃品种花粉直感效应研究.果树学报,24(6):774-777.

姚春潮,张朝红,刘旭锋,龙周侠.2005. 猕猴桃花粉萌发动态及培养基成分对花粉萌发的影响.中国南方果树,34(2):50-51.

Fairchild D. 1927. The fascination of making a plant hybrid-being a detailed account of the hybridization of *Actinidia arguta* and *Actinidia chinensis*. J Hered, 18:49-57.

Grant J A, Ryugo K. 1984. Influence of within-canopy shading on fruit size, shoot growth, and return bloom in kiwifruit. J Amer Soc Hort Sci, 109 (6):799-802.

Harvey C F, Fraser L G, Kent J. 1991. *Actinidia* seed development in interspecific crosses.*Acta Horticulturae*. Second International Symposium on Kiwifruit, 297:71-78.

Hopping M E. 1976. Structure and development of fruit and seeds in Chinese gooseberry (*Actinidia chinensis* Planch.) New Zealand. Journal of Botany, 14:63-68.

KhoY O, Bear J. 1968. Observing pollen tubes by means of fluorescence. Euphytica, 17:298-302.

Studies on Compatibility of Interspecific Hybridization Between *Actinidia diliciosa* 'Xuxiang' and *Actinidia longicarpa* by Anatomy

Qi Xiujuan   Xu Shankun   Fang Jinbao

(Key Laboratory for Fruit Tree Growth, Development and Quality Control / Zhengzhou Fruit Research Institute, Chinese Academy of Agricultural Sciences   Zhengzhou   450009)

Abstract   Following interspecific hybridization between *Actinidia chinensis* var.*diliciosa* 'Xuxiang' and *Actinidia longicarpa*, pollen tube behaviour among different crossing combinations was determined using fluorescence microscope, difference in fertilization process and embryo development were observed by conventional paraffin sectioning, and fruit-setting rate and hybrid seed quantity were investigated as well. The results showed that the pollen grains of *Actinidia longicarpa* which is used by interspecific hybridization germinated and grew on the papillate stigma of 'Xuxiang', but the pollen tubes grew slower than those of the control, wave-like pollen tubes, growth stop and random deposition of callose along pollen tube wall were observed. Fertilization process delayed, embryo grew abnormally and the fruit-setting rate of interspecific hybridization was lower. The seed number in fruit was less than that of introspecific hybridization or open pollination, but there was no obvious difference in the quality of regular seed among crossing combinations.

Key words   *Actinidia diliciosa*   *Actinidia longicarpa*   Interspecific hybridization   Pollen tube behaviour   Fertilization   Seed

软枣猕猴桃与中华、美味猕猴桃种间杂交及杂交后代的遗传表现

秦红艳　艾　军　许培磊　刘迎雪　赵　滢
王振兴　杨义明　范书田　李晓艳

(中国农业科学院特产研究所　长春　130122)

摘　要　以软枣猕猴桃(*Actinidia arguta*)(4x)为母本,以中华猕猴桃(*Actinidia chinensis*)(4x)、美味猕猴桃(*Actinidia deliciosa*)(6x)为父本进行杂交授粉,获得杂交种子,通过播种获得杂种苗(F_1)386株;通过胚培养获得杂种苗(F_1)146株,不同杂交组合胚发育率不同。对杂交后代苗木生物学特性进行研究,并利用流式细胞仪对部分杂交后代的染色体数进行测定,不同组合杂种的生物学性状的亲本倾向不同,杂种染色体数多数倾向父、母本中间数。

关键词　软枣猕猴桃　中华猕猴桃　美味猕猴桃　种间杂交

猕猴桃属(*Actinidia* Lindl.)共有54个种、21个变种,约75个分类单元(Li et al.,2007;黄宏文,2009),且绝大部分分布于我国。猕猴桃营养丰富,经济价值较高,现生产上利用较多的主要是中华猕猴桃和美味猕猴桃,软枣猕猴桃也逐渐被用于生产栽培。软枣猕猴桃与其他猕猴桃种相比,表皮光滑,整果可食,且极耐低温(可耐-30 ℃低温),是猕猴桃新品种选育和遗传改良的优异材料。利用种间杂交手段,集合不同种猕猴桃的优良特性,是猕猴桃新种质创新的重要手段之一。目前为止,国内外一些育种工作者应用种间杂交开展猕猴桃种间育种研究,且取得了一定的结果(安和祥等,1995;贾爱平等,2010a;贾爱平等,2010b)。本研究以软枣猕猴桃为母本,以中华猕猴桃和美味猕猴桃雄株为父本进行种间杂交,对其杂交结果情况、杂种F_1部分遗传性状表现以及杂交后代的染色体倍性分离情况进行研究,旨在为猕猴桃新品种选育提供科学依据。

1　材料与方法

1.1　试验材料

父本为四倍体中华猕猴桃(Z)、六倍体美味猕猴桃(M_1,M_2和M_3),花粉均采自中国农业科学院郑州果树研究所,阴干后于4 ℃保存。母本为中国农业科学院特产研究所软枣猕猴桃资源圃内四倍体软枣猕猴桃品种魁绿、丰绿、优系8134、8401。

1.2　试验方法

1.2.1　花粉萌发试验

采用离体培养萌发法,将花粉置于10%蔗糖+0.2%硼酸的液体培养基中,20 ℃黑暗条件培养5 h后在显微镜下观察花粉萌发情况,随机观察10个视野,重复3次,统计萌发率(萌发的花粉数/该视野总的花粉数×100%)。

1.2.2　人工授粉

2011年6月进行人工授粉杂交。母本选择发育良好花蕾,在舌状花露白时进行套授粉袋(开花前2 d),开花后当天进行人工授粉,第二天补授一次,并去掉较小未开花花蕾,授粉后继

续套授粉袋,于授粉后 7 d 除授粉袋。果实成熟后采收,并统计坐果率。

1.2.3 胚培养

种间杂交往往存在一定程度的杂交不亲和,因此对部分杂交果实进行胚培养。基础培养基为 MS、30 g/L 蔗糖和 5 g/L 琼脂粉(pH 5.8)。将采回的果实置于 4 ℃冰箱保存 7 d,置于超净工作台上,用 75% 酒精消毒 0.5 min,无菌水冲洗 3 次,再用 0.1% 升汞消毒 10 min,无菌水清洗 3 次,剥出种子,切除种子先端种皮放置在培养基上,25 ℃暗室中培养 7 d,转移到常规光照条件下继续培养,温度 25 ℃,光照约 3 000 lx。

1.2.4 实生播种

于果实成熟后采集果实,清除果肉及果皮后,进行常规砂藏沉积处理,待种子裂口后播于穴盘中,待苗长至 5 cm 后移至大田培养。

1.2.5 杂种后代染色体数鉴定

以软枣猕猴桃四倍体品种"魁绿"为标准品,采用德国 Partec 公司生产的流式细胞仪进行杂交后代染色体数鉴定。取杂交后代幼嫩叶片面积约 0.5 cm^2,加入 1 ml 裂解液与染色液混合液(Partec),用锋利刀片纵横切各约 30 次,反应 3～4 min,过滤,收集滤液,上样后流式细胞仪自动记录和输出结果。

2 结果与分析

2.1 花粉活力

四倍体中华猕猴桃,六倍体美味猕猴桃 1、2 和 3 的花粉在离体萌发培养基中培养 4 h,花粉活力达到最大值,花粉活力如表 1 所示,美味猕猴桃 2 花粉活力最高,为 74%,其次为中华猕猴桃,为 48%,美味猕猴桃 1 的花粉萌发率较低,为 35%,美味猕猴桃 3 的花粉萌发率最低,仅为 1%,因此未用作杂交授粉试验。

表 1 猕猴桃花粉萌发情况
Table 1 Pollen germination of *Actinidia*

花粉 Pollen	萌发率 Pollen germination rate/%
中华猕猴桃(Z)*Actinidia chinensis*	48.52
美味猕猴桃 1(M_1)*Actinidia deliciosa* 1	35.30
美味猕猴桃 2(M_2)*Actinidia deliciosa* 2	74.75
美味猕猴桃 3(M_3)*Actinidia deliciosa* 3	1.02

2.2 不同杂交组合坐果情况

由表 2 可以看出,猕猴桃种间不同杂交组合亲和性不同,整体来看,软枣猕猴桃与美味猕猴桃的坐果率高于软枣猕猴桃与中华猕猴桃坐果率,说明软枣猕猴桃与美味猕猴桃的亲和性高于与中华猕猴桃的亲和性。软枣猕猴桃与中华猕猴桃的 4 个杂交组合中仅 4 号组合坐果,坐果率为 2.78%。软枣猕猴桃与美味猕猴桃杂交组合中,以 9 号组合的亲和性最高,坐果率为 37.78%,其次为 10 号、11 号、6 号和 12 号组合,坐果率分别为 25.00%、21.62%、20.00% 和 17.95%,再次为 5 号组合,坐果率为 8.33%。丰绿与美味猕猴桃的所有杂交组合均没有坐果。

表 2 猕猴桃种间杂交坐果率
Table 2 Fruit setting rate of interspecific hybridization among the species of *Actinidia*

编号 Code	杂交组合 Cross-combinations	组合类型 Cross types	授粉数 No. pollination flowers	坐果数 No. fruit set	坐果率 Fruit setting/%
1	魁绿(4x)×Z(4x)	软枣×中华 *Actinidia aguta*× *Actinidia chinensis*	42	0	0
2	丰绿(4x)×Z(4x)		48	0	0
3	8401(4x)×Z(4x)		40	0	0
4	8134(4x)×Z(4x)		36	1	2.78
5	魁绿(4x)×M_1(6x)	软枣×美味 *Actinidia aguta*× *Actinidia deliciosa*	36	3	8.33
6	魁绿(4x)×M_2(6x)		30	6	20.00
7	丰绿(4x)×M_1(6x)		50	0	0
8	丰绿(4x)×M_2(6x)		81	0	0
9	8401(4x)×M_1(6x)		45	17	37.78
10	8401(4x)×M_2(6x)		32	7	25.00
11	8134(4x)×M_1(6x)		37	4	21.62
12	8134(4x)×M_2(6x)		39	3	17.95

2.3 杂种胚胚培养及实生播种

由表 3 可以看出,不同杂交组合胚在培养基中的萌发率不同,以 10 号组合最高,为 57.58%,其次为 11 号和 9 号组合,分别为 15.97% 和 14.42%,6 号和 5 号组合的胚萌发率较低,分别为 8.62% 和 5.33%。实生播种的出苗率以 9 号和 10 号组合最高,分别为 11.45% 和 11.26%,其次为 12 号、6 号、11 号和 4 号组合,5 号组合出苗率最低,为 1.12%。总的来看,胚培养的胚萌发率明显高于实生播种出苗率。

表 3 胚培养的幼胚萌发及实生播种出苗情况
Table 3 Embryos germination and seeding emergence

编号 Code	杂交组合 Cross-combinations	胚培养 Embryo culture			实生播种 Seeding		
		接种胚数 Embryos tested	胚萌发数 Embryos germination	胚萌发率 Embryo germination rate/%	播种数 Seeding number	出苗数 Seedling emergence	出苗率 Seedling emergence rate/%
4	8134(4x)×Z(4x)	—	—	—	172	9	5.23
5	魁绿(4x)×M_1(6x)	169	9	5.33	446	5	1.12
6	魁绿(4x)×M_2(6x)	232	20	8.62	1201	79	6.58
9	8401(4x)×M_1(6x)	326	47	14.42	1703	191	11.26
10	8401(4x)×M_2(6x)	99	57	57.58	332	38	11.45
11	8134(4x)×M_1(4x)	119	19	15.97	503	33	6.56
12	8134(4x)×M_2(6x)	—	—	—	427	32	7.49

2.4 杂交 F_1 代亲本性状遗传倾向

调查结果表明,杂交 F_1 植株的叶片及新梢的形态学性状介于双亲中间型偏亲本一方。倾向父本的植株叶片厚纸质,长卵形或心形,基部心形,尖端急尖,叶柄稀被褐色短绒毛。新梢被短的灰褐色糙毛。倾向母本的植株叶片纸质,长卵圆形,基部圆形或阔楔形,顶端急短尖或短尾尖,叶柄光滑无毛,新稍或茎稀被白色柔毛。以此为依据判断杂交后代的亲本倾向,结果如表4所示。由表4可以看出,不同杂交组合后代植株形态特征亲本倾向不同。10号、9号和5号组合杂交后代倾向父本比率较高,分别为100%,96.91%和66.67%,6号、11号和12号组合杂交后代中倾向母本比率较高,分别为95.24%,91.67和75.00%。4号组合杂交后代性状均倾向于母本。

表4 杂交后代亲本性状遗传倾向
Table 4 Parental traits genetic predisposition of hybrid progeny

编号 Code	杂交组合 Cross-combinations	采样数量 Sampling number	倾向父本数量 Male parent tendency number	倾向母本数量 Female parent tendency number
4	8134(4x)×Z(4x)	5	0	5
5	魁绿(4x)×M_1(6x)	3	2	1
6	魁绿(4x)×M_2(6x)	42	2	40
9	8401(4x)×M_1(6x)	97	94	3
10	8401(4x)×M_2(6x)	10	10	0
11	8134(4x)×M_1(6x)	12	1	11
12	8134(4x)×M_2(6x)	8	2	6

2.5 杂交F_1代染色体倍性

通过流式细胞仪检测的99份样品的结果显示(表5),杂交后代存在四倍体和五倍体。从表5中可看出,软枣猕猴桃与中华猕猴杂交后代未发生倍性分离,后代均为四倍体;而软枣猕猴桃与美味猕猴桃的杂交后代群体发生了倍性分离,大部分为亲本中间倍性五倍体,少部分为四倍体,其中以9号和12号组合杂交后代的五倍体率较高,分别为84.61%和80.00%,其次为10号和11号组合,分别为70.83%和66.67%,6号和5号组合较低,分别为60.00%和57.14%。

表5 杂交后代倍性统计
Table 5 List of the ploidy levels of hybrid progeny

编号 Code	杂交组合 Cross-combinations	采样数量 Sampling number	子代群体倍性 Ploidy of progenies	
			4x	5x
4	8134(4x)×Z(4x)	5	5	0
5	魁绿(4x)×M_1(6x)	7	3	4
6	魁绿(4x)×M_2(6x)	20	8	12
9	8401(4x)×M_1(6x)	26	4	22
10	8401(4x)×M_2(6x)	24	7	17
11	8134(4x)×M_1(6x)	12	4	8
12	8134(4x)M_2(6x)	5	1	4

3 讨论

猕猴桃为雌雄异株,雄株花粉萌发力直接影响授粉效果,本研究结果表明,猕猴桃不同种间及相同种不同品种间的花粉萌发率均存在差异,这可能与其基因型或环境有关。

很多研究表明,猕猴桃种间杂交亲和性程度与杂交的倍性组合方式密切相关,且倍性相等的种间杂交,杂交亲和性及坐果率均较高。而与此结果不同,本研究结果表明软枣猕猴桃($4x$)×中华猕猴桃($4x$)的4个杂交组合中仅1个组合坐果,且坐果率很低,说明软枣猕猴桃与中华猕猴桃杂交亲和性很低,可能与其两者之间的亲缘关系远近、基因型或生态型差异较大有关。而染色体倍数不等时,关于种间杂交亲和性大小存在争议。其一认为以染色体低的做母本,亲和性较高,反之不能坐果。例如 Pringle(1986)在软枣猕猴桃与美味猕猴桃杂交组合中,以低倍性的软枣猕猴桃($4x$)为母本,坐果率为50%,而以高倍性的美味猕猴桃($6x$)为母本坐果率为0。而相同 Fairchild(1927)以软枣猕猴桃($4x$)为母本与美味猕猴桃($6x$)杂交,获得了杂种 F_1 实生苗。而另外有报道认为染色体倍性高的为母本,也可获得一定的杂交果,如母锡金等(1990)在海沃德($6x$)×毛猕猴桃($2x$)组合中,坐果率为53.3%。相似地安和祥等(1995)在美味猕猴桃26号×软枣猕猴桃组合中,两年当代的结实率分别为52.8%和58.1%。与前者结果相似,本研究以软枣猕猴桃($4x$)为母本,以美味猕猴桃($6x$)为父本,除品种'丰绿'组合外,均获得一定数量的杂种 F_1 实生苗或胚培养苗,但不同组合的坐果率不同,表明猕猴桃种间杂交不同组合亲和性存在差异,而杂交的亲和性高低,除考虑双亲染色体倍性组合方式外,还很可能与种间的亲缘关系、基因型和生态型不同有关(范培格等,2004)。

猕猴桃种间杂交,尤其是不同倍性杂交获得的合子胚常常在发育过程中出现败育或退化,或即使得到成熟合子胚,实生苗出苗率也较低,这对育种而言是一个不良的特性。通过胚挽救技术使败育或退化胚,经过适宜的培养条件获得再生植株,可有效提高育种效率。本研究选择部分杂交组合种子进行了胚培养试验,发现不同杂交组合胚培养萌发率存在差异,这可能与杂交组合胚发育程度及不同杂交组合后代的最适培养基成分或最佳激素配比不同有关。所有杂交组合利用胚培养的胚萌发率明显高于实生播种出苗率,说明胚培养技术能有效提高猕猴桃种间杂交后代成苗率。

柳李旺等(1999)研究表明,种间杂交后代亲本性状遗传倾向总体表现为亲本中间类型,或中间型偏亲本一方,若亲本一方为野生种,则由于野生种的形状多为显性,所以 F_1 偏向野生种一方。本试验结果表明不同的杂交组合杂种的叶片及新梢形态特征的亲本倾向不同,总体来看软枣猕猴桃与美味猕猴桃杂交后代群体性状为中间型偏父本较多,而软枣猕猴桃与中华猕猴桃的杂交后代性状均倾向于母本。由叶片形态来看,叶片尖端形状变异较小,均为急尖或短尾尖,倾向于母本一方,说明软枣猕猴桃叶片尖端形状具有较强的遗传特性。

Huang 等(1997;2007)研究表明美味猕猴桃的六倍体可能为异源六倍体,中华猕猴桃多为同源四倍体。而在本研究中,软枣猕猴桃与六倍体美味猕猴桃的所有杂交后代中均发生了倍性分离,这与异源六倍体减数分裂的稳定二体分离模式相矛盾。而软枣猕猴桃与中华猕猴桃杂交组合的杂交后代群体未发生倍性分离,这也不符合同源四倍体减数分裂产生不同组合分离方式的规律。这些结果与饶静云等(2012)研究结果相似。因此软枣、中华和美味猕猴桃多倍体起源还有待进一步研究。

参 考 文 献

安和祥,蔡达荣,母锡金,等.1995.猕猴桃种间杂交的新种质.园艺学报,22(2):133-137.
范培格,安和祥,蔡达荣,母锡金.2004.美味猕猴桃海沃德与毛花猕猴桃种间杂交及优株的选育.果树学报,21(3):208-211.
黄宏文.2009.猕猴桃驯化改良百年启示及天然居群遗传渐渗的基因发掘.植物学报,44(2):127-142.

贾爱平,王飞,姚春潮,等.2010a.猕猴桃种间及种内杂交亲和性研究.西北植物学报,30(9):1809-1814.
贾爱平,王飞,张潮红,等.2010b.中华猕猴桃品种间亲和性研究.园艺学报,37(11):1829-1835.
柳李旺,汪隆植,龚义勤,等.1999.栽培茄(Solanum melongena)与野生茄种间杂交及 F_1 鉴定.江苏农业学报,15(2):100-103.
母锡金,王文玲,蔡达荣,等.1990.猕猴桃属美味猕猴桃和毛花猕猴桃种间杂交的胚胎学和胚援救.植物学报,32(6):425-431.
饶静云,刘义飞,黄宏文.2012.中华猕猴桃不同倍性间杂交后代倍性分离和遗传变异分析.园艺学报,39(8):1447-1456.
Fairchild D. 1927. The fascination of making a plant hybrid being a detailed account of the hybridization of Actinidia and Actinidia chinensis. J Hered, 18(2):49-62.
Huang H W, Fenny D, Wang Z Z, et al. 1997. Isozyme inheritance and variation in Actinidia. Heredity, 78:328-336.
Huang H W, Ferguson A R. 2007. Genetic resources of kiwifruit: Domestication and breeding. Horticultural Reviews, 33:1-121.
Li X W, Li J Q, Soejarto D D. 2007. New synonyms in Actinidiaceae from China. Acta Phytotaxonomica Sinica, 45:633-660.
Pringle G J. 1986. Potential for interspecific hybridization in the genus Actinidia. Plant Breeding Symposium, DSIR. Agron Soc New Zealand Spec Publ, 5:365-368.

Interspecific Hybridization Between *Actinidia aguta* and *Actinidia chinensis*, *Actinidia deliciosa* and the Genetic Performance of Their Hybrid Progenies

Qin Hongyan Ai Jun Xu Peilei Liu Yingxue Zhao Ying
Wang Zhenxing Yang Yiming Fan Shutian Li Xiaoyan

(Institute of Wild Economic Animal and Plant of Science, CAAS Changchun 130122)

Abstract Interspecific hybridization between *Actinidia aguta* (tetraploid) and *Actinidia chinensis* (tetraploid), *Actinidia deliciosa* (hexaploid) was made, using *Actinidia* aguta as female parent and *Actinidia chinensis*, *Actinidia deliciosa* as male parent. 386 (F1) hybrid progenies were obtained by seeding planting and 146 (F1) hybrid progenies were obtained by embryo culturing, the development rate of embryos were various among different cross combinations. The biological characteristics of the hybridization progenies were studied and the chromosome number of them were determined by using Flow Cytometry. The result showed that there were differences in parents tendency among different cross combinations and the chromosome numbers of the hybrids were usually the middle number of their parents.

Key words *Actinidia aguta* *Actinidia chinensis* *Actinidia deliciosa* Interspecific hybrdization

部分中华猕猴桃品种在陕西省生长特性研究

严平生[1,2,3,4]　严英子[5]

(1 陕西省猕猴桃科技专家大院　2 宝鸡市猕猴桃科技专家大院　3 国家级猕猴桃标准化示范区专家委员会　4 宝鸡市金果生态农业科技开发公司　5 西北农林科技大学)

摘　要　自1996年以来,笔者先后从中国南方猕猴桃生产区、农户或者研究机构引进试种了'早金'、'金桃'、'金艳'、'金霞'、'楚红'、'泰上皇'、'金农'、'金阳'、'云海1号'等中华猕猴桃品种。以陕西选育的'西选2号'、'华优'、'皇冠'等中华猕猴桃品种作对比试验,总结了这些猕猴桃品种在陕西省栽培的生物学特征。

关键词　陕西省　中华猕猴桃　新品种　栽培试验

陕西省"十二五"期间,全省计划发展猕猴桃100万亩。近几年,新建猕猴桃园时,引进了不少中华猕猴桃良种。1996年从湖北省果树茶叶研究所引进了'金农'、'金阳';笔者2001年从山东引进了'泰上皇';2003年参与陕西省选育了'华优'猕猴桃,从湖南省怀化引进了'楚红',从湖北恩施引进了'金桃'、'金艳'、'金霞'2006年从陕西省农学会引进'早金',从四川苍溪引进了'红美';2008年从宝鸡县引进了'晚红';2010年从江西省庐山植物园引进了'云海1号'。近10年来笔者一直观察研究中华猕猴桃优良品种在陕西省的生物学特征,验证了其优良性状在陕西省的表现。

1　试验材料与方法

1.1　试验地点
陕西省眉县横渠镇横渠村。

1.2　试验品种
研究对象为'西选2号'、'华优'、'泰上皇'、'红阳'、'晚红'、'脐红'、'楚红'、'红美'、'早金'、'金桃'、'金艳'、'金霞'、'金阳'、'金农'、'云海1号'。

试验材料均高接在10年以上树龄的'秦美'猕猴桃园地。

1.3　研究方法

1.3.1　物候期观察方法
在同一气候区域观察,主要观察伤流期、萌芽期、展叶期、现蕾期、始花期、盛花期、落花期、成熟期、落叶期。

1.3.2　果实性状
在猕猴桃果实采收期,对果实外形和果实的可溶性固形物、总糖、总酸、硬度、Vc含量进行测定。果实外观形状用目观察,外形大小使用游标卡尺测量;硬度使用FT-32硬度计测定;可溶性固形物使用手持折射糖度仪测定;有机酸含量采用酸碱滴定法测定;Vc采用2,6-二氯靛酚滴定法。

2　实验数据与分析

2.1　物候期
我们通过表1记录的15个猕猴桃品种的主要物候期数据分析:中华猕猴桃的花期在陕西

省普遍开花较早,一般在5月份前;中华猕猴桃杂交种开花较晚,一般在5月份后;因此中华猕猴桃杂交后代能够避开陕西省关中道的"倒春寒"影响;特别是近几年观察,'金桃'、'金艳'、'云海1号'在遇到"倒春寒"抗冻害能力较强;这可能与杂交父母代的抗逆性有关;如果果农选用这些品种建园,能够解决陕西省猕猴桃抗击冻害的能力,为丰产打下基础。

表1 15个猕猴桃品种在陕西省眉县的物候期比较(陕西省眉县)
Table 1 Comparison of phenophase among fifteen *A cinidia* cultivars(Meixian Shaanxi)

序号	品种	伤流期	萌芽期	展叶期	初花期	盛花期	落花期	新梢迅速生长期	成熟期	落叶期
1	西选2号	0210~0410	0305	0328	0420	0422	0427	4月上旬	9月上旬	11上中旬
2	华优	0210~0410	0306	0406	0429	0503	0507	4月上旬	9月下旬	11上中旬
3	泰上皇	0210~0410	0310	0403	0508	0510	0512	4月上旬	9月中旬	11上中旬
4	红阳	0210~0410	0308	0326	0418	0420	0425	4月上旬	9月中下旬	11上中旬
5	晚红	0210~0410	0310	0329	0420	0423	0426	4月上旬	9月下旬	11上中旬
6	脐红	0210~0410	0312	0406	0422	0426	0427	4月上旬	9月下旬	11上中旬
7	楚红	0210~0410	0312	0405	0429	0503	0505	4月上旬	9月上中旬	11上中旬
8	红美	0210~0410	0310	0404	0507	0510	0513	4月上旬	9月中旬	11上中旬
9	早金	0210~0410	0315	0403	0420	0424	0428	4月上旬	9月下旬	11上中旬
10	金桃	0210~0410	0307	0401	0502	0504	0510	4月上旬	10月中上旬	11上中旬
11	金霞	0210~0410	0308	0402	0508	0510	0512	4月上旬	9月下旬10月初	11上中旬
12	金艳	0210~0410	0308	0328	0503	0505	0507	4月上旬	9月下旬10月上旬	11上中旬
13	金阳	0210~0410	0310	0328	0501	0503	0507	4月上旬	9月中下旬	11上中旬
14	金农	0210~0410	0310	0324	0428	0502	0504	4月上旬	9月上旬	11上中旬
15	云海1号	0210~0410	0310	0408	0508	0510	0515	4月上旬	9月中下旬	11上中旬

2.2 植物学特性比较

近几年,记录了15个猕猴桃良种在陕西省的植物学特性(表2),从表中可以看出,叶片厚实,光滑、革质化的叶片结构,在栽培中表现出比较抗病害,例如'金桃'、'云海1号'、'金艳'等品种较抗溃疡病、炭疽病;但是叶片较薄的'金艳'猕猴桃较易感染菌核病,我们研究认为该叶片的结构较松散,叶片呼吸孔较大,比较容易被菌核病分生孢子侵染,因此,比较易感染菌核病。另外,一些中华猕猴桃品种如'红阳'、'华优'等,叶片较厚,但是叶片边沿较钝,气孔较粗,比较易感染炭疽病。根据猕猴桃器官的这些特性,栽培过程必须加强水肥管理,做到合理水肥,确保叶片呼吸功能畅通;同时,加强田间病害的预防工作。

表2 15猕猴桃品种植物学特性比较(陕西省眉县)
Table 2 comparison of phenophase among fifteen *A cinidia* botanical characteristics (Meixian Shaanxi)

序号	品种	老蔓	1~2a生枝	皮孔	叶形	叶质	叶毛	叶色	叶柄/cm	叶脉数/条	叶缘
1	西选2号	褐色	浅褐色	圆形	椭圆形	厚纸质	无	深绿色	5	8~14	钝
2	华优	深褐色	灰色	扁圆形	扁圆形	纸质	有	浓绿色	7~8	8~12	反卷刺

续表

序号	品种	老蔓	1~2a生枝	皮孔	叶形	叶质	叶毛	叶色	叶柄/cm	叶脉数/条	叶缘
3	秦上皇	白灰色	绿色	圆形	心脏形	革质	无	绿色	7~10	7~12	钝
4	红阳	灰褐色	深褐色	短菱形	近圆形	厚纸质	无	浓绿色	6~11	7~12	锯齿多
5	晚红	灰褐色	深褐色	菱形	近圆形	半革质	无	深绿	5~11	7~12	锯齿多
6	脐红	灰褐色	深褐色	菱形	近圆形	半革质	无	深绿	5~12	7~14	锯齿多
7	楚红	红褐色	浅褐色	圆形	近圆形	厚纸质	有	灰绿色	5~12	6~12	锯齿锐多
8	红美	黄棕色	褐色	短菱形	近圆形	纸质	无	浓绿色	5~10	6~12	无锯齿
9	早金	灰褐色	灰色	椭圆形	圆形/条叶形	革质	无	浅绿色	4~10	6~12	钝
10	金桃	黑褐色	褐色	椭圆形	近圆形	革质	无	淡绿色	5~15	7~17	无锯齿
11	金霞	灰褐色	红褐色	长圆柱形	椭圆形	厚纸质	有	浅绿色	6~10	5~12	单锯齿
12	金艳	黑褐色	茶褐色	椭圆形	近圆形	厚纸质	无	绿色	4~12	10~16	钝光滑
13	金阳	黑褐色	黄绿色	长梭形	扇形	纸质	无	浅绿色	6~10	7~8	钝
14	金农	褐色	深褐色	长椭圆形	扁圆形	革质	无	浓绿	4~9	8~12	钝光滑
15	云海1号	白灰色	灰绿色	椭圆形	心脏形	革质	有	深绿色	5~12	8~16	钝光滑

2.3 花器结构比较

通过对15个猕猴桃品种的花器结构观察(表3),可以看出:'金艳'、'华优'、'脐红'、'楚红'等品种花量较大。因此,在猕猴桃栽培生产中,首先要对该品种进行疏蕾,然后疏花。这样可以减少树体养分的浪费,确保花器健壮,开花集中,便于人工授粉。对于'金桃'、'金阳'、'云海1号'单花器较多,没有伞状花序,要做好疏蕾,疏果工作;加强花期前水肥管理,确保花期猕猴桃树体对水肥的需要;根据这些品种的开花时间,及时安排猕猴桃人工授粉工作。根据猕猴桃雌株花器形态结构,配备充足的雄株,以满足猕猴桃授粉需要。

表3 15个猕猴桃品种开花习性比较(陕西省眉县)
Table 3 Comparison of phenophase among fifteen *A Cinidia* flowering habit (Meixian Shaanxi)

序号	品种	花枝花序数	每花序花数	花瓣颜色	花药颜色	花瓣数/枚	萼片数	花梗长/cm	单株始花至末花期天数/天
1	西选2号	3~5	2~3	白色	黄色	6	4~6	3~5	6~8
2	华优	3~5	2~3	粉白色	黄色	6	5~9	3~5	5~7
3	秦上皇	3~4	1	白色	粉白色	6	3~5	3~6	5~7
4	红阳	2~7节	2~3朵	淡黄色	微黄	5~11	6~7	3~4	7~8
5	晚红	2~6	1~2	乳白色	微黄色	5~8	4~6	3~5	7~8
6	脐红	1~5	1~2	乳白色	微黄色	5~8	4~7	3~5	7~8
7	楚红	3~5	1	淡黄色	黄色	8~9	4~6	3~5	5~7
8	红美	2~5	1	乳白色	黄色	5~8	4~6	3~5	5~7
9	早金	2~5	1	乳白色	褐色	5~8	4~6	3~5	5~7
10	金桃	2~5	1	乳白色	黄色	6~9	4~6	3~5	5~7
11	金霞	2~5	1~3	乳白色	黄色	5~6	4~6	3~5	5~10
12	金艳	2~6	2~6	乳白色	黄色	5~9	4~6	3~5	5~7

续表

序号	品种	花枝花序数	每花序花数	花瓣颜色	花药颜色	花瓣数/枚	萼片数	花梗长/cm	单株始花至末花期天数/天
13	金阳	3~6	1~3	乳白色	黄色	5~7	2~5	3~5	5~10
14	金农	2~5	1~2	乳白色	黄色	5~8	4~6	3~6	5~10
15	云海1号	2~6	1~2	乳白色	黄色	6~8	4~6	3~7	5~8

2.4 结果习性

表4记录的是15个观察品种的结果习性,不难看出猕猴桃的丰产性,这些数据为我们进行猕猴桃的疏果提供了科学数据。在生产中,对于萌芽率高、果枝率高、坐果率高的猕猴桃品种,不仅仅要进行疏花、疏蕾,而且要进行疏果,更重要的是要对这些品种加强花后的追肥管理,做到水肥不分家,合理灌溉。

表4 15个猕猴桃品种结果习性的比较(陕西省眉县)

Table 4　15 varieties of kiwi fruit results habits（Meixian Shaanxi）

序号	品种	萌芽率/%	果枝率/%	每个果枝平均果数/个	雌花着生部位	坐果率/%
1	西选2号	75	75	3~5	1~4	80
2	华优	85	80	3~5	3~5	95
3	泰上皇	70	80	2~7	2~7	85
4	红阳	70	65	5~6	2~7	90
5	晚红	73~87	80	3~6	2~6	90
6	脐红	85	80	3~6	2~6	90
7	楚红	70	60	2~6	2~6	85
8	红美	42	70	2~5	2~7	75
9	早金	50	75	2~4	2~6	75
10	金桃	60	94	3~8	1~7	90
11	金霞	48	83	4~6	1~8	85
12	金艳	50	90	4~8	1~6	95
13	金阳	42	75	3~6	4~11	90
14	金农	64	82	4~8	2~5	85
15	云海1号	49	90	3~7	1~7	90

2.5 果实性状

从表5中可以观察出杂交种和自然选育品种的优势区别,不同良种不同的风味,为以后进行杂交育种亲本的选配提供客观数据。在栽培中发现,在陕西省,'楚红'猕猴桃出现果肉不红的现象,在贮存过程表现出不耐贮现象,建议发展该品种时慎重考虑,或者先试种,再发展;'红美'猕猴桃在陕西省栽培中个头过小,果肉不红,风味欠佳,而且畸形果比例高到40%以上,建议另选品种发展。

表5　15猕猴桃品种果实性状比较(陕西省眉县)
Table 5　Comparison of 15 kiwi fruit varieties of characters(Meixian Shaanxi)

序号	品种	果实茸毛颜色	果皮颜色	果点大小	果肩形状	果顶形状	果肉颜色	单果重/g	Vc含量/(mg/100 g)	含糖量/%	风味	香气
1	西选2号	无	绿褐色	小	卵圆	微凸	淡黄色	50~105	112.3	10~11	甜	清香
2	华优	少	棕褐色	小/圆形	凹	平	黄色/黄绿色	80~110	161.8	3.24	香甜	浓郁
3	泰上皇	无	淡绿色	小	平	平	黄色	80~150	78.6	10~11	甜	清香
4	红阳	无	绿褐色	小	平	凹	紫红色	50~100	135.77	13.4	纯甜	清香
5	晚红	无	绿褐色	大	卵圆	凹深	黄色红色浅	80~110	97.2	13.5	甜	清香
6	脐红	无	黄褐色	小	平	平脐现	黄色	90~120	108.1	12.56	酸甜	清香
7	楚红	无	深绿色	小	卵圆	凸	绿/红	50~100	104.3	12.3	酸甜	清香
8	红美	黄棕色	褐色	小	卵圆	扁凸	黄/红	50~90	115.2	12.91	酸微甜	清香
9	早金	灰白色	绿褐色	大	平	凸出	黄	50~105	120	7.5	甜	清香
10	金桃	淡褐色	金黄	大	卵圆	微凸	黄	80~121	121.	9.1~11	酸甜	清香
11	金霞	灰色	灰褐色	小	平	微凸	淡黄色	78~135	110	7.4	甜	清香
12	金艳	褐色	黄褐色	小	卵圆	平	黄色	80~175	105.5	8.6	甜	浓香
13	金阳	无	褐色	小	凸平滑	平滑	金黄色	85~155	93.9	5.81	酸甜适度	清香
14	金农	无	绿褐色	小	平滑	微凸	金黄色	80~135	55.7	5.8	酸甜适度	清香
15	云海1号	棕褐色	红褐色	无	凸平滑	有啄	淡黄色	86~125	71.42	8.71	香甜	浓郁

3 数据分析

(1)根据猕猴桃新品种的物候期、植株花器结构、果实形态特征、开花结果习性,可以为下一步育种提供了丰富的种质资源;此外,可以充分利用观察到的生长特性、物候期、开花期、结果习性,编制陕西省猕猴桃水肥管理、疏花、授粉、疏果、修剪、病虫害防治、采收等栽培技术措施,以提高果园产量和果品质量,进而提高单位面积效益。

(2)部分品种在陕西省种植表现出来的缺点,希引起重视,建议果农发展时,另选良种。

Performance of *Actinidia chinesensis* Varieties Cultivated in Shaanxi Province

Yan Pingsheng[1,2,3,4]　Yan Yingzhi[5]

(1 Shaanxi province Kiwi technology experts compound　2 Actinidia Baoji city science and technology experts compound
3 National Kiwi standardization demonstration area experts committee
4 Baoji Jinguo ecological agricultural Technical Developing Company　5 Northwest A&F University)

Abstract　Since 2001, has from the Kiwi fruit-producing area in southern China, farmers or research institutions to introduce planting 'Zaojin', 'JinTao', 'Jinyan', 'Jinxia', 'Taishanghuang', 'Jinnong', 'Chuhong', 'Jinyang', 'Yunhai No.1'. Combined with 'Xixuan No.2', 'Huayou' (breeding in Shaanxi Province), other comparative experiment of varieties of *Actinidia chinensis*. Experiment and observation over a few varieties. The author summed up the kiwifruit varieties in cultivation biological characteristics in Shaanxi.

Key words　Shaanxi province　*Actinidia chinenisis*　Varieties cultivation　Experiment

大果黄肉晚熟猕猴桃新品种'云海1号'选育

虞志军　李晓花　胡宗文

(江西省中国科学院庐山植物园　江西九江　332999)

摘　要　'云海1号'系从野生猕猴桃实生繁育群体中选育出的新品种。该品种属中华猕猴桃,果实长圆柱形,顶部略尖,平均单果重量86.5 g,最大单果重量125 g,果肉淡黄色,含可溶性固形物15.06%~17.80%,Vc 71.42 mg/100 g,总糖8.71%,可滴定酸1.48%,品质上。该品种具有品质优良,遗传性状稳定,丰产稳产,果大味纯,商品率高,适应性强等特点。

关键词　黄肉　猕猴桃　新品种　'云海1号'

目前猕猴桃市场上出现了绿肉猕猴桃、红肉猕猴桃、黄肉猕猴桃并存的格局,国际市场上绿肉猕猴桃一统天下的局面正逐步被打破。绿肉猕猴桃因驯化早、耐贮性出色仍然占据主导地位,但销售价格有下跌趋势。市场新秀红肉猕猴桃因果实偏小、抗病性和耐贮性均不尽如人意,大大增加了其在贮运保鲜过程中的损失和产业化推广风险。黄肉猕猴桃品种不多,以中熟为主。因此选育优质耐贮、美味丰产的早、晚熟黄肉猕猴桃新品种,对提升我国猕猴桃产业的竞争力和效益水平意义非常重大。

1　选育过程

该品种系从野生中华猕猴桃实生播种后代中选育而成。1978~1981年江西省中国科学院庐山植物园猕猴桃课题组对赣北地区进行野生猕猴桃资源考察,在江西省九江市武宁县内九岭山脉发现的中华猕猴桃优良单株,当时编号'78-1',并从该优良单株采集果实种子,实生播种,从中优选出大果型雌株,于1984年3月开始无性繁殖及高接换种,1986年开始挂果,对其无性系的生物学特性、果实性状等进行观测、分析、比较,同时将接穗分送到江西省园艺所、江西省科学院试种,试验研究结果均表明该品种品质优良,遗传性状稳定,丰产稳定,果大味纯,商品率高,适应性强。2011年12月通过江西省农作物品种审定委员会审定。

2　主要性状

2.1　植物学性状

'云海1号'树势较强,1年生枝条浅褐色,被灰白色茸毛,老时秃净,节间平均长度6.79 cm,芽眼微突,有锈色短茸毛。嫩叶黄绿色,老叶暗绿色,叶背淡绿色,密被灰白色极短茸毛,叶纸质近圆形,顶端截平,中间凹入,多翻卷,有明显下垂,基部平截至浅心形。叶柄较长,平均9.36 cm,叶柄比率0.71,叶柄阳面紫褐色,阴面浅褐色。花大色白,有单花、双花和三花,聚伞花序,花冠大,冠径4.5~5.3 cm,花瓣多为6枚,平展,顶端微皱,基部叠合,花柱直立,花丝淡绿色,花药金黄色椭圆形,有浓郁的花香味。

2.2　果实经济性状

果实长圆柱形,顶部略尖,果皮薄,果面棕褐色,有短茸毛易脱落,有光泽(彩图1);平均单果

作者简介:虞志军,工程师,E-mail:zhijunyuls@163.com

质量86.5 g,最大单果质量125 g,纵径×横径×侧径(6.5 cm×5.15 cm×5.05 cm),果肉淡黄色,有香气,肉质细嫩,多汁,风味极佳(表1)。果实含可溶性固形物15.06%~17.8%,Vc 71.42 mg/100 g,总糖8.71%,可滴定酸1.48%,耐贮藏,在常温下存放25天以上,品质上。种子紫褐色,较少,平均每果550粒,千粒种子重约1.5 g(表2)。

表1 '云海1号'与对照品种'庐山香'生物学特性比较

Table 1 Comparison of biological characteristics of the corresponding variety — 'Lushan xiang'

品种	树势	枝条	叶质 叶形	花大小/cm	花柱	果形	果喙	果皮	横切面	产量
云海1号	较强	浅褐色	纸质 近圆形	4.5~5.3	直立	长椭圆形	微尖凸	棕褐色	圆形	丰产、稳产
庐山香	强	浅褐色	纸质 近圆形	4.3~5.5	斜立	长圆柱形	微凹	褐色	椭圆形	丰产、大小年明显

表2 '云海1号'与对比品种果实主要经济性状比较

Table 2 Comparison of main economic characters of 'Yunhai No.1' and comparing varieties fruit

品种	果形	最大单果质重/g	果肉颜色	可溶性固形物/%	维生素C/(mg/100 g)	总糖/%	可滴定酸/%
云海1号	长椭圆形	125	淡黄色	15.06~17.8	71.42	8.71	1.48
庐山香	长圆柱形	123	黄色	13.4~16.1	54	8.57	1.50

2.3 物候期

'云海1号'在庐山地区表现,3月中下旬萌芽,4月中旬现蕾,5月中下旬开花,10月下旬果实成熟,11月中下旬落叶,属晚熟品种。每年可抽2~3次梢,4月中旬第一次新梢开始生长,止于5月下旬;二次梢生长始于6月初,止于7月中旬;三次梢始于7月底8月初(表3)。

表3 '云海1号'与对应品种'庐山香'物候期比较

Table 3 Comparison of phenological period of 'Yunhai No.1' with the corresponding variety — 'Lushan xiang'

品种	萌芽期限(日/月)	展叶期(日/月)	花蕾期(日/月)	花初花期	盛花期	期终花期	果实膨大期	果实成熟期	落叶期
云海1号	27/3~8/4	5/4~15/4	13/4~22/5	19/5~23/5	21/5~25/5	26/5~2/6	6月中下旬~8月上中旬	10月下旬~11月上旬	11月下旬
庐山香	29/3~10/4	7/4~18/4	15/4~25/5	24/5~27/5	25/5~29/5	28/5~5/6	6月中下旬~8月上中旬	10月上中旬	11月下旬

2.4 适应性和丰产性

根据本园的多年观察及多点区域试验,结果均表明该品种品质优良,遗传性状稳定,丰产稳产,果大味纯,商品率高,适应性强。表现为该品种果大,外观整齐均匀,测得可溶性固形物达15%以上,该品种口感好,肉质细,品质好,果实成熟后果皮好剥,综合性状优于现有品种'庐山香'。第三年平均株产达16千克以上,最高株产达30千克以上,亩产达1 000千克以上。

3 栽培技术要点

3.1 园地选择

该品种建议选择海拔1 000 m以下,pH 5.5~6.8,疏松肥沃、有机质含量丰富、灌溉方便、排水良好的微酸至酸性砂质土壤上建园。以培育健康肥沃的土壤体系作为猕猴桃生产的核心内容,使猕猴桃的根系生长形成一个庞大的吸收网络,这样树体才能健壮生长,才有产量与质量的保证。

3.2 架式和整形修剪

以棚架和"T"形架为宜(架面高1.8 m,株行距3 m×4~5 m),便于管理,单干上架。冬季修剪每平方米保留一年生中、长枝4~5个,长枝留8~12个芽,中枝5~8个芽,短枝、细弱枝、过密枝、病虫枝疏除。夏季注意除萌、抹芽和摘心。

3.3 花果管理

由于该品种坐果率高,为了提高商品率,要实行定量挂果,限产增质,要及时进行疏花疏果。疏果一般可在坐果后10~20天。先疏去小果、畸形果、病虫果和伤果。一个叶腋有三个果实,应留中间果。中果枝留3~4个果,长果枝留4~5个果。

3.4 肥水管理

成年果园一般每年施肥3次,萌芽前的催稍肥,以速效氮肥为主;谢花后的壮果肥,以速效磷、钾肥为主;10~12月的基肥,采果后即可进行,以有机肥为主,配施速效氮、磷、钾肥,施肥量占到全年的70%左右。要保证萌芽前和开花后至幼果生长前期这两个关键时期不受旱;高温干旱时及时灌水抗旱和树盘覆盖;雨季要注意及时排渍。

3.5 病虫害防治

猕猴桃主要病害有叶斑病、叶枯病、根腐病、花腐病、果实软腐病、根结线虫病、细菌性溃疡病等;主要虫害有蝗虫类、金龟子类、蜷象类、叶蝉类和蝶蛾类。对上述病虫害主要采用生物综合防治手段,始终贯彻"预防为主,综合防治"的方针,以经济措施和无公害措施为主,提高树体自身对病虫害的抗性。切忌单一地使用化学农药,更要杜绝滥用化学农药,特别是剧毒、高残留农药,以免造成药物残留影响销售和病虫害产生抗药性。

Breeding of New Large Yellow Fresh and Late Ripening Kiwifruit Cultivar 'Yunhai No.1'

Yu Zhijun　Li Xiaohua　Hu Zongwen

(Lushan Botanical Garden, Jiangxi Province and Chinese Academy of Sciences　Jiujiang　332999)

Abstract　Yunhai No.1 was selected from the seedlings of wild kiwifruit. It belongs to *Actinidia chinensis Lind*。The shape of the fruit is Long cylindrical, and the top is slightly pointed. The average fruit weight is 86.5 g, and the biggest is 125 g. it is pale yellow fresh. The soluble solids content of ripe fruit is 15.06%~17.8%, with Vitamin C is 71.42 mg/100 g, with total sugar is 8.71%, and total acid is 1.48%. This breed has good quality, such as stable genetic traits, high and stable yield, fruit taste delicious, commodity rate high, strong adaptability and other good characteristics.

Key words　Yellow fresh　Kiwifruit　New cultivar　Yunhai No.1

毛花猕猴桃新品种'迷你华特'

张慧琴 谢 鸣 张庆朝 赖维金 刘康猛 肖金平

(浙江省农业科学院园艺研究所 浙江杭州 310021)

摘 要 猕猴桃新品种'迷你华特'是继'华特'之后挖掘的又一优质毛花猕猴桃新种质。除保持毛花猕猴桃 Vc 含量高、易剥皮的优点外,'迷你华特'风味浓,货架期长,产量高,树势旺,可在树上软熟,可作观光采摘游品种种植。其可溶性固形物含量 14.5% ~ 18.2%,总糖含量达 10.5% ~ 13.1%,总酸含量为 10.6 ~ 11.8 g/kg,Vc 含量为 616 ~ 659 mg/100 g。

关键词 毛花猕猴桃 '迷你华特' 品种

毛花猕猴桃因其高含抗坏血酸,成熟时易剥皮,食用方便等诸多优点,近年来成为猕猴桃开发利用的重点对象。猕猴桃新品种'迷你华特'是我所继'华特'之后挖掘的又一优质毛花猕猴桃新种质。该品种系毛花猕猴桃自然实生后代,于 2003 年从温州市泰顺县碑排乡毛花猕猴桃野生群体中选出。2010 年定名为'迷你华特'。除易剥皮,食用方便,Vc 含量高等优点外,与'华特'相比较,风味浓,TSS 最高达 18.2%,精氨酸含量高,味鲜。可树上软熟,适合采摘观光园种植。耐贮,货架期长,低温下可贮藏 6 个月以上。抗性强,耐低温冻害,可避开花期倒春寒的危害;耐热性好;较抗溃疡病,至今未见有溃疡病感染植株。

1 品种特征特性

'迷你华特'生长势中庸健壮,花芽易形成,结果能力强,从徒长枝和老枝上均能抽生结果枝。果实着生于结果枝中下部,离基部 3~4 个芽。一年生枝灰白色,表面密集灰白色长绒毛,老枝和结果母枝为褐色,皮孔明显,数量中等,皮孔颜色为淡黄褐色。成熟叶长卵形,叶正面绿色无绒毛,叶背淡绿色,叶脉明显。叶柄淡绿色,多白色长绒毛。'迷你华特'花聚伞花序,每花序 3~7 朵花,淡红色,花梗绒毛多,白色。果实短圆柱形,果皮绿褐色,密集灰白色长绒毛。果肉绿色,髓射线明显,肉质细腻,品质上等。果实平均果重约 29.9 g,干物质含量高达 20.49%,可溶性固形物含量 14.5% ~ 18.2%,总糖含量达 10.5% ~ 13.1%,总酸含量为 10.6 ~ 11.8 g/kg,Vc 含量为 616 ~ 659 mg/100 g。在浙江省南部地区于 5 月上旬开花,10 月下旬至 11 月上旬成熟。结果能力强,少量落花落果,徒长枝和老枝均可结果。5 年生树株产可达 42.5 kg。

'迷你华特'与其他品种的特征比较见表 1 ~ 表 3。

表 1 '迷你华特'与'华特'的花特征比较

品种	直径/cm	花瓣数	花柱数	花丝数	花萼数	花梗长度/mm	子房直径/mm
华特	5.6	6~8	48.7	150.0	2~3	17.0	1.03
迷你华特	4.8	5~6	40.0	137.3	2~3	13.5	0.75

表 2 '华特'与'迷你华特'果实特征比较

品种	平均果重/g	纵径/cm	果柄长度/cm	赤道面种子数	DM/%	Tss/%	总糖/%	酸/%	Vc/(mg/100 g)
迷你华特	29.9	4.35	2.80	33	20.49	17.5	12.40	1.40	613.9
华特	94.4	8.24	3.43	49	17.9	14.6	9.00	1.24	628.4

表3 '迷你华特'与'华特'、'红阳'、'海沃德'、'布鲁诺'等品种的果实主要性状比较

品种	果形	单果重/g	子房颜色	维生素C/(mg/100 g)	TSS/%	总酸/%	香气	风味
迷你华特	短圆柱形	29.9	绿色	613.9	17.5	1.40	清香	浓
华特	长圆柱形	94.4	绿色	628.40	14.6	1.24	清香	爽口
红阳	圆柱形兼倒卵形	59.6	鲜红	136.70	19.6	0.50	浓	极浓
海沃德	广卵圆或椭圆	108.3	绿色	112.10	15.9	1.30	淡	浓
布鲁诺	长圆柱	97.1	绿色	102.51	13.5	1.12	淡	浓

2 栽培技术要点

'迷你华特'适宜我国南方浙江、福建、广西、江西、云南、湖南等省份及具有相同或相近生境的地区种植。以大棚架栽培为宜，结果枝率高，任何枝条都可成为翌年的结果母枝。夏季宜作好更新枝和结果母枝的选留、培养枝和结果枝修剪，维持枝蔓合理分布和保持树冠良好光照。冬季宜采用短截加疏删的修剪方法，及时更新复壮。重施基肥和有机肥。授粉品种'毛雄1号'，雌雄株比例4~5∶1。株行距5 m×4 m为宜。

A New *Actinidia eriantha* Benth. Cultivar 'Mini White'

Zhang Huiqin　Xie Ming　Zhang Qinchao　Lai Weijin

Liu Kangmeng　Xiao Jinping

(Institute of Horticulture, Zhejiang Academy of Agricultural Sciences　Hangzhou　310021)

Abstract　'Mini White' is a new high quality *Actinidia eriantha* Benth. cultivar, which was selected from wild *Actinidia eriantha* Benth. in Zhejiang. The fruit skin is covered by white hair, easy peeled in stage of complete ripeness. In addition to keeping merits of high ascorbic acid and easy peeled of *Actinidia eriantha*, 'Mini-White' has special flavor, long-shelf life and high yield, which can be soft-ripe on the tree and be planted for picking and sightseeing tour. The soluble solids content is about 14.5%~18.2%, and total sugar content is 10.5%~13.1%, total acid content is about 10.6~11.8 g/kg, vitamin C is 616~659 mg/100 g.

Key words　*Actinidia eriantha* Benth　'Mini-white'　Cultivar

云南省云龙县的野生猕猴桃资源考察和保护策略

张忠慧　姜正旺

(中国科学院武汉植物园　湖北武汉　430074)

摘　要　本项目调查发现云南省云龙县共有显脉猕猴桃(*Actinidia venosa* Rehder)、硬齿猕猴桃(*Actinidia callosa* Lindley)、粉叶猕猴桃(*Actinidia glauco-callosa* C. Y. Wu)、伞花猕猴桃(*Actinidia umbelloides* C.F. Liang)等猕猴桃野生资源12种(变种),本文简述了各种类的主要园艺学性状特点,指出由于乱砍滥伐,严重威胁着野生猕猴桃资源的生存,建议采用有效保护和开发利用并重的策略,进行系统的遗传多样性评价和潜在利用价值的评估,实现野生果类植物资源的可持续发展。

关键词　猕猴桃资源　分布　云龙县　保护　利用

1　云南省云龙县的基本概况

云龙县是大理、保山、怒江的结合部。东与洱源县和漾濞县接壤,南与永平县、保山市相交,西与怒江傈僳族自治州泸水县毗邻,北与剑川县、兰坪县交界。东西最大横距91.8 km,南北最大纵距109 km,总面积4400.95 km^2,基本地势东西高、中部低,从北往南逐渐降低。云岭和怒山两大山脉贯穿全境,怒江流经县域西境,澜沧江由北向南逶迤直下,境内山峦重叠,河谷交错。年平均气温15.9 ℃,年降雨量729.5 mm,最高海拔3 663 m,最低海拔730 m,县城海拔1 640 m,县城居县境中部狮尾河谷诺邓镇。动植物资源丰富,全县森林覆盖率达56%,有林地面积332 189 hm^2,经济林木20 000 hm^2。苍峦叠翠的群山中有红豆杉、滇山茶、水青树、云南榧木、秃杉、铁杉、黄杉、银杏、红椿、滇楠等数十种国家一、二、三级保护树种及总数达110科650多种的木本植物。其中云龙县分布野生猕猴桃资源主要分两大片区:①天池保护区,位于云南省西北部云龙县境内,地理坐标处于东经99°11′36″~99°20′34″,北纬25°49′48″~26°14′16″,南北长约45 km,东西宽约14 km,总面积14 475 hm^2;②漕涧林场,位于云龙县西部东经98°58′~99°15′,北纬25°29′~26°04′,气候冷凉,雨量充沛,年降雨量1 500~2 000 mm,海拔2 300~3 605 m,年均温14 ℃。经营面积27 018 hm^2,管辖范围分凤凰山片、志奔山、白草坡山一带,其中林业用地面积25 540.3 hm^2,占总面积的94.53%,森林覆盖率74.4%。

2　猕猴桃野生资源分布种类

2006年9月和2007年9月中科院武汉植物园猕猴桃专类园的科研人员与云南省农科院园艺所的科研人员共同对云龙县的野生猕猴桃资源进行了调查。野生猕猴桃资源主要分布在漕涧林场、漕涧水电站周围和金月亮村方圆2 km^{2}范围内。本次调查共发现12个种(变种),其中显脉猕猴桃、硬齿猕猴桃分布漕涧和天池两地,而紫果猕猴桃、毛叶硬齿猕猴桃、花楸猕猴桃三个种仅分布在天池保护区内。野生猕猴桃资源的明细如下。

(1) 显脉猕猴桃(*Actinidia venosa* Rehder):分布于漕涧镇至六库公路旁,海拔2 380~2 450 m;漕涧林场,海拔2 375 m;天池保护区,海拔2 535 m,东经99°17′27″,北纬25°52′11″。二年生枝红褐色,光滑,无毛,有光泽,较硬。皮孔密,黄褐色,椭圆形,髓较大,片层状,白绿色,稀被白色长倒伏毛,中下部覆白粉,皮孔不明显,节间长1.2~3.6 cm。叶纸质,长椭圆形或椭圆形,长 6.0~8.5 cm,宽 3.5~4.6 cm,基部近圆形或阔楔形,先端突尖,间或渐尖。叶面绿色,主侧脉浅绿色,无毛,叶缘锯齿小尖刺状,紫红色,贴伏生长。叶背粉绿色,无毛,主、侧脉明显,绿白色,无毛,仅在主、侧脉基部交叉处微被浅褐色绒毛,侧脉每边 7~8,叶背紫红色,无毛,长约 2~3 cm。果实近卵形或短圆柱形,果皮绿色,果点黄棕色,圆形或椭圆形,不规则,密,稀被浅褐色短茸毛,薄被白粉,易擦掉。果顶平截,中部稍凹陷,花蕊残存,果肩浑圆,两侧对称。萼片宿存,果梗绿褐色,被褐色短茸毛,长约 7 mm,果实纵经约 2.0 cm,横经约 1.8 cm,果实平均重约 4.8 g,果肉绿色,果心浅黄色,种子中多,紫红色,椭圆形,较大,味甚酸,微麻口,汁较少,肉质较软,9 月 10 日左右果实成熟。

（2）硬齿猕猴桃(Actinidia callosa Lindley):分布于漕涧林场,海拔 2 380 m,2 406 m,2 470 m,东经 99°06′97″,北纬 25°45′48″;金月亮村,海拔 2 330 m;天池保护区,海拔 2 535 m,东经 99°17′27″,北纬 25°52′11″。老枝浅褐色,无毛,皮孔稀,椭圆形或线形,黄褐色,髓片层状,褐色,较小,二年生枝深褐色,无毛,皮孔不甚明显,圆形或椭圆形,暗黄棕色,一年生枝褐色,光滑,无毛,皮孔明显,密,稍大,椭圆形或线形,黄白色,节间长 1.0~2.0 cm。叶片厚纸质至半革质,较硬,短圆形或近椭圆形,长 4.2~6.8 cm,宽 3.0~4.1 cm,基部耳状心形或阔圆形,或近平截,两侧不对称,先端小突尖。叶面绿色,有光泽,无毛,主、侧脉绿色,无毛,叶缘锯齿密小尖刺褐色,贴生,基部几乎全缘。叶背浅绿色,无毛,主、侧脉网脉白绿色,稀被白色茸毛,侧脉每边 7~8,边缘网结。叶柄较细,紫红色,无毛,长 1.8~2.7 cm。果实近球形或近短圆柱形,果皮绿色,果点黄棕色,较密,小,椭圆形或圆形,果面无毛。果顶较窄,平截,中部稍凹陷。花萼残存或脱落,果肩宽,浑圆,近平截。萼片宿存或脱落,无毛,果梗浅褐色,无毛,易脱落,较细,长约 mm,果实纵经约 2.8 cm,横经约 2.1 cm,果重约 8.7 g,果肉翠绿色,美观,种子小,椭圆形,红褐色。味甜酸适度,不涩,不麻,爽口,多汁,质脆。9 月 16 日果实近成熟。

（3）粉叶猕猴桃(Actinidia glauco-callosa C. Y. Wu):分布于漕涧镇至六库公路间金月亮村,海拔 2 380 m。漕涧林场,海拔 2 479 m,东经 99°19′47″,北纬 25°45′76″。二年生枝褐色,有光泽,较粗,无毛,皮孔凸起,明显,较稀,较大,黄褐色,圆形或椭圆形。髓较大,片层状,浅褐色。一年生枝绿色,光滑,无毛,皮孔稀,明显,黄色,椭圆形,节间长 1.0~2.2 cm。叶厚纸质,长椭圆形、阔披针形,叶形整齐,长 7.2~11.5 cm,宽 2.9~3.2 cm。基部阔楔形至近圆形,两侧多对称,间或有不对称的。先端渐尖。叶面深绿色,有光泽,光滑,无毛。主、侧脉绿色,无毛。叶缘锯齿稀、小,微呈波浪状,尖刺短,浅紫红色,向外生长,仅基部全缘。叶背粉白绿色,无毛,侧脉较多,每边 7~9。边缘网结。叶柄中粗,白绿色至淡紫红色,长 1.7~2.5 cm。果实扁圆形,纵经约 2.5 cm,横经 2.0~2.8 cm。平均果重 11 g,最大果重 16 g。果皮绿色或红褐色。果面无毛。萼片宿存。梗洼稍凹陷。果点黄褐色,圆形或长形,突起,较密。果面有纵沟,具白粉。果柄长 1.6~2.0 cm。果实于 10 月初果实成熟。

（4）阔叶猕猴桃(Actinidia latifolia (Gardner and Champion) Merrill):分布于漕涧林场,海拔高度 2 544 m,东经 99°09′44″,北纬 24°87′90″。结果母枝红褐色或黑褐色,有长短不一的浅红褐色皮孔。节间长 4.4~7.9 cm。结果枝暗黄褐色,新梢先端浅绿色。上有黄锈色斑块;副梢浅绿色。叶厚纸质,近卵形;基部近圆形,近叶柄处稍凹入,近似心脏形。先端渐尖,叶缘有极小的尖锯齿,有的叶缘中部呈不明显的波浪形。叶柄较细,长 2~4.5 cm。叶脉灰黄褐色,其旁有不明显的短黄茸毛。叶背呈不鲜艳的粉绿色;果实:圆柱形或椭圆形,平均果重 2.2~4.6 克。果面褐绿色,无毛但具有明显的灰黄褐色斑点。果肉翠绿色,种子多,深褐色,汁较多。采收期 10 月上中旬。

(5) 中华猕猴桃(*Actinidia chinensis* Planchon):分布于漕涧镇至六库公路水电站旁,海拔 2 534 m,东经 99°06′42″,北纬 25°44′56″。二年生枝深褐色,无毛,直径约 6 cm,皮孔凸起,圆形或椭圆形,黄褐色,髓片层状,白色或紫黄色。一年生枝灰绿褐色,无毛,稀被白粉,易脱落,节间长 2.7～5.6 cm。叶纸质,近圆形或宽卵形,长 10.3～11.2 cm,宽 11.1～13.6 cm,基部心形,两侧对称,先端小钝尖形或微凹陷。叶面暗绿色,无毛。叶柄浅紫红绿色,无毛,长 8.4～9.0 cm,粗约 3 cm。果实近球形至圆柱形,果面无毛而光滑;果皮黄褐色至棕褐色,果肉多为黄色,少数为绿色,果重 20～120 g,果实汁液多,味甜酸可口,香气浓。果实成熟期 8 月下旬至 9 月上中旬。

(6) 海棠猕猴桃(*Actinidia maloides* H. L. Li;新分类法已经合并到狗枣猕猴桃(*Actinidia kolomikta* (Maximowicz and Ruprecht) Maximowicz)中):分布于漕涧镇至六库公路 55～56 km 和漕涧林场水电站附近,海拔 2 427 m,2 532 m,东经 99°08′61″,北纬 25°44′97″。二年生枝较细或甚细,浅绿色,被有浅褐色短茸毛。髓片层状,白色。叶片薄纸质或纸质,绿色。近长卵圆形,叶片稍显粗糙,被有较多的白色倒伏毛,叶片长 10.4～18.7 cm,宽 6.2～8.8 cm,基部近心形,两侧多对称。先端渐尖至突尖,主脉浅绿色或浅褐灰色,不明显,被褐色倒伏毛。叶缘小锯齿较密,深褐色小尖刺内勾,叶背浅褐色,稍粗糙,密被白色短倒伏毛,侧脉每边 9～11,叶柄中粗,长 2.8～5.0 cm,绿色,被浅褐色茸毛。果实圆球形,单果重 0.5～0.7 g,果皮黄褐色至绿色,萼片宿存,被短褐色毛,萼片附近密生褐色长茸毛,果点白色,大小相间,果柄细长,长 5～7 mm,褐色,稍被褐色茸毛,种子小,果肉绿色,9 月成熟。

(7) 薄叶猕猴桃(*Actinidia leptophylla* C. Y. Wu;新分类法已经合并到狗枣猕猴桃中):分布于漕涧镇金月亮村,海拔 2 330 m。漕涧镇至六库公路途中,海拔 2 461 m,东经 99°06′44″,北纬 25°45′25″。二年生枝黑褐色,无毛,甚细,皮孔稀,较大,椭圆形或线形,黄白色,髓片层状,褐色,一年生枝绿色,被浅褐色茸毛,皮孔密,黄白色。叶薄纸质,中上部叶片为矩圆形,长 8.0～11.6 cm,宽 6.0～6.8 cm,基部近圆形、浅心形,两侧对称,先端急尖或短突尖,尾尖歪向一侧。叶面深绿色,无毛,主脉浅紫红绿色,中下部稀被浅紫红色茸毛,侧脉绿色,凹陷,无毛,叶缘锯齿密,小,尖刺黄红色,贴伏生长,叶基部全缘,叶背粉绿色,无毛,由于叶薄,主、侧脉凸起明显,手触觉粗糙,主、侧脉白绿色,无毛,仅主脉交叉处被白色颗粒状粉状物,叶柄紫红色,无毛,中粗,长 2.4～3.5 cm。果实短圆柱形、短椭圆形,果皮绿色,稀被褐色短绒毛,果点黄棕色,圆形或椭圆形,薄被白色粉状物,果顶平截,中部凹陷。花蕊残存,果肩浑圆,两侧整齐,间或高低不平。萼片五裂,宿存。果梗绿褐色,被褐色茸毛,长约 1.3 cm。果实纵经约为 1.8 cm,横经约 1.7 cm,单果平均重约 2.8 g。果肉绿色,果心较小,种子浅紫红色或紫红色,椭圆形。酸味浓,无涩麻感。果汁较多,肉质较脆,口感较佳。果熟期在 9 月上中旬。

(8) 伞花猕猴桃(*Actinidia umbelloides* C. F. Liang):分布于漕涧镇至六库公路 55～56 km,海拔 2 380 m;漕涧林场,海拔 2 545 m,东经 99°06′34″,北纬 25°44′55″。老枝红褐色,背阴面色较浅,无毛。二年生枝细,红褐色,光滑,无毛,皮孔稀,椭圆形,褐色,髓较小,白色,片层状,或实心,一年生枝绿色,光滑,无毛,皮孔较稀,黄白色,椭圆形,节间长 1.0～1.4 cm。叶片纸质,近椭圆形,长 5.1～7.0 cm,宽 4.2～5.5 cm,基部网楔形,有的略凹陷,两侧对称。先端渐尖或钝尖,叶面绿色,有光泽,无毛。主、侧脉凹陷,绿色,无毛。叶缘锯齿甚密,小,不明显。尖刺短,褐色,贴生,有的叶基部全缘。叶背粉绿色,无毛,主、侧脉凸起,白绿色,仅脉腋处微被白色颗粒粉状物,侧脉每边 8～10,边缘网结。有的侧脉在基部分叉,叶柄紫红色,无毛,长 2.5～3.8 cm。果实卵圆形、短椭圆形,果绿色,纵经 15～22 mm,有铁锈色果点,点的边缘白黄色,较密,稍突起。果面稀被白色茸毛,萼片宿存,五裂,密被绿色短茸毛,果柄长 1~1.9 cm,种子小,果实约 10 月中旬成熟。

(9) 葡萄叶猕猴桃(*Actinidia vitifolia* C. Y. Wu):分布于漕涧镇至六库公路金月亮村堆木厂,海拔 2 300 m。漕涧林场,海拔 2 530 m,东经 99°06′42″,北纬 25°44′57″。二年生枝紫褐色,无毛,皮孔明显,凸出。褐色椭圆形或线形,髓片层状,褐色。一年生枝灰绿褐色,稀被褐色糙毛,皮孔明显,白色或浅棕色,椭圆形或线形。节间长 8~11 cm。叶厚纸质,枝蔓基部叶片倒卵形。先端叶片卵形,长 8~9.4 cm,宽 5.0~6.2 cm。基部平截或凹陷,多对称,先端小突尖或平截。叶面绿色。密被白色长倒伏毛。主、侧脉浅紫红绿色,主脉密被浅紫红色茸毛,侧脉密被浅紫红色短茸毛和白色长倒伏毛。叶缘锯齿波浪状,粗大,密,大小相间。大锯齿之间约有 1~2 个小锯齿,排列不规则,小锯齿的尖刺浅紫红色,大锯齿的尖刺褐色,均倒伏生长。枝蔓基部叶片的下部全缘。枝条中、上部叶片的基部锯齿稀、小或近全缘。叶背绿色,无毛,平行网脉凸起明显。主、侧脉白绿色,明显凸出,均稀被浅紫红色短茸毛。侧脉每边 5~7,边缘网结。叶柄白绿色,粗。密被白色和浅紫红色短茸毛,长 1.5~2.7 cm。果实短圆柱形,被棕色茸毛,果顶平截,或比中部窄。果肩浑圆。萼片宿存,背立或平贴。果柄绿色,无毛,长约 1.5 cm,果实纵径 3.2~4.4 cm,横径 2.8~3.8 cm,果实重 21~35 g。果肉浅绿色,果心白色,较大。种子较少,椭圆形,味酸,有麻味感,果熟期 9 月上中旬。

(10) 花楸猕猴桃(*Actinidia sorbifolia* C. F. Liang):云龙县天池保护区,海拔 2 535 m,东经 99°17′48″,北纬 25°52′11″。二年生枝紫褐色,无毛,皮孔明显,较稀,灰白色,圆形,髓片层状,褐色。一年生枝绿色,带有紫红色,无毛,皮孔明显,较稀,浅黄白色,椭圆形,长 1.0~3.0 cm。叶厚纸质,长卵圆形,椭圆形,长 9.5~14.0 cm,宽 5.6~9.5 cm,基部浅心形或近圆形,多对称,先端突尖或近圆形。叶面绿色,无毛,主、侧脉浅绿色,主脉基部稀被白色绒毛。叶缘锯齿小刺状,绿色,向外伸展。叶背浅绿色,被白色短绒毛,主、侧脉绿白色,被白色绒毛,侧脉每边 7~9,叶柄紫红色,稀,被白色绒毛,长 2.6~3.0 cm。果实长圆形,绿色。满布褐色绒毛及明显的果点。单果重约 13.2 g,纵径约 3 cm,横径约 2.8 cm。成熟时毛脱落。果熟期 10 月上中旬。

(11) 紫果猕猴桃变种(*Actinidia arguta* var. *purpurea* (Rehder) C. F. Liang;新分类法已经合并到软枣猕猴桃(*Actinidia arguta* (Siebold and Zuccarini) Planchon ex Miquel)中):云龙县天池保护区,海拔 2 535 m,东经 99°17′27″,北纬 25°52′11″。老枝黑褐色或褐灰色,皮孔长椭圆形,大小相间。髓片层状,褐色和褐绿色,小。二年生枝灰色,具有浅褐色斑块。皮孔大小相间。嫩枝浅绿红色,皮孔白绿色。叶纸质,阔卵圆形,徒长枝上的叶片倒卵圆形或卵圆形。叶长约长 6.0~9.18 cm,宽 4.2~5.6 cm 叶面皱,不平展,深绿色;主脉及侧脉白绿色,稀被极短绒毛,稍有光泽。叶背绿色至浅绿色。叶基部楔形至浑圆形,有不对称的楔形,先端急尖,叶缘近基部为全缘,其余部分为细锯齿,齿尖绿白色,内勾。侧脉每边 5~6,网结。叶柄紫红色或红色,长 2.0~4.17 cm,中粗。果实近长柱形,果皮绿色,成熟果实紫红色。果皮光滑,有白色小果点,果实顶部有喙。果梗长 2.0~3.15 cm,绿色,有极短白色茸毛。果肉紫红色。果熟期 9 月下旬至 10 月上旬。

(12) 毛叶硬齿猕猴桃(*Actinidia callosa* var. *strigillosa* C. F. Liang):云龙县天池保护区,海拔 2 535 m,东经 99°17′47″,北纬 25°52′11″。二年生枝紫褐色,无毛,皮孔凸出,椭圆形,黄棕色,髓片层状,绿色。一年生枝黄褐色,无毛,皮孔凸出,灰黄色和黄棕色,椭圆形或线形,节间长 1.4~6.15 cm。叶片革质,长卵形或近椭圆形,长 7.5~11.5 cm,宽 5.5~7.1 cm,基部钝圆,多对称,先端渐尖。叶面绿色,有光泽,无毛,主、侧脉绿色,无毛,稍凹陷。叶缘锯齿小刺状,绿色,贴生。叶背淡绿色,无毛,主、侧脉绿白色,主脉基部紫红色,凸起,侧脉每边8~9,叶柄紫红色,稀被紫红色绒毛,长2.5~5.0 cm。果实近球形,较小,果皮绿色,果面无毛,具浅黄棕色密而大的果点,圆形,果顶平,花萼残存,中部呈环状凹陷,甚小,无毛。果肩浑圆,两侧高低相等或不等。果梗红褐色,无毛,长约2.4 cm。果重约4.8 g,果肉绿色,果心白色,椭圆形,中大,种子小而多,紫红色,椭圆形。味略酸涩,汁少,9月中旬果实近成熟。

3 猕猴桃野生资源分布特点

3.1 资源种类数量多

经作者于2006年9月和2007年9月先后两次在云龙县调查,该县分布猕猴桃属野生种质资源有显脉猕猴桃、硬齿猕猴桃、粉叶猕猴桃、阔叶猕猴桃、中华猕猴桃、海棠猕猴桃、薄叶猕猴桃、伞花猕猴桃、葡萄叶猕猴桃、花楸猕猴桃、紫果猕猴桃、毛叶硬齿猕猴桃12种(变种),另据《云南省猕猴桃资源调查研究报告》[1](国家自然科学基金资助项目1987—1989)记载该县还有贡山猕猴桃(Actinidia pilosula (Finet and Gagnepain) Stapf ex Handel-Mazzetti)、心叶海棠猕猴桃(Actinidia maloides f. cordata C. F. Liang;新分类法已经合并到狗枣猕猴桃中)、粗齿猕猴桃(Actinidia hemsleyana var. kengiana (F. P. Metcalf) C. F. Liang; Actinidia kengiana F. P. Metcalf;新分类法已经合并到长叶猕猴桃中)、四萼猕猴桃(Actinidia tetramera Maximowicz) 4个种(变种)(此次未调查到),总计16个种(变种),约占云南全省56个种(变种)[2]的28.59%。猕猴桃优势种群(类)依次顺序是显脉猕猴桃、硬齿猕猴桃、粉叶猕猴桃、阔叶猕猴桃4个种(变种),其中显脉猕猴桃分布最广,约占总资源数量的40%以上。

3.2 水平分布范围广

漕涧林场和天池保护区内生长着种类繁多的野生猕猴桃,在水平范围内猕猴桃资源也表现出相交性、重叠性和镶嵌性等特点,如显脉猕猴桃分布区与硬齿猕猴桃分布区重叠,粉叶猕猴桃、中华猕猴桃与阔叶猕猴桃、薄叶猕猴桃重叠分布,葡萄叶猕猴桃镶嵌于显脉猕猴桃分布区和硬齿猕猴桃分布区中,而海棠猕猴桃、紫果猕猴桃和伞花猕猴桃则呈零星状分布。其中伞花猕猴桃是已知云南省仅有的猕猴桃属濒危物种原生地[3]。伴生植物有杉木、山茶、樟树、柳科灌木植物以及地被植物蕨类等。

4 猕猴桃属种质资源的迁地保护与合理开发利用

虽然漕涧林场和天池保护区内植被保持较完好,但乡镇村落与保护区管理范围交错,不仅使猕猴桃赖以生存攀缘生长的乔、灌木时常遭受砍伐,而且猕猴桃属植物也屡遭破坏,当地拓宽公路而把沿路攀缘小灌木生长的野生猕猴桃大量砍伐。另当地村民有上山砍柴的习惯,多是采用掠夺式的方法把小灌木和猕猴桃藤蔓一起砍去。漕涧林场由于对野生猕猴桃属植物不认识,其森林植物保护名册中唯独没有记录猕猴桃属植物这一项,因此保护猕猴桃种质资源是一项长期而艰巨的任务,尤其是保护猕猴桃野生资源的多样性,丝毫不能松懈。同时加强学习《森林法》及其他相关环境保护法律法规知识宣传普及的力度,使每个公民养成热爱环境,保护资源的良好习惯,真正做到青山常在,永续利用。

对于珍稀濒危野生资源应该进行行之有效的就地保护,该地小范围内分布(漕涧林场水电站分水岭以东2 km²)的猕猴桃属植物种类占云南全省猕猴桃属植物的30%左右实属罕见,应向有关部门呼吁建立猕猴桃属植物保护区。还要建立以植物园为基础的国家植物迁地保护基地,进行保育繁殖,(通过回归引种、驯化、组培等农业和生物技术及手段,使猕猴桃野生资源迅速增加数量和提高质量),最终重返大自然。

建议采用有效保护和开发利用并重的策略,尤甚要加强生态环境和生态系统保护,加强科普教育宣传和迁地保护等多学科的研究,进行系统的遗传多样性评价和潜在利用价值的评估工作,利用野生猕猴桃(如软枣等)直接驯化成栽培品种,或用于进行果树品种改良,服务于国家的果树产业发展。

参 考 文 献

[1] 郑州果树所.云南省猕猴桃资源调查研究报告(国家自然科学基金资助项目1987—1989).郑州:中国农科院郑州果树所,1989:1-129

[2] 胡忠荣,袁媛,易芍文.云南省野生猕猴桃资源及分布概况//黄宏文.猕猴桃研究进展.Ⅱ.北京:科学出版社,2003:275-276

[3] 张忠慧,王圣梅,黄宏文.中国猕猴桃濒危种质现状及保护对策.中国果树,1999(2):49-50

Current Status and Conservation Strategies of The Wild Kiwifruit Resources of Yunlong County, Yunnan Provinces

Zhang Zhonghui　Jiang Zhengwang

Abstract　In the present study, we described the main horticultural characters of twelve taxa (e.g. *Actinidia. venosa* Rehder, *Actinidia callosa* Lindley, *Actinidia glauco-callosa* C. Y. Wu, *Actinidia umbelloides* C.F. Liang) of *Actinidia* from Yunlong County, Yunnan Provinces. The existence of the wild kiwifruit resources were threatened because of the rampant deforestation. It is thus necessary to carry out the evaluation of the genetic diversity of the wild kiwifruit resources and make strategies for both conservation and exploitation.

Key words　Kiwifruit resources　Distribution　Yunlong county　Conservation　Utilize

种间杂交新品种'金圆'、'金梅'的生物学特性研究

钟彩虹　王圣梅　龚俊杰　韩　飞　黄宏文*

(中国科学院植物种质创新与特色农业重点实验室,中国科学院武汉植物园　武汉　430074)

摘　要　'金圆'和'金梅'是中国科学院武汉植物园采用种间杂交品种'金艳'作母本,与中华红肉猕猴桃雄回交,从回交后代中选育而成的中熟优质黄肉猕猴桃新品种。'金圆'果形整齐美观,短圆柱形,果面黄褐色,密被短绒毛,果肩平,果顶平或微凹,与园区保存的父本中华红肉雌所结果实极相似。果实平均果重84 g,果实软熟后果肉金黄或深橙黄色,细嫩多汁,风味浓甜微酸,中轴胎座小,质地软,可食用。软熟果实可溶性固形物含量15%~17%,维生素C含量50~123 mg/100 g,糖9.5%,酸1.3%,干物质含量16.9%。'金梅'果实长梯形,与'金艳'相似,果实大,平均果重80~95 g,果肉黄色,质细味浓甜,香气浓,果实平均可溶性固形物14.0%~17%,总糖9.8%,总酸1.3%,维生素C含量124 mg/100 g鲜果肉,干物质含量14.7%。两品种果实均极耐贮藏,当可溶性固形物含量在8%左右采收,果实需要约30天软熟,货架期10余天。在贮藏过程中果皮易失水起皱,贮藏期间需要保湿。果实成熟期比母本'金艳'提早3~4周,于9月下旬成熟。

关键词　种间杂交　'金圆'　'金梅'　耐贮　黄肉

杂交特别是种间杂交,是猕猴桃新品种创制的重要手段,它能将不同猕猴桃物种的优良性状组合在一起,获得双亲中间类型或亲本的显性性状,培育出双亲中间型或双亲所不具备的新性状和变异。如软枣和美味猕猴桃杂交后代与美味猕猴桃回交的一个后代优系'Kiri',果实大,平均果重100 g,果皮光滑可食用,成功地将软枣与美味猕猴桃的优良性状(果皮光滑可食、大果等)组合在一起,但果皮易受损,贮藏寿命短(White et al., 1993)。中国科学院武汉植物园利用毛花猕猴桃作母本,中华红肉猕猴桃作父本杂交,经过20余年的初选、复选、子代鉴定和区域试验,培育出国际第一个远缘杂交的商业用种间杂交新品种'金艳',于2010年通过国家级品种审定(国 S-SV-AB-019-2010)并获得农业部的植物新品种权保护(品种权号:CNA20070118.5)(Zhong Caihong et al., 2012)。因其突出的果实综合商品性和丰产稳产性,'金艳'得到迅速推广,自2007年推向生产,几年之内迅速发展到近15万亩的商业种植规模。但该品种成熟期极晚,于10月下旬至11月初成熟;此外,与'红阳'和'金桃'相比,果实风味稍淡。为了培育成熟期更早,果实风味更浓郁的新品种,采用'金艳'作母本,与中华红肉猕猴桃雄株开展回交,希望从其后代中选育出符合要求的新品种。本文主要介绍'金艳'与中华红肉猕猴桃回交一代品种'金圆'和'金梅'的选育过程及品种特性,为下一步商业推广提供参考。

1　选育过程

2002年采用种间杂种'金艳(M3)'作母本、园中收集的中华红肉猕猴桃雄株作父本杂交,收集杂交种子,2003年播种获得1500余株F_1代杂交苗,2005年开始有植株开花,其中有5株(22-21,23-30,17-3,10-16,10-12)结果表现果实风味较佳,于2006年冬季采集这5株母树的枝条,

---

* 通讯作者,email: huanghw@mail.scbg.ac.cn

嫁接在4年生大树上,2007~2009年均结果。5个单株中以'22-21'和'23-30'表现最佳,其中'22-21'的果实为圆柱形,中等偏大,果肉为橙黄色,风味比金艳更浓郁,果实极耐贮;'23-30'的果实为长梯形,上小下大,整齐,果大,果肉为黄色或绿黄色,风味更浓郁,果实较耐贮。

2008年春季采集两品系枝条高接在5年生大树上鉴定,第二年即开花结果,株产达到8 kg,经过2009~2012年对母树和多代子代果实品质鉴定,确定该品系树势强旺,果实优良性状稳定遗传,且子代果实的耐贮性优于母株,成熟期比母本'金艳'提早约3~4周,9月底至10月初成熟。特别是'22-21',果实圆柱形,整齐美观,果肉深黄色,汁多味浓郁,酸甜适中,树势强旺抗高温干旱,适应范围和抗逆性更强,于2010年申请品种保护并命名为'金圆',2012年通过国家品种审定(国S-SV-AC-030-2012)。'23-30'的性状表现后期表现更优良,果实耐贮性子二代比子一代更增强,且遗传稳定,于2013年申请品种保护,命名为'金梅'。

2 植物学特征

两品种均生长强旺,枝条粗壮,一年生枝茶褐色,二年生枝红褐色,与'金艳'相似。'金圆'叶绿浓绿,叶片较大,叶厚,叶柄向阳面有微红色,叶基部连接,叶脉黄绿色,花有单花和序花,以序花为主,三花率70%~90%,主要着生在果枝的第1~6节上,花瓣乳白色,6~7枚,基部分离,花冠直径约4.5 cm,柱头直立,34~40枚,花药56~60枚,药大而色黄,雄蕊退化。

3 果实品质

3.1 外观品质

'金圆'果实短圆柱形,横切面为圆形,与其父本红肉猕猴桃的果实非常相近(彩图2)。平均果重84 g,果面黄褐色,密被短绒毛,不脱落,果喙端平或微凹,果肩平,美观整齐。果柄短,约2 cm,抗风性好。

'金梅'果实长扁椭圆形,上小下大,与其母本'金艳'相似,特别是大果很相似(彩图3)。平均果重90 g,最大果重105 g。果喙端凹,果肩斜,果顶圆。美观整齐,果皮厚,绿褐色,密生短茸毛,不脱落(表1)。

表1 '金圆'和'金梅'果实主要性状与主栽品种比较

品种	果形	果实大小/g		果面	果皮	果肉			营养成分			
		最大	平均	绒毛	颜色	颜色	风味	香气	Vc/(mg/kg)	可溶性固形物/%	总酸/%	总糖/%
金圆	圆柱形	101	84.0	短而密	褐	橙黄	甜	香	1222	16.8	1.29	9.9
金梅	长扁椭圆形	105	90.0	短而密	绿褐	黄	甜	香	1250	16.0	1.3	9.8
金艳	长圆柱形	175	101.0	短而稀	浅棕	黄	甜	香	1055	16.0	0.86	8.6
金早	卵圆形	159	102.0	少	黄棕	绿黄	甜	香	1070	13.3	1.7	9.5
红阳	圆柱形或倒梯形	92	70.0	光滑	绿褐	黄肉红心	甜	淡	1358	16.0	0.49	11.0
秦美	椭圆形	160	107.0	多而硬	棕褐	绿	酸甜	香	780	13.0	1.3	7.7
海沃德	广椭圆形	120	75.0	多而硬	褐	绿	酸甜	香	580~800	15.0	1.4	11.0
金魁	圆柱形	131	96.5	多而硬	棕褐	绿	甜	香	1410	18.5	1.6	8.6
米良1号	长圆柱形	128	74.5	长茸毛	棕褐	黄绿	酸甜	香	1407	15.5	1.6	10.6

3.2 内在品质

两品种的风味品质均与'金艳'相当或优于它。'金圆'果肉金黄或深橙黄色,细嫩多汁,风味浓甜微酸,含可溶性固形物15%~18.5%、可溶性总糖9.9%、有机酸1.29%、干物质含量17%、维生素C 122 mg/100 g,而'金梅'果肉黄色或黄绿色,质细味浓甜,香气浓,质嫩,多汁,口感佳。果实软熟后平均可溶性固形物16%,总糖9.8%,总酸1.4%,维生素C含量125 mg/100 g,干物质含量15%,总氨基酸含量0.8%。与其他主栽品种及母本'金艳'的比较见表1。

果实中矿质营养丰富,特别是钾和钙的含量远高于'红阳'和国产'海沃德',经湖北农科院农产品检测中心测定,'金圆'和'金梅'果肉中分别含氮0.17%和0.15%、含磷294 mg/kg和253 mg/kg、含钾2200 mg/kg和1800 mg/kg、钙348 mg/kg和341 mg/kg、含镁139 mg/kg和137 mg/kg。与母本'金艳'比较,总氨基酸含量和矿质元素含量均略有降低,但均比'海沃德'和'红阳'高,特别是钙的含量远高于这两个品种,钙含量是'红阳'果实的近2倍,表明'金圆'和'金梅'遗传了母本'金艳'耐贮的特性(表2)。

表2 '金圆'、'金梅'果实氨基酸和矿质营养与'红阳'和'海沃德'的比较(2009.12)

品种	总氨基酸/%	谷氨酸/%	天冬氨酸/%	矿质元素				
				N/%	P/(mg/kg)	K/(mg/kg)	Ca/(mg/kg)	Mg/(mg/kg)
金圆	0.795	0.146	0.101	0.17	294	2200	348	139
金梅	0.790	0.154	0.105	0.15	253	1800	341	137
金艳	0.920	0.252	0.110	0.20	342	2739	370	166
红阳	0.770	0.204	0.095	0.18	202	1618	178	98.4
海沃德	0.570	0.104	0.069	0.12	240	1550	226	112
方法依据	GB/T 5009.124—2003			GB/T 5009.5—2003	ICP法			

3.3 果实耐贮性

两品种果实耐贮性强,经过分期采收试验表明,两品种在果实可溶性固形物含量为7%~7.5%时采收,采后18天开始软熟;而当果实在可溶性固形物含量8.5%~9.0%时采收,采后34天才软熟,且果实风味更优。因此,该品种以果实可溶性固形物含量达到8%~9%时采收更耐贮。

4 生长结果习性

'金圆'萌芽率较高,约67%,果枝率86%,结果性能好,坐果率95%。以长果枝结果为主,其中100~150 cm的结果枝占总果枝数的42%,其次为短果枝,10~50 cm的果枝占21%,小于10 cm的果枝占29%。结果性早,一年生嫁接苗定植第二年结果,第四年平均株产可达45 kg以上。

而'金梅'萌芽率58.6%,果枝率80%,以短果枝结果为主,其中50 cm以下的结果枝占68.6%,长于1 m的结果枝占31.4%。花有单花和序花,单花为主,结果性能好,坐果率90%。

将'金圆'、'金梅'与母本'金艳'和国内外主栽品种比较,两品种均比'庐山香'、'金早'、'海沃德'高(表3),表现了极丰产的优良特性。

表3 '金圆'、'金梅'和母本'金艳'等结果习性与主栽品种比较

品种	萌芽率/%	结果枝率/%	每果枝平均果数/个	雌花着生节位
金圆	67.0	86	7.5	1~6
金梅	58.6	80	7.3	1~6
金艳	50.0	90	8.0	1~6
庐山香	28.5	25	3.2	1~4
海沃德	31.0	10	3.2	2~5
金早	84.5	82	3.0	1~6

5 物候期

两品种均于3月上中旬萌芽,3月下旬现蕾,4月底至5月初盛花,5月初坐果,9月下旬至10月果实成熟,成熟期期均比'金艳'早熟3~4周,而与父本中华红肉猕猴桃的雌株成熟期相当(表4)。

表4 主要品种物候期观察记载(日/月)

品种	萌芽期		展叶期		现蕾期		露瓣期		始花期		终花期		果熟期
	2009	2010	2009	2010	2009	2010	2009	2010	2009	2010	2009	2010	
金圆	9/3	11/3	18/3	21/3	23/3	31/3	17/4	29/4	23/4	1/5	26/4	4/5	底/9~初/10
金梅	9/3	11/3	18/3	21/3	23/3	31/3	17/4	29/4	23/4	1/5	26/4	4/5	底/9~初/10
金艳	8/3	10/3	27/3	30/3	22/3	30/3	18/4	30/4	26/4	3/5	7/5	15/5	底/10~上旬/10
金早	7/3	8/3	11/3	12/3	25/3	30/3	15/4	18/4	20/4	24/4	24/4	30/4	中旬/8
金霞	5/3	8/3	12/3	13/3	23/3	30/3	14/4	19/4	18/4	25/4	28/4	4/5	底/9
庐山香	7/3	10/3	11/3	12/3	22/3	25/3	14/4	17/4	18/4	23/4	29/4	1/5	中旬/9
魁蜜	8/3	12/3	11/3	12/3	16/3	21/3	5/4	6/4	12/4	20/4	20/4	21/4	中旬/9
早鲜	8/3	14/3	11/3	12/3	16/3	22/3	11/4	12/4	19/4	18/4	26/4	30/4	底/8
金阳	12/3	20/3	24/3	24/3	24/3	30/3	16/4	18/4	20/4	25/4	29/4	12/5	上中旬/9
海沃德	7/3	10/3	11/3	13/3	5/4	8/4	26/4	29/4	30/4	2/5	9/5	12/5	底/10

6 遗传稳定性及适应性

经过多代子代鉴定,两品种高接均表现第二年结果,第三年投产,果实表现更优;且品系的各单株植物学特征及果实性状均表现一致,未发现分离变异。从第二代起,两品种综合性状均表现稳定,比母株表现更优。

适宜于长江中下游猕猴桃产区有类似气候地区海拔800 m以内的区域栽培。

7 栽培技术要点

'金圆'和'金梅'均树势强旺,栽培架式宜采用大棚架或T形棚架,架面高1.8 m~2 m,主干高约1.7 m时摘心,培养主蔓。以冬季修剪为主,夏季除萌摘心,加强花果管理,及时疏花疏果,重施肥水,特别是基肥和壮果肥,使果实大小均匀优质。授粉雄株均为'磨山4号'。

参 考 文 献

Zhong Caihong, Wang Shengmei, Jiang Zhengwang, et al. 2012. 'Jinyan', an interspecific hybrid kiwifruit with brilliant yellow flesh and good storage quality. Hortscience, 47:1187-1190.

White A, Beatson R. 1993. Evaluation of a mew kiwifruit hybrid // Australasian Postharvest Conf. Queensland: Gatton College: 161-163.

Breeding Research of Hybrid Variety 'Jinyuan' and 'Jinmei'

Zhong Caihong Wang Shengmei Gong Junjie Han Fei Huang Hongwen

(Key Laborary of Plant Germplasm Enhancement and Speciality Agriculture,
Wuhan Botanical Garden, Chinese Academy of Sciences, Wuhan 430074)

Abstract 'Jinyuan' is a superior yellowed-fleshed kiwifruit cultivar bred by inter-specific hybridization between hybrid variety-'Jinyan' (*Actinidia eriantha*×*Actinidia chinensis*) and *Actinidia chinensis* var. *chinensis* f. *rufopulpa* and selected from the seedlings of F_1 at Wuhan Botanical Garden. 'Jinyuan' fruit is short cylindrical in shape and yellow brown skin with very short hair. The average weight of fruit is 84 g, with a maximum 101 g. The fruit has gold yellow flesh, fine and tender in flesh texture, aromatic and sweet in flavor. The average soluble solids content of ripe fruit is 15%~17%, and the vitamin C content range from 50 to 123 mg per 100 g. The sugar content is 9.5%, acid content is 1.3%, and the dry matter is 16.9%. 'Jinmei' fruit is trapezoid in shape, and the average weight of fruit is 80~95 g. The fruit has yellow flesh also, strong aromatic and sweet in flavor. The soluble solids content is 14.0%~17%, the sugar content is 9.8%, the acid content is 1.3%, the vitamin C content is 124 mg per 100 g flesh, and the dry matter content of 14.7%. 'Jinyuan' and 'Jinyuan' have excellent superior storage quality, they can be stored well for more than 1 month at room temperature (≤20 ℃) and the shelf life is more than 10 days when soluble solids content is 8.6%. Suitable moisture is required during storage to prevent skin wrinkling due to water loss. In Wuhan, the best harvest time of 'Jinyuan' is at late September, 3~4 weeks earlier than that of 'Jinyan'.

Key words 'Jinyuan' kiwifruit Yellow-fleshed Storage quality

栽培及生理

宁波地区'红阳'猕猴桃生产适应性与标准化栽培技术

冯健君[1]　谢　鸣[2]　张望舒[3]　张慧琴[2]　戴良方[4]
李和孟[1]　杜小刚[1]　曾余力[1]　冯家皓[1]

(1 浙江省宁海县林特技术推广站　宁海　315600　2 浙江省农科院　杭州　310021
3 宁波市林特科技推广中心　宁波　315000　4 浙江省宁海县红阳高山果蔬园　宁海　315600)

摘　要　近年来,宁波地区从四川等地陆续引进种植'红阳'猕猴桃,目前栽种面积11 000亩,其中宁海县5 700亩,占51.8%;此外,奉化、象山、鄞州等县(区)均有分布。经多年观察,摸清了'红阳'品种在宁波的生物学特性:在宁海平原地,该品种萌芽期为2月下旬,展叶期3月底,初花期5月上旬,果实成熟期9月上旬~10月上旬;总体看来,东部平原地该品种物候期比西部山区早。'红阳'猕猴桃果实黄褐色,单果质量60~110克,果实圆柱形,可溶性固形物含量17%~22%。果肉翠绿色,果实心部放射状红条纹,色度中等,汁多,风味浓,甜酸适口,品质优。宁海平原地树体生长势强于山地,种植第3年初果,第6年亩产1 000公斤。该品种标准化栽培技术,包括建园与幼、成年树管理,结果期果园管理技术,主要有施肥、修剪、花果管理、适时采收、病虫防治等。

关键词　'红阳'猕猴桃　适应性　栽培　宁波

宁波市位处浙江东部沿海地区,水果是该市农业主导产业,2012年全市果品产值达20亿元。猕猴桃是该市特产水果之一,具有一定的栽培历史,宁波南三县之一的宁海县于20世纪90年代中期栽种'海沃德'等猕猴桃500余亩,取得较好的成效,此后该地区在猕猴桃新品种引进和规模化发展取得了一定的效果,本文从如下三方面对其进行总结。

1　当前宁波市猕猴桃生产发展概况

宁海县深圳镇红阳高山果蔬园于2002年从四川省引进'红阳'猕猴桃,是宁波市最早引进该品种的单位,通过多年培育观察,发现该品种在当地表现良好,具有较好的生产商品性,至2006年初试成功。2007年以后,该县各地先后引种发展,目前全县有13个镇(乡)栽种该品种,累计面积5 700亩,其中一市镇2 300亩。在宁海栽种成功后,该市奉化、象山、鄞州等县、区相继发展,至今全市'红阳'猕猴桃种植面积11 000亩,其中投产与初投产面积约4 000余亩,产量1 000余吨,但果品价格高,'红阳'猕猴桃产地价普遍在20元/千克以上。目前该市猕猴桃发展处于由上升向平稳转变态势。

当前,该市猕猴桃生产存在一些问题:一是品种单一,主栽品种就是'红阳',缺乏品种搭配,容易出现产期集中、产品积压等问题;二是栽培技术水平不均,各地存在较大差距,规模在100亩以上的基地管理相对较好,同时生产上膨大剂使用泛滥,严重影响了果品质量和安全,造成品质和贮藏性下降;三是自然灾害发生频繁,寒潮、台风、异常高温干旱在较多年份交替出现,对猕猴桃生产造成很大影响;四是溃疡病发生面积逐渐扩大,主要发生在平地园,目前措施是先防治,后挖树;五是猕猴桃果品市场销路尚未打开。

2　红阳猕猴桃品种适应性

宁波地区气候温和湿润,光热较优,属北亚热带湿润季风气候区。其中主产区宁海县年均温16.6 ℃，年降雨量1 500毫米，年日照1 900小时左右，无霜期230天。

经多年观察，摸清了'红阳'品种在宁波的生物学特性，在宁海县平原地区，该品种萌芽期为2月下旬，展叶期3月底，抽梢初期4月初，初花期5月上旬，盛花期5月中旬，谢花期5月底，果实成熟期9上旬～10上旬，该品种在东部平原地的物候期比西部山区早，比鄞州早3～4天。

果皮黄褐色或绿褐色，单果重60～110克，果实圆柱形，可溶性固形物含量17%～22%。果肉黄色，果实心部放射状红条纹色度中等，汁多，风味浓，甜酸适口，品质优。宁海平原地树体生长势强于山地，种植第3年初果，3～4年亩产量500～750千克，第6年亩产量达1 000千克。

根据该品种在全市各地的生长发育情况和生产表现，初步评价'红阳'品种在宁波地区具有较好的生产适应性。

3 标准化栽培技术

3.1 建园技术

在12月中下旬至翌年萌芽前，选用根系良好、无根结线虫病、茎粗0.6厘米以上，有3～5个饱满芽的健壮苗木栽植，株行距为3米×3米、3米×4米，栽植时做到苗栽直、根伸展、灌足水、培好土，雌雄株比例为5～8∶1。

幼苗管理定植后留4～5个饱满芽定干，萌发后选1～2个让其向上生长，5月中旬将其他芽抹去。可在行间离新栽幼树约50厘米稀植花生等植物。

施肥：在秋季或萌芽前后，结合灌水在距根部约50厘米处，开沟20～30厘米，株施尿素0.2千克和少量人粪尿。

浇水：幼苗栽好后，先浇透定根水，干旱时及时浇水。夏季高温干旱时期应遮阳覆盖，防止幼树晒死。

防冻：在2月下旬至3月中旬，防御"倒春寒"对幼树造成损害，采用培土、涂白、稻草缚护主干等办法。

搞好早期上架：栽植后第一年在离植株10厘米处立直径2～3厘米、高2米的竹木棍，牵引新梢向上生长，每隔20厘米用布条将其绑缚在支架上，采用"双主蔓一字形"整形。第二年用木桩或水泥桩搭架。'红阳'猕猴桃宜采用水平大棚架或"T"形小棚架。

3.2 结果期果园管理技术

树盘覆盖保墒：5月下旬在离树干15厘米左右，覆盖厚度20～30厘米的稻草、油菜秆、松针等生物秸秆。

适时排灌与覆盖：猕猴桃怕涝又怕旱，应建设好排灌设施，雨季和台风期及时排涝；高温干旱季节，应及时灌水，灌水时间宜在傍晚或早晨，晴天一般每隔7天灌透水1次，并进行树盘覆盖；用稻草、杂草等材料，覆盖厚度10～15厘米。

施肥：①基肥，在秋末冬初，亩施有机肥3 500～4 000千克、过磷酸钙40～50千克，施肥深度一般在40厘米左右，可在树盘周围开环状圆形沟，施入有机肥；②追肥，2月下旬至3月上旬发芽前施入催芽肥，以速效氮肥为主；5月下旬至6月上旬施壮果促梢肥，以使果实迅速膨大，枝梢生长旺盛。

修剪：①夏季修剪，主要集中在5～8月份，重点是控制徒长枝，疏除无用枝，主要措施有除萌、摘心、疏枝和绑枝等。②冬季修剪，一般在落叶后至伤流前进行，疏去过密枝、交叉枝、重叠枝、病虫枝等，采用以产定果、定向培育技术，实施枝蔓修剪数字化，如亩产1 500千克果实，应计算出每株留结果母枝数量,其单株结果数、株产量都能够大致算出来;③培养合理树冠,预防夏季果实及枝干日灼病的发生。

花果管理:①授粉,为改善果实外观和提高果实品质,采用搭配雄株自然授粉和人工授粉相结合,人工授粉一般选择晴天上午 8~11 时段为宜,一般在 7~10 天内完成;②疏蕾,花前 5~7 天疏除,摘去基部和顶部的侧蕾,留中间一个;③疏花,开花时将侧花及方向位置不正的花疏掉,只留主花;④疏果,将坐果多,以及双果、三果的枝蔓剪掉,只留中心果和大果。

病虫害防治:采用绿色生态综合防治技术,主要防治叶斑病、溃疡病、褐腐病、花腐病及叶蝉、介壳虫、金龟子等,其中重点防治毁灭性病害溃疡病,目前该病在各地产区发生情况愈益严重,需要高度重视,采取的技术措施有:①加强检疫,严防病苗病穗销售及从疫区引入;②加强栽培管理,提高树体抗病能力;③做好清园和病枝叶修剪、烧毁深埋工作,避免或减少菌源传播;④做好树体防冻;⑤药剂防治,于 8~9 月、采收后及冬剪后,选用施纳宁、农用链霉素、百菌清等药剂对全园喷雾防治,主干和大枝发病的,刮除病部,及时涂药,伤流期不刮;⑥搞好对叶蝉的防治。

适时采收:采收指标为当时挂树果实可溶性固形物含量达到 6.5% 左右,具体再结合当地实际情况而定,食用时果实可溶性固形物一般达 18% 以上,使品质达到优至极优水平。该地区'红阳'猕猴桃采收期大致为 9 月初至 10 月上旬。

'Hongyang' Kiwifruit Adaptability and Standardized Cultivation Techniques in Ningbo

Feng Jianjun[1] Xie Ming[2] Zhang Wangshu[3] Zhang Huiqin[2] Dai Liangfang[4]
Li Hemeng[1] Du Xiaogang[1] Zeng Yuli[1] Feng Jiahao[1]

(1 Technology of Ninghai forest popularized terminal station, Ninghai 315600
2 Institute of Horticulture, Zhejiang Academy of Agricultural Sciences, Hangzhou 310021
3 Ningbo popularized center of forest science and technology, Ningbo 315000
4 Zhejiang province, Ninghai county red sun orchard, Ninghai 315600)

Abstract The 'Hongyang' cultivar has been transplanted from Sichuan Province into Ningbo area in recent years. In total, over 733 hectares were planted, including 380 hectares in Ninghai country and others in Fenghua, Xiangshan, Yinzhou, etc. According to the observation of several years in Ningbo, we clarified the phenophase of 'Hongyang', which sprouted in later February, leafing out in later March, bloomed in early May, ripened from early September to later October, demonstrating earlier phenophase in eastern plain than western mountain area. In addition, the fruit of 'Hongyang' shows yellowish-brown peel, 60~100 g mean weight, cylindrical, 17%~22% soluble solids content, green flesh color with radial red stripes in core, juice, sweet-sour, dense flavor, excellent quality. The growth vigor of 'Hongyang' in Ningbo plain was superior to that in mountain area, and it begun to fruit bearing in the third year, yielded 1000kg in the sixth year. Standard cultivation technology of 'Hongyang', including orchard construction, management of young, adult and bearing tree (fertilization, pruning, management of flowers and fruits, harvesting period, diseases and pests control), were provided in detail.

Key words 'Hongyang' Adaptation Cultivation Ningbo

猕猴桃根段扦插育苗试验

龚弘娟[1,2]　叶开玉[1]　蒋桥生[1]　李洁维[1]

(1 广西壮族自治区中国科学院广西植物研究所　广西　桂林　541006
2 广西大学农学院　广西　南宁　530004)

摘　要　【目的】探索适宜猕猴桃根插育苗的埋植方式及根段处理方式,将为利用移苗产生的根材料,繁育符合嫁接要求的砧木苗提供依据。【方法】以中华猕猴桃(*Actinidia chinensis* var. *chinensis*)'桂海4号'实生苗的根为试材,开展了不同埋根方式以及不同粗度与长度的根插育苗试验。【结果】一年生根插苗的基径显著大于种子苗,'竖露'是最适合根插育苗的埋植方式;根插苗的出苗率高,根段长度和粗度对出苗率影响不显著,但是存在显著交互作用,除1A和1B外其余处理的出苗率均在85%以上,根段粗度较小时(2 mm),根段越长出苗率越高;根段长度和粗度对根插苗基径有极显著影响,除1A、1B和2B外其余处理的根插苗基径均大于0.6 cm,根段长度相同时,根段粗度越大根插苗的基径越大,根段粗度为8 mm时,一年生根插苗的平均基径达0.77~0.95 cm。【结论】在猕猴桃砧木育苗中,根插育苗是一种优良的育苗方法,一年生根插苗的生长好于种子苗,但要注意选择合适的长度和粗度,粗度小于8 mm的根,根段修剪长度应大于6 cm,粗度8 mm的根,根段长度达到3 cm即可。

关键词　猕猴桃　根插　埋植方式　出苗率　基径

引言

实生育苗,是目前猕猴桃砧木苗繁育的主要方法,管理较好的情况下,当年播种的实生苗基径粗度一般可长至0.6 cm。然而,广西目前主栽的猕猴桃品种'红阳',生长旺盛,一般采集的接穗较粗,0.6 cm作为砧木粗度不够,很难满足'红阳'猕猴桃嫁接的需要,而且由于该品种适宜种植地区多有冬季低温和倒春寒现象,常造成春季嫁接苗萌芽后受冻,严重影响移栽成活率。另外,实生育苗一般需进行移栽,此时幼苗较为柔弱,移栽后管理较为麻烦,且易发生病虫害,投入成本较大。猕猴桃砧木苗或嫁接苗冬季起苗后,需剪掉过长的根,保留10 cm左右的长度,一方面便于苗木的运输,另一方面有利于移栽后形成愈伤组织促发新根。这就将产生大量的根繁殖材料,利用这些根进行根插育苗是对实生育苗的一种很好的补充。为了更好地利用移苗产生的根材料,繁育符合嫁接要求的砧木苗,提高嫁接苗的移栽成活率,开展了本试验。

关于猕猴桃根插法,目前国内外有一些报道,丁麟(2005)、融水县科委(2006)和章保正(1982)简述了猕猴桃根插繁殖技术;钱长发等(1981)开展了中华猕猴桃根插与硬枝扦插比较试验,结果表明根插成活率高于硬枝扦插;钱长发等(1982)通过试验调查了不同埋根方式(直插与平埋)与不同粗度(6 mm, 2~3 mm)和长度(5~6 cm, 10~12 cm)的根插成活率,并比较了

基金项目:广西科技攻关项目(桂科攻 10100006-4A,桂科攻 1132002I);广西青年基金项目(2012GXNSFBA053072);广西自然基金项目(2011GXNSFA018092)。

作者简介:龚弘娟,1980年生人,主要从事果树种植资源调查保护与果树栽培育种研究工作,E-mail: gongjian_3000@sohu.com

荫棚沙床根插与露地根插的差异,结果表明平埋比直插成活率高,6 mm 粗度根插成活率高于 2~3 mm,相同粗度根较长的成活率较高;朱杰荣(1987)开展了中华猕猴桃不同树龄(2 年、5 年、10 年)的根插试验,结果表明树龄小的根易生根,成活率高;高瑞华和吴泽南(1986)开展了软枣猕猴桃根插和硬枝扦插对比试验,结果表明根插成活率低于硬枝扦插;Lawes et al.(1980)以粗河沙为基质,进行了美味猕猴桃(*Actinidia chinensis* var. *deliciosa*)'艾伯特'不同取根时间,不同长度(5 cm,15 cm),不同粗度(0.5 cm,0.5~1.5 cm,1.5~2.5 cm)和不同扦插时间的根插繁殖试验,结果表明冬季收集的根萌芽率最高,15 cm 长的根单株萌芽数量较多,0.5~1.5 cm 粗的根萌芽率最高,以平放萌芽率最高,倒置不萌芽。除猕猴桃外,在刺槐(段庆伟,2012;庹祖权等,2003)、掌叶覆盆子(孙长清等,2005)、野山桐子(季永华等,2008)、香花槐(何彦峰等,2009)等其他植物上也有关于不同粗度和长度的根插繁殖试验。以往的这些研究一般仅测定根插的成苗率,很少关注生长动态,特别是成苗后的基径大小。本试验不仅注重出苗率指标,且观测了根插苗基径生长动态,并与实生苗进行了比较,通过比较不同埋植方式、不同根段粗度和长度对中华猕猴桃根插出苗率和幼苗生长的影响,筛选适宜的根段埋植方式和根段处理方法。

1 材料与方法

1.1 试验材料

选用根材料为种植在广西植物研究所苗圃的中华猕猴桃'桂海 4 号'一年生实生苗的根,主要利用起苗后剪掉的根及留在土壤中的根。剪掉后不能马上种植时,需先埋在湿润土壤中保存。

实验地设在广西植物研究所试验场,苗圃地需犁翻、起垄、耙平,垄宽 1.2 m 左右,垄间距 0.2 m,便于埋根、除草、施肥等田间管理操作。

1.2 试验方法

1.2.1 不同埋根方式的根繁殖试验

本试验选用 5 mm 粗的根,根段长度 9 cm。共设 4 种处理:①横埋,根段平放,埋土深度 5 cm;②竖埋,根段竖放,埋土深度 5 cm;③竖平,根段竖放,上端与土表齐平;④竖露,根段竖放,上端露出土表 1 cm(图 1,彩图 4)。

(a) 横埋　　　　　　(b) 竖露　　　　　　(c) 竖平

图 1　横埋、竖露和竖平示意图

1.2.2 不同粗度与长度的根繁殖试验

试验设 3 种粗度:2 mm(1),5 mm(2),8 mm(3);4 种长度:3 cm(A),6 cm(B),9 cm(C),12 cm(D)。试验共设 12 个处理,每个处理设 4 个重复,每个重复 10~12 条根,埋根方式为'竖平'。试验设置情况具体见表 1。

表 1 不同长度和粗度根插繁殖试验设置
Table 1 Test designs of root cutting seedling with different length and diameter

粗度 diameter \ 长度 length	3 cm	6 cm	9 cm	12 cm
2 mm	1A	1B	1C	1D
5 mm	2A	2B	2C	2D
8 mm	3A	3B	3C	3D

1.3 埋根

2011 年 1 月上中旬起苗,1 月 14 日进行根繁殖试验。将预先埋藏保存的根,按照上述设计要求剪好,注意避风和保湿,然后植于预先准备好的苗圃地上。横埋的根,用土铲挖一条 5 cm 深的浅沟,把根平放于沟内,根与根之间留 2~3 cm 的间隙,覆土。竖埋的根,用木棍先打孔,把根放入孔内(注意不能倒置),覆土,根据实验处理不同埋土深度不同,具体参见实验方案。埋植行距 15 cm,株距 10 cm。

1.4 田间管理

埋根后,表面盖稻草,淋透水,此后根据土壤干湿情况适当淋水。出苗后待苗长出 2~3 片叶时把稻草掀去,同时开始淋叶面肥,一般为 0.2% 的尿素,并适时淋施 0.2% 的复合肥,每隔一个星期淋一次。至 5 月中下旬苗大时,可以直接撒施尿素,然后淋水避免烧叶。待苗长至 50 cm 高时打顶。

1.5 试验观测

观察并记录开始出苗日期,出苗后每隔 4 天观察记录一次出苗数量,直至观察不到新增苗为止。5 月 18 日开始测量基径,同时测量大田种子苗的基径,每隔两个星期测量一次,至 11 月份苗木基本停止生长为止。

1.6 数据处理

数据整理计算及图表绘制使用 Excel 2003 软件进行,使用 Statistica 软件,对不同长度和粗度的根插苗的出苗率及基径,分别作双因素方差分析,并采用 Duncan 法做多重比较,不同埋根方式的根插试验,则做一元方差分析及 Duncan 多重比较。

2 结果与分析

2.1 不同埋根方式对根插苗的影响

2.1.1 不同埋根方式之间出苗率的差异

方差分析结果表明,不同处理的出苗率存在极显著差异($p = 0.0009$)。多重比较结果显示(图 2):①'竖平'的出苗率(97.93%)与'竖露'(90%)差异不显著;②'竖平'、'竖露'和'竖埋'的出苗率极显著高于'横埋'(53.33%)。种子苗在大田播种,未统计出苗率,根据以往的试验数据,中华猕猴桃一般在 30% 左右(胡正月,1981;王郁民等,1991),最后能够成活的数量则更少。

由图 2 可知,'竖平'出苗最早,4 月 12~20 日之间增幅最快,在此期间的出苗量占扦插总数的 66.67%;'竖露'开始出苗时间稍晚,4 月 8~20 日之间增幅最快,此期间出苗量占扦插总数的 76.67%;这两种处理从开始出苗到出苗结束历时 24 天。'竖埋'和'横埋'出苗比'竖平'晚了 8 天,从开始出苗到出苗结束历时 20 天,4 月 24~28 日之间增幅最大。而大田春季播种

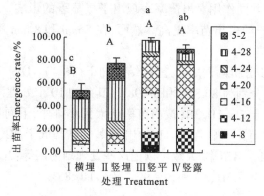

图 2 不同埋根方式根扦插的出苗率

Fig. 2 Emergence rate of root cuttings using different embedding method

的种子苗,当年 3 月 9 日播种,3 月 30 日开始出苗,出苗早于根繁殖苗。

图 2 中小写字母标示显著差异性($p<0.05$),大写字母标示极显著差异性($p<0.01$),其他图中标示方法同图 2。

2.1.2 不同埋根方式对根插苗基径生长的影响

由图 3 可知,根插苗在 6 月 30 日至 9 月 21 日之间其基径增长最快,种子苗在 8 月 8 日至 10 月 19 日之间基径增长较快;各个处理根插苗的基径均大于种子苗。方差分析结果显示,各个处理间苗木的基径不存在显著差异性($p=0.0891$),但多重比较结果显示,'竖露'的基径显著大于其他处理,其他处理两两之间差异不显著。

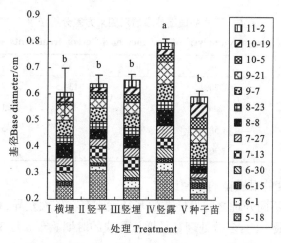

图 3 不同埋根方式的根插苗基径生长动态图

Fig.3 Growth dynamic graph of basal diameter of root cutting seedlings using different embedding methods

2.2 长度和粗度对根插苗的影响

2.2.1 不同长度和粗度的根插苗的出苗率比较

由图 4 可知,2 mm 粗度的处理比 5 mm 和 8 mm 的处理出苗晚,各个处理从开始出苗到出苗结束历时 20~24 天,5 mm 和 8 mm 的各个处理多以 4 月 8 日至 20 日之间出苗数量最多,2 mm 的处理,由于出苗晚,出苗高峰期推后 4 天。

双因素方差分析结果(表 2)表明,粗度或长度对出苗率的影响均不显著,二者之间表现出了极强的交互作用,二者共同作用对出苗率表现出了极显著的影响。例如:2 mm 的 4 个长度的处理,当根较细时,较长的根出苗率更高。然而,在 5 mm 和 8 mm 不同长度处理中,并未表现出规律性。

利用多重比较进一步分析两两之间差异,结果如下(图4):①1A 和 1B 之间差异不显著,这两个处理出苗率最低,分别为 80.35% 和 74.98%,其余的 10 个处理两两之间也无显著差异;②1A 的出苗率极显著低于 2C、1D、3B(按出苗率从大到小排序,下同),显著低于 1C、3A、2A、2B,与 2D、3D、3C 之间的差异不显著;③1B 的出苗率极显著低于 2C、1D、3B、1C、3A、2A、2B,显著低于 2D、3D、3C。根据出苗率,大致可以把这些处理划为四等:2C、1D 和 3B >95%,90%< 1C、3A、2A 和 2B<95%,85%<2D、3D 和 3C<90%,1A、1B<85%。

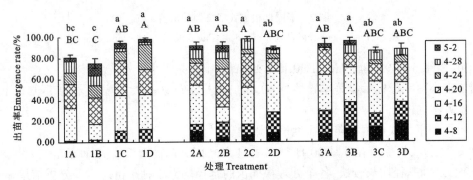

图 4　不同长度和粗度根段的出苗动态图

Fig.4　The emergence dynamic graph of different length and diameter root cuttings

表 2　不同处理出苗率的双因素方差分析结果

Table.2　The results of Two-way analysis of variance of different treatments seedling emergence rate

变异来源 Source of Variation	SS	df	MS	F	p
粗度 Diameter	269	2	134.5	2.843	0.071 4
长度 Length	244.8	3	81.6	1.724	0.179 3
粗度×长度 Diameter×Length	1 583.9	6	264	5.578	0.000 4
Error	1 703.6	36	47.3		

2.2.2　不同长度和粗度的根插苗的基径比较

由图 5 可以看出,不同处理之间根插苗的基径大小存在较大差异,和出苗率的表现相似的是 1A 和 1B 基径也是最小的;多数处理基径增长最快的时期始于 6 月 30 日,至 9 月 21 日后增长速度开始减缓。

双因素方差分析结果(表 3)表明,根段粗度对根插苗的基径有极显著的影响,基本表现为根段长度相同时,其粗度越大根插苗的基径越大或略小但差值不大;长度对基径大小也有显著的影响,但是未呈现出规律性;粗度对基径的影响大于长度,二者之间存在交互作用。

多重比较结果(图5)显示:①3A 的基径显著高于 3B、2D、3D、3C、1D,极显著高于 2A、1C、2C、2B、1B、1A;②3B、2D 的基径显著高于 2C、2B、1B,极显著高于 1A;③3D、3C、1D 的基径显著高于 2B、1B,极显著高于 1A;④其余两两之间无显著差异。按照基径大小不同,这些处理也可以分为几个组:3A 的基径最大,显著高于其他所有处理,达到了 0.946 cm;3B、2D、3D、3C、1D 为一组,0.75 cm<基径<0.80 cm;2A、1C、2C 为一组,0.60 cm< 基径 ≤ 0.70 cm;2B、1B、1A 为一

组,0.55 cm< 基径 ≤ 0.60 cm。

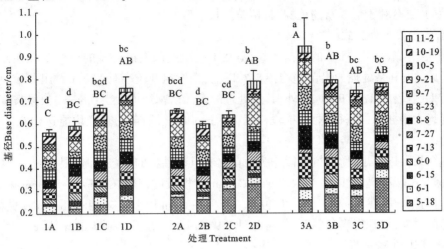

图5 不同长度和粗度根段的根插苗基径生长动态图

Fig.5 Basal diameter growth dynamic graph of different length and diameter root cutting seedlings

表3 不同处理根插苗基径的双因素方差分析结果

Table 3 The results of Two-way analysis of variance of different treatments root cutting seedlings basal diameter

变异来源 Source of Variation	SS	df	MS	F	p
粗度 Diameter	0.278	2	0.139	16.973	0.000 006
长度 Length	0.088	3	0.029	3.587	0.022 894
粗度*长度 Diameter * Length	0.170	6	0.028	3.451	0.008 524
Error	0.295	36	0.008		

3 讨论

3.1 适合的埋根方式

不同埋根方式的试验结果表明:'竖平'具有最高的出苗率,'竖露'次之,二者的出苗率之间差异不显著,均在90%以上,'竖露'的平均基径最大,达到了0.798 cm,显著高于其余三种方式,因此,'竖露'是最适合根插育苗的埋植方式;'横埋'不仅出苗率低于其他埋植方式,而且根插苗基径较小,是最不适合的埋植方式。然而,无论哪种埋植方式,出苗率和基径大小都高于种子苗。

'竖露'是最适合根插育苗的埋植方式,这和广西融水县科委(2006)所用的埋植方式相一致,但与 Lawes et al.(1980)对美味猕猴桃"艾伯特"的根插实验研究和钱长发等(1982)对中华猕猴桃根插试验的研究结果不同,他们的研究结果认为,平放是适合的埋植方式。这可能与他们同是用的沙床育苗有关,沙床水分易散失,特别是盖沙较薄时,此时,平放更容易保持较好的水分条件。

由以上结果可见,以根插方式繁殖猕猴桃苗木,根上端接触空气的程度,对其出苗率有较大影响,'竖平'的出苗率最高,'竖露'仅次于'竖平',原因可能与'竖平'更有利于保持根段的水分有关;而'竖露'由于根上端接触空气,因此诱导的新芽最强壮,根插苗基径最大。'竖埋'的方式好于'横埋',与植株生长的极性有关,'竖埋'并使其形态学上端向上,是符合植株生长极性的,更有利于形成新的植株,且植株生长势较好。

3.2 适合的根段处理方式

本研究结果表明:根插苗的出苗率高,虽然不同粗度的根插处理的出苗率存在差异,但是除1A和1B外,其余处理的出苗率均在85%以上,根段粗度较小时(2 mm),出苗较晚,且根段越长出苗率越高;除1A、1B和2B外,其余处理的根插苗基径均大于0.6 cm,根段长度相同时,根段粗度越大根插苗的基径越大,根段粗度为8 mm时,根插苗的基径均能达到0.8 cm左右,甚至更粗。

由此结果可以看出,猕猴桃根段作为育苗材料具有独特的优势,即使根很细也可以作为育苗材料,但是根段处理需注意:当根较细时(2 mm),根段的修剪长度应大于6 cm;粗度在2~8 mm之间的根长度在3 cm以上即可,但是以长度在6 cm以上为好;粗度8 mm及更粗的根是极好的育苗材料,管理得当,当年茎粗可达到0.9 cm以上,甚至达到1.0 cm,因此,为了避免浪费,修剪长度达到3 cm即可。

关于根段长度和粗度对根苗的影响,不同的植物之间有相同的趋势,如何彦峰等(2009)对香花槐的研究,孙长清等(2005)对掌叶覆盆子的研究,段庆伟(2012)对四倍体刺槐的研究,钱长发等对中华猕猴桃根插实验研究,结果均表现为根的粗度和长度较大的根段成活率较高且苗高较大。本试验结果符合一般趋势,其原因是根段越大其所含的营养物质越多,越有利于育成大苗。也有些研究得出了不同的结果,例如季永华等(2008)对野山桐子的研究表明,当根的粗度在0.5~3 cm时,生根率较高,粗度5 cm时生根率反而会下降,这可能与根的活力有关。对于乔木来说,较细的根分布在根的先端,具有更高的活力。庾祖权等(2003)对刺槐根插的研究表明,根的粗细对出芽率影响不明显,与段庆伟的研究结果不同,但是与本实验结果有类似之处。在本实验中,根的粗细对出苗率的影响较小,对苗大小的影响较大,因此在衡量不同插条处理的好坏时,仅以出苗率来衡量是不科学的,还要考虑成苗的大小。

4 结论

综上所述,根插苗与种子繁殖苗相比,出苗率明显提高,即使是仅2 mm粗3 cm长的小小根段,其出苗率也能达到80%;且一般处理的基径均大于种子苗;埋根方式以'竖露'为好。此外,根插苗播种方便,可省去移苗程序,中间管理工序少,茎干木质化早。因此,在猕猴桃砧木育苗中,利用移苗剩余的根材料进行根繁殖是一种高效省时的繁殖方式,具有提早茎干木质化的优点,可以满足少量苗木的夏秋嫁接,这对于在海拔较高地区的种植具有特别的意义,夏秋嫁接的苗木,当年冬季已成苗,可以保留多个芽,第二年春季移栽到高海拔地区,与移栽当年春季嫁接的芽苞苗相比,更有利于抵抗倒春寒,提高移栽成苗率。

参考文献

段庆伟.2012.不同粗度和长度的插条对四倍体刺槐根插繁殖的影响.现代农业科技(3):244.
高瑞华,吴泽南.1986.软枣猕猴桃硬枝及根插试验.辽宁果树(4):23-24.
Lawes G S, Sim B L.1980. Kiwifruit propagation from root cuttings. New Zealand Journal of Experimental Agriculture(8):273-275.
何彦峰,彭祚登,马履一.2009.香花槐根插育苗技术研究.河北林果研究,24(4):385-387.
胡正月.1981.中华猕猴桃种子育苗研究初报.江西农业科技(11):25,13.
季永华,祝志勇,梁珍海,等.2008.野生山桐子根插繁殖试验.江苏林业科技,35(2):13-15.
钱长发.1981.猕猴桃根插和硬枝扦插.植物杂志(2):22.

钱长发,李玲,顾振惠.1982.中华猕猴桃根插试验初报.农业现代化研究(2):19-22.
融水县科委.2006.猕猴桃的埋根繁殖.湖南林业(5):18.
孙长清,邵小明,祝天才,等.2005.掌叶覆盆子的根插繁殖.中国农业大学学报,10(2):11-14.
虞祖权,陈万章,岳金平,等.2003.刺槐优良无性系根插繁殖试验.江苏林业科技,30(5):7-9.
王郁民,李嘉瑞.1991.猕猴桃种子发芽研究.种子(2):8-12.
章保正.1982.中华猕猴桃埋根繁殖方法的研究.河南农林科技(5):30-31.
朱杰荣.1987.根插繁育中华猕猴桃砧木苗试验.湖北林业科技(1):19.

Experimental Study on Root Cutting Seedling of Kiwifruit

Gong Hongjuan[1,2]　Ye Kaiyu[1]　Jiang Qiaosheng[1]　Li Jiewei[1]

(1 Guangxi Institute of Botany, Gangxi Zhuangzu Autonomous Region and the Chinese Academy of Sciences　Guilin　541006
2 Agricultural College, Guangxi University　Nanning　530004)

Abstract 【Objective】To explore the optimal method of root treatment and embedding in the root cutting seedling of kiwifruit, provide the methods of utilization of root material after the transplant of seedlings and rootstock seedlings.【Method】The root of *Actinidia chinensis* 'Guihaia 4' seedlings were selected to test the influence of different embedding method, different length and diameter of root on root cutting seedling.【Result】Basal diameter of annual root cutting seedlings was significantly greater than that of natural propagation seedlings, and 'vertical and expose the topsoil' was the most suitable embedding method for root cutting. Root cutting seedling emergence rate was high and root length and diameter did not affect the seedling emergence rate significantly, and there was a significant interaction between them. In addition to treatment 1A and 1B, the seedling emergence rate of the rest of treatment was more than 85%, whereas the root diameter was small (2 mm). Root length and diameter have affected basal diameter of root cutting seedlings significantly, and the longer root cutting have the higher emergence rate. In addition to treatment 1A, 1B and 2B, the basal diameter of the rest of treatment was more than 0.6 cm; and if the root length was the same, the bigger diameter root cuttings produce the bigger basal diameter. In addition, the average basal diameter of root cutting seedlings can reach 0.77~0.95 cm when the root diameter was 8 mm.【Conclusion】Root cuttings was confirmed to an excellent breeding method, and annual root cutting seedlings growth is better than natural propagation seedlings. However, we should pay more attention to cut the roots into suitable length according to the root coarse: the length should be greater than 6 cm when the root diameter less than 8 mm; it only need to cut into 3 cm when the root diameter greater than or equal to 8 mm.

Key words　Kiwifruit　Root cutting　Embedding method　Emergence rate　Basal diameter

猕猴桃嫁接试验

罗建彪　周骥宁

(贵州吉恒奇异果农业生态发展有限公司　贵州贵阳　550018)

摘　要　猕猴桃用种子繁殖变异大,难以保持品种的优良特性。目前多用嫁接、扦插、压条、组培等方法繁殖苗木,尤以嫁接法较为普遍。猕猴桃不同嫁接方法和时期给嫁接和苗木质量带来很大影响。本实验旨在找出在猕猴桃不同嫁接方法和生长周期中不同时期的嫁接效果,以提高苗木质量,延长嫁接时期和加速苗木繁殖速度。

关键词　猕猴桃　嫁接方法　相应措施　加速繁殖

1　材料与方法

1.1　供试材料

本实验于2008~2009年在贵州吉恒奇异果农业生态发展有限公司苗圃进行。砧木为本公司苗圃一、二年生实生砧和栽植三年的野生砧。接穗为'海沃德'、'秦美'、'贵州13-27'。

1.2　嫁接方法

劈接:接穗单芽,长度5厘米以上,顶部剪口用塑料薄膜包扎保湿,下部削成两面相同的楔形,削面要求光滑平直,长度3厘米左右。砧木在离地面5~10厘米处剪断,从中心部位竖切一刀,深度与接穗削面相等或稍深。然后将接穗直插入砧木切口内,如果砧穗粗度不相等时,必须使一侧的形成层相对齐。接穗的削面不要全部插入砧木切口内,露出2~3毫米,形成愈伤组织,加速接口愈合。最后用塑料薄膜带将接口缠严扎牢。

切接:接穗单芽,长度按习惯沿用4厘米左右,顶部剪口处理同劈接。在芽下于芽的对面(或侧面)直削一刀,深度为稍带一些木质部,长度2厘米左右,下端在削面的对面45度斜削一刀。砧木离地面5~10厘米处剪断,在一侧稍带木质部直切一刀,长度与接穗削面相等,并切去2/3,然后砧穗切面相靠,接穗底端斜面插入砧木切口,最后用塑料薄膜带包严扎牢。

芽接:方法与其他果树的"T"字形芽接相同。猕猴桃因芽大而突起,芽垫厚,内空大,取芽困难,芽茎内空洞与砧木切口形成层不易吻合,影响成活。本试验采用带木质芽接。

芽片腹接:与其他树种接法相同。

上述4种接法,都要注意接后管理,及时除萌、解绑。在生长季选用当年生枝条时,注意选用半木质化和木质化的枝条。

2　结果与分析

2.1　成活率

在操作人员技术熟练条件下,采用各种方法嫁接猕猴桃成活率都比较高;在生长季节用上述4种方法嫁接,成活率几乎达百分之百(表1)。在其他季节选用相应的嫁接方法,成活率也很高。

表1 不同嫁接方法成活率比较

接穗品种	嫁接方法	嫁接时间(月、日)	嫁接数/株	成活数/株	成活率/%
'海沃德'	劈接	7.12	26	26	100
	切接	7.12	31	31	100
	芽片腹接	7.12	18	18	100
	芽接	7.12	20	20	100
'贵州13-27'	劈接	8.12	39	39	100
	切接	8.12	25	25	100
	芽片腹接	8.12	10	9	90

2.2 劈接与切接

猕猴桃在早春嫁接大多在伤流前用切接法。生产中发现因枝条髓部大,砧木接头容易失水,出现枯头,砧穗愈合不良,结构不牢,新梢旺长时易被风吹裂接口,造成死亡。而且接口当年一般不会全部愈合,大部分到2~3年才能全部愈合。

实践证明,劈接法较之切接法,在猕猴桃苗木繁殖与高接换种中都具有更大的优越性。由于砧穗双面接触,产生大量愈伤组织,接口愈合快,结构牢,即使2~3年生大砧当年接口都能愈合。因此,不易被风吹裂,成苗率高。

春季劈接、切接成活后,均生长旺盛。'海沃德'一、二年生砧室内嫁接后栽植,至6月底,新梢生长量分别达到34厘米和96.5厘米。三年生坐地砧嫁接当年总生长量可达400厘米以上。从总的情况看,劈接的长势稍优于切接。

2.3 不同的季节选用不同的嫁接方法

猕猴桃除春季利用前一年贮藏枝条,进行劈接、切接、芽片腹接外,由于芽具有早熟性,用当年生半木质化、木质化枝条,6~8月进行嫁接,接后剪贴,当年亦可长成优良苗木。这三个月中,上述4种嫁接方法均可应用。尤以劈接、切接法接后10多天即萌芽生长,而且长势旺盛。芽片腹接接后立即剪贴,也可萌发生长,但要晚10天左右。如果用芽接法,接后7~10天再剪贴,萌芽将延迟15~20天。

9~12月不宜再用劈接和切接。因8月后至停止生长前用这两种方法嫁接,仍可萌芽抽梢,但生长不充实,经不起冬季冷冻。所以9~12月最后选用芽片腹接,第二年春剪贴,一年可长成优良苗木。实验证明这几个月内芽片腹接的成活率有明显差别(表2)。

表2 9~12月牙片腹接成活率

嫁接时间(月.日)	嫁接数/株	成活数/株	成活率/%
9.25	100	80	80
10.30	100	63	63
11.28	100	79	79
12.30	100	72	72

2.4 伤流期嫁接

贵阳地区一般年份猕猴桃于3月上中旬开始出现伤流,特殊年份也有二月中旬出现伤流的,依春季气温回升早晚而变化。大量伤流持续一个多月,但6~8月旺长期剪贴嫁接也有树液渗出。过去多数文献资料都要求在伤流前完成嫁接,由于这段时间短,天气冷,给生产带来一定困难。1988年进行的伤流期劈接试验结果表明：成活率高,生长旺盛。3月12~15日对栽植三年的野生砧,就地劈接,共接326株,成活269株,成活率达82.5%。至8月底检查,接口多数愈合,最大生长量达769厘米,少数植株还开花结果。

2.5 接穗顶部接口的处理

猕猴桃的枝蔓因髓部中空,木质部导管明显,接穗顶部剪口在干旱或高温季节,极易散失水分,形成枯头,使接穗萌芽慢生长缓,严重时会使整个接穗因失水而死亡(表3)。因此,春、夏季进行枝接时,接穗顶部剪口,要用塑料薄膜包扎或涂油漆保护,以减少水分散失,提高成活率。

表3 接穗顶部剪口处理对成活及生长的影响

接穗品种	处理	砧木年龄	嫁接时间（月.日）	处理数/株	萌芽日期（月.日）	成活率/%	4~6月生长量/厘米
'海沃德'	包扎	2	2.13	50	3.16	92	130
'海沃德'	不包扎	2	2.12	50	3.26	76	84

3 讨论

（1）猕猴桃是一个宜于采用嫁接繁殖的树种,嫁接成活率高,生长快。由于芽具有早熟性,无论采用头年贮藏的枝条或当年新梢,在贵阳地区7月底以前嫁接,当年均可长成合格的商品苗。

（2）在贵阳地区,猕猴桃对嫁接的时期要求亦不很严格。除冷冻天气外,一年四季均可嫁接。

（3）劈接法在7月底前进行,不但成活率高,萌芽快,生长旺,而且接口愈合快,结构牢,成苗率高,当年形成优良苗木。比切接具有更多的优点。

（4）芽接操作容易,方法简便。"T"字形带木质芽接,在砧木离皮季节可以使用。如嫁接时间较早,可接后立即剪贴,促进萌芽,当年亦可成苗。芽片腹接一年四季均可进行,但应用于9月份以后嫁接,次年剪贴为宜。

（5）伤流期嫁接,除砧木因伤流损失部分养分外,对成活率和萌芽生长无明显不良影响。如生产需要伤流期亦可以嫁接。

（6）在一定限度内砧木越大,嫁接苗生长越旺盛。在生产中可先栽砧木,就地嫁接,能达到生长旺、抗性强、结果早。

（7）枝接时,接穗顶部剪口进行保护,可以提高成活率和促进苗齐苗壮。

Experiment of *Actinidia* Grafting

Luo Jianbiao　Zhou Jining

(Guizhou Ji Heng Actinidia Eco-Agriculture Development Ltd. Co.　Guiyang　550018)

Abstract　It is difficult to maintain the characteristics of the cultivars in seedlings of the *Actinidia* plants, and then grafting, cattage, layering, or tissue culture are used for propagation. Different grating method and time greatly affects the grafting results and stocks. The purpose of this study confirmed grafting method and annual growing period for raising the stock quality, extending the grafting period, and accelerating the stock seedling.

Key words　Kiwifruit　Grafting method　Corresponding measure　Accelerating seedling

中华猕猴桃育苗研究

罗建彪　周骥宁

(贵州吉恒奇异果农业生态发展有限公司　贵州贵阳　550018)

摘　要　中华猕猴桃为原产我国的藤本果树,扦插较难生根,野生苗种植容易发生变异,采取无性繁殖是保持品种优良特性的最好方法。猕猴桃生产上通常用实生苗作砧木,选择优良单株作接穗进行嫁接育苗来满足人工栽培的需求。贵州全省大部分地区适宜生长,具有很大的生产潜力,经过多年的育苗实践,已摸索出繁殖猕猴桃苗木的实用方法。

关键词　中华猕猴桃　扦插　嫁接　苗木繁殖

1　材料与方法

1.1　砧木育苗

猕猴桃种子很小,外壳硬,含油量高,属深休眠类型。经过一定处理的猕猴桃种子,成苗率很高,通过嫁接,可以大批量地繁殖苗木。未经处理的种子,萌芽率和出苗率很低,甚至不萌发。具体育苗过程如下。

1.1.1　种子沙藏处理

具体做法,猕猴桃果实成熟后,将果肉一起挤出搓开,清水冲洗,捞去果渣,滤出种子,漂洗干净,待晾干后,装入布袋或纸袋内,贮藏于通风干燥处。播种前一两个月将种子和5~10倍清洁湿润细沙(以手捏成团、放之即散为准)混合,装入瓦罐或木箱内,上面盖塑料薄膜保湿,放在阴凉干燥处,每隔10天左右检查一次,确保湿润和通风,打破种子的休眠。种子处理与不处理发芽率有很大的差别,见表1。

表1　猕猴桃种子发芽率比较

处理方式	沙藏处理			不处理	
	30~70天	80天	90天	普通干燥	清水浸种24小时
发芽率/%	66.7~72.3	52.0	46.2	0.05~0.14	13.20

从表1可以看出,猕猴桃种子必须通过处理,才能提高发芽率,沙藏超过80天后,发芽率下降,因而沙藏的适宜天数是30~70天(1~2个月)。

本公司播种的种子来源于两处:一份是从江口罐头厂购进加工猕猴桃果酱滤出之种子2斤(该厂已经进行沙藏,连沙拉回),回公司后继续贮藏24天才播种。另一部分为我公司留果实约300斤,将果实放至播前洗出(果实已烂)直接播种。

1.1.2　播种

播种时间:春季为宜,但根据气温、湿度和地理条件不同,可分早春播种和晚春播种。早春播种是在气温高、湿度大,土壤不结冻的地区;在条件好有温室的地方2月上旬即可播种;高寒或偏北地区、早春气温低或有倒春寒、土极干燥、应适当推迟播种,一般在3月上至4月上旬都可播种,本公司播种时在三月中旬。

苗床准备:播种前苗床要整地开厢、土壤消毒,用800倍的硫酸铜液消毒、施足底肥,床土要疏松细碎,放足底肥,浇透水。厢底宽80~100 cm,床高10~20 cm,厢面宽60~80 cm,这样便于沟灌,防止苗床板结。

播种:苗床准备好后,于3月中下旬播种。播前浇足水、待水渗透下后才播种。沙藏种子连沙一起均匀地撒入厢面;洗果获得的种子,用细土混合撒播。播后盖细土2~3 mm,播完后,用草帘盖上,保持苗床湿润。沙藏种子播后24天出苗,藏果种子30天出苗。

1.1.3 苗床管理

浇水:每周用喷壶淋水一次(直接淋在草帘上),出苗后可延长喷水时间,出真叶后,可进行沟灌。沟灌时,水流速度要慢,以免小苗被淤泥埋盖。雨季要注意排水,保持根系的正常发育。

遮阴:出苗后,即将草帘掀起,搭架变为荫棚,以免幼苗生长纤细,严重影响苗木质量。随着苗木的生长,荫棚要增高1~2次,采用倾斜式荫棚(东高西低或北高南低)。猕猴桃幼苗遮阴率不能太高,以棚下见花花太阳为宜。一个月左右就要揭棚炼苗。具体做法要做到三揭三盖,即夜晚揭、白天盖(下午6点后到第二天早上8点以前)、阴天揭、晴天盖;小雨揭、大雨盖;保证幼苗生长正常,叶多、质厚、浓绿、粗壮。两个月以后、完全可以拆掉荫棚。

施肥:猕猴桃出苗以后,前期生长缓慢,约15天左右长出第一片真叶,60天左右,长出第5片真叶。此后,苗木进入旺盛生长期,每周可施一次肥0.2%~0.3%的尿素水溶液,根外施肥、效果很好。

除草:要经常注意除草,保持苗床清洁无杂草,以免和幼苗争夺养分,保证幼苗健康生长。

1.1.4 移栽

幼苗长到4~5片真叶时,要及时组织劳力移栽。及时移栽,减少苗床内幼苗拥挤,同时是幼苗加速生长和加粗生长的好办法,这样当年就可以育出优质砧木(高度1 m以上,苗木粗度可以达到0.8~1 cm以上,第二年春天就可以进行嫁接),给快繁育苗,育好苗、育壮苗提供了有利条件。

移栽前,把厢面开好,施足底肥,我们主要是施猪粪为主;厢宽1 m,按株距15 cm、行距20 cm移栽,栽后灌透水,然后遮阴,成活率高、苗生长较好,叶色浓绿。移栽后不遮阴,成苗率低,死苗多,同时苗生长弱,叶片薄而叶色浅黄(表2)。

表2 移栽时遮阴与不遮阴比较

方式	移栽时间	株数	成活数	死苗数	成活率/%
遮阳	6.22	287	264	23	92.0
不遮阳	6.22	198	94	104	47.4

移栽时用蕨叶插在厢的四周遮阳,可以起到遮阳、透风、保证幼苗成活好的作用。

猕猴桃是需肥量较多的果树,苗床必须施足底肥,否则生长不良。从今年实践证明,菜园土作苗床也必须施足底肥,不然苗木进入旺盛生长期时,表现叶黄等严重缺肥症状,这时要及时地用尿素根外追肥来补救。移栽苗也同样要施足底肥,不施肥的片区,生长量要相差一半。例如,植株矮小瘦弱、叶片薄而色黄,立即用清猪粪水结合抗旱追施2~3次,苗子就转入正常生长,这说明肥料是育好壮苗的关键,验证了"庄稼一枝花,全靠肥当家"的道理。

从今年两类种子的播种情况来看,沙藏种子30天左右出苗,而且苗齐,贮藏果种子出苗要晚3~4天,但出苗不整齐,因而仍以洗种沙藏为好。

1.2 春季嫁接

猕猴桃过去认为是较难嫁接的果树,因芽大而突起、芽垫厚、内空大、取芽困难、芽基内空洞与砧木切口形成层不易吻合。枝接因枝条髓较大、且空心,接穗顶部剪口处易失水出现枯头,影响接芽萌发。我们多采用单芽贴接,此法易成活,但春季萌发后接口愈合不良,遇风易从接口处折断,借鉴多方经验,今春苗圃全采用单芽枝劈接,效果良好。

春季嫁接:今春由于物候期提前,时间很紧,砧木大小不一(有一年生砧、二年生砧和个别多年生砧)采取了常规的办法。具体嫁接时间:2月11~27日、3月5~11日。

嫁接方法是:将砧木挖来后,从根颈上5~10 cm内光滑处剪去上部,根据直径的大小选取相应的接穗,削成楔形、削面长度1.5~2 cm、平滑,削面太短了不易成活或成活后愈合不良生长不旺。然后在砧木断面中央纵劈切口,其深度与削面相对应,将接穗插入砧木接口,接穗露白2~3 mm,使形成层对应密接,如接穗砧木不是同样大小时起码一侧应对齐。然后用塑料薄膜带从砧木劈缝下部包起,直至将砧木断面、接穗露白部分全部包严。同时将接穗顶部也用薄膜带包扎,因猕猴桃枝条髓部中空,木质部导管大,易散失水分,形成枯头,影响接芽萌发,即使成活,发芽也比包扎的晚10天左右。

移栽:因是接后栽植,栽时除了灌水外,应特别注意不要碰到接穗,以防接穗移位,影响成活。

栽后管理:除灌水保墒保证砧木成活外,还应注意以下管理。

(1) 及时除萌:随着时间的推移,气温上升,接芽开始萌动,这时砧芽同时萌动,其长势往往超过接穗,故需不断地抹除砧芽(3~5天抹一次),是保证苗木旺盛生长的重要手段。

(2) 解绑:嫁接苗萌发后一个月即开始旺长,苗子迅速加长、加粗生长,如有条件可立支柱,同时将绑缚的薄膜纵切一刀,使之随着苗木加粗生长逐渐松开,再过一个月检查如薄膜带未完全松脱时,将其全部解除(这叫二次解绑)。不然苗木生长迅速造成绞溢,影响苗木生长,严重的会从此处断裂。如一次解绑易遇风摇动,已经愈合的伤口松开,造成接穗死亡,所以解绑不能一次松开,二次解绑成活率更高。

1.3 夏季芽接

猕猴桃因芽垫隆起,取芽片困难或接上后有空隙,成活率不高,今年从6月下旬开始,采用带木质芽接法,即在削接芽时带一部分木质,插入"T"字形切口,用薄膜绑缚即可,绑时同其他果树一样,以露芽为好,6~8月芽接7~10天即可剪砧,一周左右接芽萌发,如果操作人员技术熟练,接穗木质化程度较好,可以100%成活,如果肥水条件好,当年即可成苗(苗高100 cm左右)。8月以后接的则不能剪砧,要待明春剪砧萌发。一般进入9月份以后则砧木剥皮困难,可采用贴芽法嫁接(单芽复接)、成活率也较高。

2 结果与分析

(1) 春季移栽砧木时,先接后栽,如果技术、管理适当,不影响成活和生长,比先栽后接砧木,过一段后再嫁接省时省工。这次春季枝接3 146株,最高成活率93%,总平均成活率71%,7月底苗高50 cm以下的占20%,50~99 cm的占24%,10 cm以上的占66%,最高达182 cm。其中两棵结果4个。

(2) 砧木太小对成苗的影响(表3):今春嫁接的主要有一年生砧和二年生砧木两种,其嫁接后长势差别很大,大砧生长旺、成苗快,小砧长势弱、成苗慢。

表3 不同嫁接时间和砧木年龄对成苗影响

嫁接时间	砧木年龄	嫁接品种	测试株数/株	萌芽期	新梢生长量/cm		
					四月	五月	六月
2.23	1	'海沃德'	10	3.30	7	18	34
3.5	2	'海沃德'	10	3.26	24.5	40.6	96.5

(3) 接穗顶部剪口包扎的比不包扎的成活率高,苗木长势好(表4)。

表4 接穗顶部剪口包扎不同对成苗影响

品种	包扎否	砧木年龄	嫁接时间	嫁接数量/株	萌芽期	成活率/%	生长量/cm		
							四月	五月	六月
'海沃德'	包扎	2	2.13	50	3.16	92	18	67	130
'海沃德'	不包扎	2	2.12	50	3.26	76	8.5	35	84

3 总结

贵州省"十二五"期间全省计划发展猕猴桃面积40万亩,本研究采用的育苗方法成功应用于我公司2012年苗木生产,支撑贵州省猕猴桃产业发展。据统计,我公司2012年生产苗木一年生砧木13万株,嫁接苗10 700株,其中枝接苗3 146株,芽接苗7 560株;很好的证明了本研究涉及方法的可行性。

Study on Seedling Cultivation of *Actinidia chinensis*

Luo Jianbiao　Zhou Jining

(Guizhou Ji Heng Actinidia Eco-Agriculture Development Ltd. Co.　Guiyang　550018)

Abstract　*Actinidia chinensis* is a vine fruit, native to China. The cutting propagation is difficult to rooting, and wild seedlings are of heteromorphosis easily. However, vegetative propagation is an effective strategy to maintain the superior characters of cultivars. In kiwifruit industry, *Actinidia* seedlings were used as stock and superior plant as scion, to satisfy the needs of planting. Guizhou province is fit for kiwifruit planting and shows great potentialities in kiwifruit development. After having practiced for years, we have summarized the practical technique of seedling propagation.

Key words　*Actinidia chinensis*　Cuttage　Grafting　Stock seedling

不同采收期对猕猴桃果实品质的影响

姚春潮 刘占德 龙周侠 安成立
(西北农林科技大学园艺学院 陕西杨凌 712100)

摘 要 以'徐香'猕猴桃为试材,研究了盛花期后97,104,111,118,125,132,139和146 d(Ⅰ、Ⅱ、Ⅲ、Ⅳ、Ⅴ、Ⅵ、Ⅶ、Ⅷ)不同采收期的'徐香'猕猴桃果实在常温(20～22 ℃)下的后熟品质,探讨'徐香'猕猴桃最适采收期。试验研究结果表明:早期采收(Ⅰ、Ⅱ、Ⅲ、Ⅳ)时,果个小、果实可溶性固形物和干物质含量较低,可滴定酸含量偏高,糖酸比偏低,后熟软化过程中的失重率、腐烂率也较高。晚期采收(Ⅶ、Ⅷ)的果实个大,可溶性固形物、干物质、总糖、糖酸比高,但果实后熟软化期明显缩短,失重率和腐烂率增加。盛花后125～132 d(Ⅴ、Ⅵ期)采收的果实,果实可溶性固形物达6.67%以上,维生素C含量、糖酸比、果实硬度较高,失重率、腐烂率低,表明其为'徐香'猕猴桃的适宜采收期。

关键词 猕猴桃 采收期 品质

猕猴桃(*Actinidia chinensis* Planch.)为猕猴桃科(Actinidiaceae)猕猴桃属(*Actinidia* Lindl.)植物,是20世纪初以来驯化栽培的水果,至今仅有100余年的历史。自1904年新西兰从中国引种猕猴桃以来,猕猴桃栽培面积不断扩大[1]。'徐香'作为我国猕猴桃主栽品种之一,由于其风味更适宜于东方人的口味,近年来得到广大消费者的青睐。猕猴桃果实成熟期间外观性状的变化无法直观反映其果实的成熟度,人们不易通过果实表现特征变化来准确判断适宜的采果时期[2]。现对不同采收期的'徐香'猕猴桃果实品质进行了研究,确定其适宜采收期,以期为猕猴桃科学合理采收提供理论依据。

1 材料与方法

1.1 试验材料
供试'徐香'猕猴桃采自西北农林科技大学猕猴桃试验站8年生猕猴桃树。

1.2 试验方法
试验设8个采收期(Ⅰ、Ⅱ、Ⅲ、Ⅳ、Ⅴ、Ⅵ、Ⅶ、Ⅷ),时间从盛花期后97 d开始,以后每隔7 d,即第104,111,118,125,132,139和146天采果1次,每次在果园内随机选定多株正常结果植株,于树冠中部随机采摘无伤、残、次、病虫害的果实100个。果实采后用聚乙烯保鲜袋包装,并于当日运至实验室,于室温下贮放至自然后熟软化。

1.3 项目测定
每个处理每次随机取10个果实进行单果重、果实硬度、可溶性固形物及干物质含量测定,其余果实分三部分在室温下贮放至后熟软化,当果实软熟达可食状态时(硬度约0.5～1.0 kg/cm²)[3],分别测定相应品质指标。单果重采用称重法;硬度用GY-4型水果硬度计测定(量程0.2～10 kg/cm²);可溶性固形物含量(SSC)用手持阿贝折光仪测定;干物质含量测定采用烘干法;维生素C含量用2,6-二氯酚靛酚滴定法测定[4],以mg/kg表示;酸碱滴定法测定总酸含量,用苹果酸的百分含量表示;失重率用称重法测定[5]。

1.4 数据分析
试验数据采用SPSS 19.0软件进行方差分析,差异显著性分析采用Duncan新复极差法。

2 结果与分析

2.1 采收期对猕猴桃单果重、可溶性固形物、干物质含量的影响

由表1可以看出,在试验期内'徐香'猕猴桃果实单果重、可溶性固形物和干物质含量总体随采收期的延迟逐渐升高。Ⅰ、Ⅱ、Ⅲ、Ⅳ期采收较早的果实可溶性固形物含量较低(<6.5%),在贮藏过程后增加的幅度较大,但含量值低于晚采收的果实;而采收期较晚(Ⅶ、Ⅷ)的果实可溶性固形物含量较高,达8.00%和9.63%,在后熟过程中增加的幅度较小,含量值高于早采果。8个不同采收期果实之间的干物质含量存在较大差异,早期采收果实的干物质含量较低,晚期采收果实的干物质含量较高,但随后熟软化进程均存在普遍下降的趋势,其中Ⅰ、Ⅱ、Ⅲ、Ⅳ期采收的果实干物质含量下降最快,Ⅴ、Ⅵ、Ⅶ、Ⅷ期采收的果实干物质下降较慢,之间存在显著差异。

表1 不同采收期对猕猴桃单果重、可溶性固形物、干物质含量的影响

采收时期	单果重/g	可溶性固形物/%			干物质/%		
		采收时	软熟时	增加率	采收时	软熟时	降低率
Ⅰ	66.54e	5.43d	15.86e	192.08b	18.62d	17.86e	4.082a
Ⅱ	69.23d	5.60d	17.34d	209.64ab	19.68c	18.89d	4.014a
Ⅲ	70.47d	5.70d	17.94cd	214.74a	20.01c	19.22cd	3.948a
Ⅳ	72.31cd	6.05d	18.52c	206.12ab	20.17bc	19.62c	2.727b
Ⅴ	73.46c	6.67c	19.22b	203.63ab	20.62b	20.20b	2.037cd
Ⅵ	76.92b	7.08c	19.94a	198.95b	21.83a	21.42a	1.878d
Ⅶ	76.92b	8.00b	20.06a	150.75c	22.03a	21.55a	2.179cd
Ⅷ	80.38a	9.63a	20.56a	113.50d	22.16a	21.67a	2.211c

注:同列不同小写字母间表示差异显著($P=0.5$),表2同。

2.2 采收期对猕猴桃果实硬度、可滴定酸和维生素C含量的影响

由表2可知,随采收期的延迟,'徐香'猕猴桃果实硬度逐渐下降,果实硬度由采收Ⅰ期的16.11 kg/cm² 下降到Ⅷ期的11.68 kg/cm²,且差异较为明显;'徐香'猕猴桃果实中维生素C的含量随采收时间的推移表现出先升高后下降的趋势,Ⅴ期采收的果实维生素C含量最高,达1 122.1 mg/kg,但与Ⅲ、Ⅳ、Ⅵ期采收的果实维生素C含量差异不显著;果实可滴定酸含量随采收时间的推迟逐渐降低,Ⅰ期采收的果实的可滴定酸含量(1.31%)显著高于Ⅲ期及以后采收的果实。

表2 不同采收期对猕猴桃果实品质的影响

采收时期	硬度/kg·cm⁻²	维生素C含量/(mg/kg)	可滴定酸/%	总糖/%	糖酸比
Ⅰ	16.11a	1 081.3c	1.31a	9.52e	7.27d
Ⅱ	15.59ab	1 096.7b	1.28ab	9.99d	7.80d
Ⅲ	15.49ab	1 120.9a	1.26b	10.64c	8.44c
Ⅳ	15.14b	1 121.4a	1.24b	10.92c	8.81c
Ⅴ	14.81b	1 122.1a	1.17c	11.36b	9.71b
Ⅵ	13.07c	1 118.5a	1.15c	11.79a	10.25b
Ⅶ	12.50c	1 096.1b	1.10d	12.05a	10.95a
Ⅷ	11.68d	1 017.8d	1.04e	11.98a	11.52a

2.3 采收期对果实总糖含量、糖酸比的影响

由表2可知,'徐香'猕猴桃果实总糖含量随采收期的推后基本呈上升趋势,到Ⅶ期采收时果实总糖含量达最高(12.05%),且明显地高于Ⅴ期以前采收的果实,与Ⅵ、Ⅷ期采收果实的总糖含量无明显差异;糖酸比变化趋势与总糖变化趋势一致,随果实采收期的推迟而增高,且Ⅶ、Ⅷ期采收的果实糖酸比明显高于其他采收期的果实。采收过早会使果实风味变差,质量下降。

2.4 采收期对果实失重率和腐烂率的影响

不同采收期'徐香'猕猴桃果实在常温后熟软化过程中,果实的失重率和腐烂率呈现先下降后上升的趋势。早采收的'徐香'猕猴桃果实的失重率、腐烂率较大,随采收期的延长,失重率、腐烂率下降到一定程度后逐步上升。从失重率来看,Ⅵ期采收的果实失重率最小,为0.91%,其次为Ⅶ、Ⅷ和Ⅴ期,差异不显著;从腐烂率来分析,果实可溶性固形物6.05%~8.00%采收,果实后熟软化过程中的腐烂率小,且与其他时期存在差异;过早(Ⅰ、Ⅱ期)采收的果实后熟软化过程中的腐烂率明显高于其他时期。说明猕猴桃果实采收过早或过晚都将增大其在后熟期间的失重率和腐烂率(图1)。

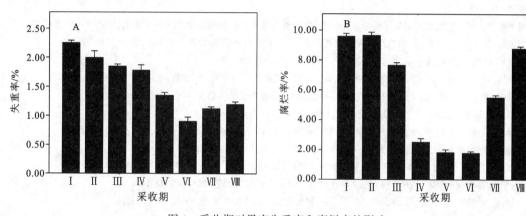

图1 采收期对果实失重率和腐烂率的影响

3 讨论与结论

适期采收是保证果实优质的前提之一,成熟度过高,果实已经成熟,硬度明显下降,在贮藏期间呼吸和乙烯跃变峰出现早,耐贮性差;而成熟度差,则果实未成熟,没有达到固有的体积、重量和质量,因而品质较差[6]。猕猴桃果实成熟期间外观性状颜色的变化不如苹果等果实变化明显[7],无法直观反映其果实的成熟度,人们难以从果实外观特征变化来准确判断适宜的采果时期。适时采收是延长猕猴桃贮藏期的关键,目前多以可溶性固形物含量作为猕猴桃果实采收的指标。新西兰对猕猴桃"海沃德"品种果实以可溶性固形物含量6.2%作为最低采收指标,美国、日本、意大利则以6.5%为最低采收指标,目前我国对所有猕猴桃品种一般以6.5%为最低采收指标[8]。此外,猕猴桃的采收期的迟早与品种特性有关外,还受栽培管理措施、气候等因素的影响。同一品种在不同地区、不同果园成熟期有差异,即使在同一地区、同一果园在不同年份间也存在差异[9-12]。因此,猕猴桃采收适期的确定比较困难。该试验通过对'徐香'猕猴桃的分期采收研究后发现,随着采收期的延迟,猕猴桃果实的成熟度在增加,果实硬度、可滴定酸含量逐渐降低,单果重、可溶性固形物含量、干物质含量、总糖及糖酸比逐渐增加,

果实维生素 C 含量随着采收期的延迟表现先升后降的趋势。后熟过程中的失重率和腐烂率则相反,随着采收期的延迟表现先升后降再升的趋势。Ⅰ、Ⅱ、Ⅲ、Ⅳ期采收的果实硬度较高,但果重轻、果实可溶性固形物和干物质含量较低,可滴定酸含量偏高,糖酸比偏低,果实后熟后品质较差,后熟软化过程中的失重率、腐烂率较高;Ⅶ、Ⅷ期采收的果实可溶性固形物达 8.0% 以上,果个大,干物质、总糖、糖酸比高,后熟后果实食用品种好,但采时硬度、可滴定酸含量明显降低,室温条件下果实贮藏性缩短,失重率和腐烂率增加;盛花后 125~132 d(Ⅴ、Ⅵ期)采收的果实,维生素 C 含量、糖酸、硬度比较高,果实耐贮性较强,失重率、腐烂率相对较低,表明此期为'徐香'猕猴桃在陕西关中的适宜采收期。

综上所述,在陕西关中'徐香'猕猴桃适宜采收期为 9 月中旬到 10 月上旬(采收期Ⅴ和Ⅵ),采收指标为可溶性固形物含量达 6.67%~8.00%,干物质含量 20.0% 以上,有利于保持果实较好的品质、耐贮性以及商品价值。

参 考 文 献

[1] 黄宏文.猕猴桃驯化改良 100 年的启示及天然居群遗传渐渗的基因发掘//黄宏文.猕猴桃研究进展Ⅴ.北京:科学出版社,2010:3-18.
[2] 马书尚,韩冬芳,刘旭峰.1-甲基环丙烯对猕猴桃乙烯产生和贮藏品质的影响.植物生理学通讯,2003,39(6):567-570.
[3] 刘旭峰,樊秀芳,张清明,等.采收期对猕猴桃果实品质及其耐贮性的影响.西北农业学报,2002,11(1):72-74.
[4] 高俊凤.植物生理学实验技术.西安:世界图书出版社公司,2000:162-163.
[5] 吴彬彬,饶景萍,李百云,等.采收期对猕猴桃果实品质及其耐贮性的影响.西北植物学报,2008,28(4):788-792.
[6] 饶景萍,郭卫东,彭丽桃,等.猕猴桃后熟软化影响因素的研究.西北植物学报,1999,19(2):303-309.
[7] 冉辛拓.苹果果实适期采收的标准.河北果树,1998(3):40-41.
[8] 汤佳乐,黄春辉,冷建华,等.不同采收期对金魁猕猴桃果实品质的影响.中国南方果树,2012,41(3):110-113.
[9] 尉俊超,李娜,李光华,等.红阳猕猴桃的引种表现及栽培技术.落叶果树,2008(1):33-35.
[10] 张乃华,万崇东,何才智,等.红阳猕猴桃的引种表现及栽培技术要点.中国南方果树,2008,37(1):62-63.
[11] 金方伦,黎明,韩成敏,等.五个猕猴桃新品种的引进筛选研究.北方园艺,2011(4):12-16.
[12] 刘旭峰,姚春潮,樊秀芳,等.猕猴桃品种引进试验.西北农林科技大学学报,2005(4):35-38.

Effect of Harvest Time on Fruit Quality of Kiwifruit

Yao Chunchao　　Liu Zhande　　Long Zhouxia　　An Chengli

(College of Horticulture, Northwest A&F University　Yangling　712100)

Abstract　Taking 'Xuxiang' kiwifruits (*Actinidia chinensis*) as test materials, the changes in quality of 'Xuxiang' kiwifruits (*Actinidia chinensis*) were investigated. 'Xuxiang' kiwifruits were harvested at 97, 104, 111, 118, 125, 132, 139 and 146 d after full bloom (DAFB, Ⅰ~Ⅷ), and stored at ambient temperatures 20~22 ℃. The results showed that The fruits of harvest Ⅰ, Ⅱ, Ⅲ and Ⅳ had high level in fruit titratable acid content and low level in fruit soluble solid content, dry matter content and sugar-acid ratio and small fruits size, as well as they had high weight loss ratio and rotted ratio during ripening and softening of postharvest. The fruits of harvest Ⅶ, Ⅷ had high level in fruit soluble solid content, dry matter content, sugar and sugar-acid ratio and big fruits size, but had short storage period and higher weight loss ratio and rotted ratio. The soluble solid content of harvest Ⅴ, Ⅵ were beyond 6.67%, and the fruit firmness, vitamin C content and sugar-acid ratio kept high level in kiwifruit, and they had low weight loss ratio and rotted ratio. The results indicated that the harvest Ⅴ and Ⅵ stages were suitable for harvesting of 'Xuxiang' kiwifruits.

Key words　*Actinidia chinensis*　Harvest time　Quality

'红阳'猕猴桃果实生长发育及主要营养物质动态变化研究

叶开玉　蒋桥生　龚弘娟　莫权辉　李洁维*

(广西壮族自治区中国科学院　广西植物研究所　广西桂林　541006)

摘　要　对'红阳'猕猴桃授粉后1~20个星期果实生长发育过程中的果实大小、单果质量、部分品质指标进行动态测定。结果表明:红阳猕猴桃果实纵径、横径和侧径的增长曲线呈单S型,整个生长发育期只有一次增长高峰;而单果重的增长曲线呈双S型,有两次增长高峰出现。总酸在授粉后12个星期达到生长发育期的极大值(1.2%),后呈线性下降;维生素C含量随着果实的生长逐渐增加,在授粉后14个星期时达到最大值后开始下降;果实中的糖分含量在生长发育过程中一直呈递增趋势,并随着果实成熟逐渐增加。

关键词　红阳猕猴桃　果实　发育规律　营养物质

红阳猕猴桃是四川省自然资源研究所从红肉猕猴桃(*Actinidia chinensis* var.*lrufopulpa*)资源中选出的果肉为红色的猕猴桃新品种[1]。因其稀有的果肉颜色和口感品质,栽培面积迅速扩大,并不断引种到全国各地。广西从2006年开始引进[2],并不断扩大,到目前为止红阳猕猴桃已经成为广西猕猴桃的主栽品种。近年来,一方面随着猕猴桃市场价值的不断上升,一些农户或企业为了追求利益最大化,不顾果实的自然发育规律而盲目的早采,已经给猕猴桃生产和市场带来严重影响;另一方面,引种到广西的红阳猕猴桃,无论是物候期还是果实品质都与原产地有很大的差异,这也对确定合理的采收期造成一定的困难。因此在桂北地区开展红阳猕猴桃果实生长发育及主要营养物质动态变化研究,对了解果实发育,合理指导生产和确定适宜的采收期有重要的指导意义。

1　材料与方法

1.1　试验材料

试验在广西植物研究所猕猴桃品种试验园进行,该园地处桂林雁山,海拔170 m左右,属亚热带季风气候区。年平均气温19.8 ℃,最冷月平均气温8 ℃左右,最热月平均气温28.5 ℃左右,年平均积温5 955.3 ℃。冬季有霜冻,偶有降雪,全年无霜期309天。年平均降雨量1 865.7 mm,主要集中在4~8月,秋、冬季则雨量少,干湿交替明显,年平均相对湿度78%。土壤为砂叶岩发育而成的酸性红壤,pH为5.0~6.0。试验地有灌溉条件,管理水平中等。试验树为5~6年生中华砧木,株行距3 m×3 m,雌雄比例为8∶1,棚架栽培。

1.2　试验方法

2011年4~9月和2012年的4~9月,连续两年观测红阳猕猴桃果实生长期的果实生长动

基金项目:广西科技攻关项目(桂科攻10100006-4A,桂科攻11320021);广西自然科学基金(2011GXNSFA018092);广西科技合作与交流计划项目(桂科合1298014-11);桂林市科技合作与交流项目(20120113-19);国家现代农业产业技术体系广西创新团队建设专项资金。
作者简介:叶开玉,1981生人,男,河南信阳人,硕士,助理研究员,从事果树生理与遗传育种研究,E-mail:yekaiyu36@163.com
＊通讯作者:李洁维,研究员,从事果树引种驯化与良种选育研究,E-mail:lijw@gxib.cn

态和营养积累规律。方法为试验树花蕾形成后,选取长势和雌花盛期基本一致(70%雌花以上盛开)的10株树进行果实观测。在谢花后幼果形成期,在每株树的东、西、南、北、中5个方位各选1个发育基本一致的果实挂牌记录,用游标卡尺定期测量果实的纵、横、侧径,并计算果形指数(纵径与横径的比值),每周测量1次。同时采摘不同方位的果实15个,用分析天平称鲜果重,并用于测定果实发育期的营养成分。

谢花后4周开始测定营养成分的变化,每2周测定一次,每次测定重复3次,分别测定果实的还原糖、蔗糖、总酸、维生素C的含量。糖分采用菲林氏容量法测定;总酸用NaOH溶液滴定法;维生素C用碘滴定法;总糖(%) = 还原糖(%) + 蔗糖(%);糖酸比 = 总糖(%)/总酸(%)。

1.3 数据处理

为避免因不同年份物候期引起的时间差异,所有测定时间均用谢花后周数表示,且所有观测资料均为2011年和2012年两年的平均数据。借助Excel软件进行数据整理,并作图分析。

2 结果与分析

2.1 红阳猕猴桃果实生长动态

红阳猕猴桃在桂林地区,2月初开始树体活动,2月下旬萌芽,4月上旬开花,4月中旬坐果,8月下旬到9月上旬果实成熟,从谢花到果实成熟约需135天左右,果实发育持续19~20星期(w)。从授粉坐果后开始,果实纵、横、侧径和果实质量同时生长。从表1可知,红阳猕猴桃在授粉后的1~4 w内果实纵径迅速增长,5~9 w生长趋势有所降低,9 w之后进入缓慢生长期;横径、侧径增长规律与纵径基本相同,5 w之后增长趋势大于纵径,整个果子生长是先增长后增粗,这从果形指数的先高后低的变化可以看出。果实重量从坐果开始猛然增加,但由于前4 w果实重量基数较小,虽然周增长率较大,但果实实际重量增加有限,5~9 w的4 w时间内果实重量从10.63 g增加到41.96 g,果实大小达到正常果的60%~70%,以后进入缓慢生长期(表1)。

表1 红阳猕猴桃果实生长发育过程中指标变化
Table 1 Change in growth index of 'Hongyang' kiwifruits during the period of growth and development

花后时间/w	纵径/cm	纵径每周增长率/%	横径/cm	横径每周增长率/%	侧径/cm	侧径每周增长率/%	果实重量/g	重量每周增长率/%	果形指数
1	1.98		1.47		1.41		2.28		1.35
2	2.28	15.11	1.68	14.23	1.59	12.99	2.93	28.43	1.36
3	2.72	19.22	1.98	17.81	1.88	17.74	4.22	44.09	1.37
4	3.58	31.81	2.54	28.40	2.43	29.50	6.52	54.83	1.41
5	3.92	9.55	2.92	15.08	2.82	16.29	10.63	63.09	1.34
6	4.37	11.44	3.37	15.11	3.14	11.37	16.73	57.61	1.30
7	4.51	3.20	3.50	3.94	3.28	4.35	25.96	55.17	1.29
8	4.68	3.90	3.66	4.80	3.39	3.23	35.30	35.89	1.28
9	4.75	1.35	3.70	1.10	3.43	1.24	41.96	19.21	1.28
10	4.78	0.67	3.74	0.85	3.47	1.11	43.12	2.78	1.28

续表

花后时间/w	纵径/cm	纵径每周增长率/%	横径/cm	横径每周增长率/%	侧径/cm	侧径每周增长率/%	果实重量/g	重量每周长率/%	果形指数
11	4.84	1.31	3.74	0.22	3.48	0.31	44.02	2.07	1.29
12	4.89	0.95	3.79	1.15	3.51	1.00	46.23	5.04	1.29
13	4.93	0.86	3.81	0.64	3.56	1.33	51.38	11.13	1.29
14	4.99	1.32	3.86	1.41	3.59	0.79	53.93	5.02	1.29
15	5.03	0.63	3.90	0.98	3.63	1.16	54.97	1.91	1.29
16	5.07	0.83	3.94	1.02	3.68	1.33	57.29	4.22	1.29
17	5.08	0.21	4.04	2.58	3.77	2.44	58.23	1.66	1.26
18	5.12	0.72	4.09	1.23	3.79	0.65	60.67	4.19	1.25
19	5.19	1.50	4.14	1.24	3.85	1.50	62.35	2.77	1.25
20	5.24	0.87	4.15	0.28	3.87	0.42	63.41	1.71	1.26

2.1.1 果实纵径、横径、侧径生长动态

由图1可知,红阳猕猴桃授粉坐果后果实迅速生长,其中1~4 w,纵径生长的速度明显高于横径和侧径;5~8 w纵径生长逐渐减缓,横径和侧径生长加速;9~20 w,纵径、横径、侧径生长均趋于平缓。纵径生长经历"快速生长期-较快生长期-缓慢生长期"三个过程,整个过程呈单"S"型;横径与侧径生长比较相似,都呈现出"慢-快-慢"的规律,整个生长过程与纵径相似呈单"S"型,整体基数低于纵径,决定了红阳猕猴桃的形状呈长圆柱形。

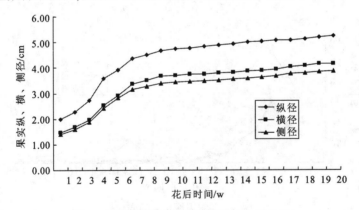

图1 红阳猕猴桃果实横、纵、侧径生长曲线

Fig.1 Changes of vertical diameter, horizontal diameter and side diameter in the growth of Hongyang kiwifruit

2.1.2 果实重量动态变化

红阳猕猴桃果实体积增大的同时伴随着重量的增加,由图2可知,红阳猕猴桃果实重量的增加出现"慢-快-慢-快-慢"的生长规律,呈双"S"型。红阳猕猴桃果实坐果后果实迅速增重,1~4 w由于基数小,实际增大不明显,5~9 w随着果实的迅速膨大,果子重量也急剧增加,达到果子重量的60%,10 w之后进入缓慢增重期,16 w后基本达到果实固有大小,形态发育基本完成。

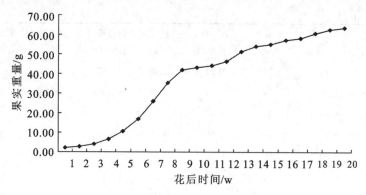

图2 红阳猕猴桃单果重动态变化

Fig.2 Dynamic change of single fruit weight of 'Hongyang' kiwifruit

2.1.3 果实周增长率的变化

坐果后,红阳猕猴桃体积和重量迅速增加。纵径增长率在坐果后的2~4 w以15.11%,19.22%,31.81%的周增长率不断增大,5~9 w增长速率逐渐降低,10 w以后增长十分缓慢。横径、侧径的周增长率与纵径基本一致,1~4 w快速增长,但增长率低于纵径,5~9 w生长减缓,但高于同期纵径的生长速率,10 w以后与纵径增长规律基本一致。红阳猕猴桃果实重量随着体积的增大不断增加,1~9 w基本上保持在20%以上的增长速率,其中1~5 w增长最快,并在第5 w时达到63.09%的周增长率,随后增长速率逐渐下降,在授粉10 w以后果实增长趋于平缓,进入缓慢生长期(图3)。

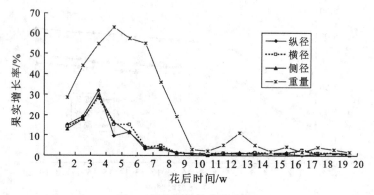

图3 果实周增长率的变化

Fig.3 Growth rate of 'Hongyang' kiwifruit in every week

2.1.4 果形指数

红阳猕猴桃纵径与横径的增长速率决定了果形指数的变化趋势。由图4可知,红阳猕猴桃果实生长的1~4 w,横径生长速度快于横径,果形指数相对较高达到了1.41;5~8 w随着横径生长速度的加快,纵径生长相对较慢,果形指数逐渐降低;9~16 w之后纵径和横径增长速度基本一致,果形指数维持在1.28~1.29;17 w后果实进入采前膨大期,横径增大,果形指数降低,成熟时为1.25。红阳猕猴桃整个生长过程中果形指数都在1.25~1.41,保持了果形为长圆柱形的基本形态。

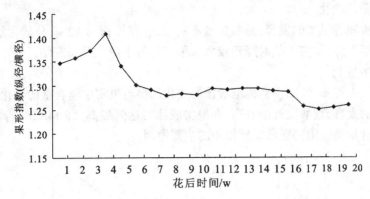

图 4 果形指数动态变化

Fig.4 Fruit shape index curve

2.2 红阳猕猴桃果实主要营养积累规律

红阳猕猴桃的各种主要营养成分随着果实的发育,均呈现出一定的变化规律,见表 2。

表 2 营养成分的动态变化

Table 2 Dynamic change of fruit nutrition characters

花后时间/w	质量指标					
	Vc/(mg/100 g)	还原糖/%	蔗糖/%	总糖/%	总酸/%	糖/酸
4	69.52	2.32	0.12	2.44	0.55	4.44
6	69.41	2.36	1.02	3.38	0.74	4.57
8	73.23	2.8	1.29	4.09	0.83	4.93
10	75.75	2.78	1.61	4.39	0.94	4.67
12	85	3.78	2.21	5.99	1.2	4.99
14	110.26	3.4	2.55	5.95	1	5.95
16	116	4.64	1.56	6.2	0.97	6.39
18	108.34	6.57	1.83	8.4	0.92	9.13
20	82.48	6.96	3.15	10.11	0.82	12.33
成熟果	89.5	7.19	3.67	10.86	0.74	14.68

2.2.1 Vc 含量的变化

Vc 含量的高低是评价猕猴桃果实品质的主要指标之一。红阳猕猴桃坐果初期 Vc 含量处于较低水平,授粉后 7~8 w Vc 含量迅速上升,授粉后 12 w 即可达到接近成熟时果实 Vc 含量,即 85 mg/100 g 左右。授粉后 16 w,果实 Vc 积累达到最高的 116 mg/100 g,随后又逐渐降低至成熟前的 82.48 mg/100 g,后熟过程中果实 Vc 含量有小幅度的提升。

2.2.2 糖含量的变化

果实中糖含量的高低是影响猕猴桃口感好坏的主要因素。从表 2 可知,红阳猕猴桃果实发育中,还原糖的含量也在不断增加,从最初的 2.32% 上升到成熟时 7.19%;蔗糖含量初期较低,随着果实的生长不断积累,在授粉后 14 w 达到 2.55%,随后有一个月左右的降低期,在果实成熟前突然升高,并在果实成熟时达到最高。总糖含量的变化规律与还原糖基本一致,也是随着果实生长,总糖含量逐渐增加。

2.2.3 总酸含量的变化

红阳猕猴桃随着果实的发育,总酸含量不断增加,在授粉后12 w,总酸含量达到1.2%,之后总酸含量逐渐下降,果实成熟时降到较低水平。这与丁捷[3]等研究结果基本一致。

2.2.4 糖酸比的变化

由表2和图5可知,红阳猕猴桃糖酸比的变化趋势与果实中糖含量的变化规律基本一致,也是随着果实的发育,糖酸比逐渐升高,在果实成熟时达到最高,即14.68,较高的糖含量和相对较低的总酸含量是红阳猕猴桃口感很甜的主要原因。

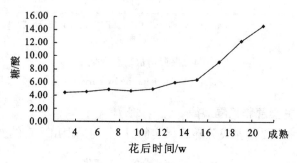

图5 糖/酸的动态变化

Fig.5 Dynamic change of sugar/acid in 'Hongyang' kiwifruit

3 结论

(1)红阳猕猴桃在桂林地区,2月初开始树液流动,2月下旬萌芽,4月上旬开花,4月中旬坐果,8月下旬到9月上旬果实成熟,从谢花到果实成熟约需135天左右,果实发育持续19~20 w。

(2)红阳猕猴桃纵径、横径与侧径生长比较相似,整个生长过程呈单"S"型;果形指数1.25~1.41,保持了果形长圆柱形的基本形态。

(3)红阳猕猴桃果实重量的增加出现"慢-快-慢-快-慢"的生长规律,呈双"S"型。

(4)总酸在授粉后12 w达到生长发育期的极大值1.2%,后呈线性下降,成熟时总酸含量较低;Vc含量随着果实的生长逐渐增加,在授粉后14 w时达到最大值后开始下降;果实中的糖分含量在生长发育过程中一直呈递增趋势,并随着果实成熟逐渐增加。糖酸比的变化趋势与果实中糖含量的变化规律基本一致,也是随着果实的发育,糖酸比逐渐升高,在果实成熟时达到最高。

参考文献

[1] 王明忠.红阳猕猴桃质量体系研究:病虫害及其防治.生物资源,2005,21(5):443-446
[2] 李洁维,莫权辉,蒋桥生,等.猕猴桃品种红阳在广西桂北的引种试验.中国果树,2009(4):35-37
[3] 丁捷,刘书香,宋会会,等.红阳猕猴桃果实生长发育规律.食品科学,2010,31(20):473-476

Fruit Development and Daynamic Change of Nutrients in 'Hongyang' Kiwifruit

Ye Kaiyu Jiang Qiaosheng GongHongjuan Mo Quanhui Li Jiewei

(Guangxi Institute of Botany, Guangxi Zhuangzu Autonomous Region and the Chinese Academy of Sciences Guilin 541006)

Abstract The dynamic changes in size and weight of fruits, and the contents of total acid, sugar, Vc in fruits of 'Hongyang' kiwifruit during the growth period of 1~20 weeks after pollination were determined. Our results showed that the growth curve of vertical diameter, horizontal diameter, side diameter of fruit was single sigmoid which shows one growth peak vale, whereas the fresh weight of fruit were double sigmoid and shows two growth peak vales. The content of total acid growed up to the maximal value of 1.2% on the 12th week, then exhibited a linear decline; the content of Vc exhibited a gradual increase trend during fruit maturation, reached up to the highest level on the 14th week after pollination, then started to drop down; the content of sugar exhibited an increase trend till the maturation of fruits, and a rapid increase trend at the late stage of fruit maturation was observed.

Key words 'Hongyang' Fruit development Nutrients

三种猕猴桃实生苗对淹水胁迫的生理响应

张慧琴 张 琛 肖金平 杨鲁琼 谢 鸣*

(浙江省农业科学院园艺研究所 浙江杭州 310021)

摘 要 以中华猕猴桃品种'红阳'、毛花猕猴桃品种'华特'和美味猕猴桃品种'布鲁诺'一年生实生苗为试材,在人工控水模拟淹水胁迫条件下,测定了猕猴桃实生苗膜脂过氧化产物、叶片细胞膜透性、SOD和POD保护酶活性、根系活力、叶片组织相对含水量、脯氨酸含量、可溶性糖含量、可溶性蛋白含量等生理指标。结果表明:在淹水胁迫下,三种猕猴桃实生苗的根系活力随着胁迫时间的延长都呈下降趋势,'华特'实生苗的根系活力在整个淹水处理过程中高于其他两种实生苗,但'布鲁诺'实生苗根系活力的下降幅度最小;叶片组织相对含水量也呈下降趋势,叶片细胞膜透性、MDA含量、脯氨酸含量、可溶性糖含量、可溶性蛋白含量上升呈递增趋势,在第5天时,'布鲁诺'实生苗相关指标的增长幅度最小;SOD和POD活性均呈先升后降的趋势,其中'布鲁诺'实生苗的两种保护酶活性一直维持较高水平。各指标隶属函数分析结果表明,'布鲁诺'实生苗的抗涝性最强。

关键词 猕猴桃 实生苗 淹水胁迫 生理响应

猕猴桃根系分布较浅,对水分敏感,既喜水又怕水[1],是不耐涝的果树树种之一。在不少猕猴桃产区,年降水量集中,时常造成涝害;此外,猕猴桃在栽培过程中,不合理的灌溉都会造成猕猴桃根际水淹胁迫,进而严重危害其生长发育和产量。涝害是水分胁迫的重要表现方式,对植物形态、生理和代谢等都会产生显著影响[2-3]。潘澜等[4]认为,植物在淹水处理下植物通常表现出叶片变黄萎蔫、叶绿素降解、根系活力下降。植物在逆境条件下,细胞内活性氧产生与清除之间的平衡遭到破坏,膜脂过氧化作用增强,从而导致了细胞质膜透性增大对细胞膜造成伤害,使得细胞体内活性氧和自由基含量升高,膜质过氧化产物增加[5-6]。而超氧化物歧化酶(SOD)和过氧化物酶(POD)是植物体内清除活性氧等重要的保护酶[7],它们能够抑制丙二醛(MDA)的积累[8],维持细胞的稳定和完整,提高植物对逆境的适应性。因此,涝害已成为制约许多猕猴桃产区品质提高和规模限制的重要因素之一。业已证明,砧木对接穗品种抗逆性的提高有很大作用[9-10]。因此,筛选合适砧木应为解决猕猴桃涝害最经济最有效的途径。本研究以三种猕猴桃一年生实生幼苗为试材,通过模拟淹水的方法,测定不同猕猴桃实生幼苗相关生理指标的变化,据此评价不同猕猴桃品种幼苗的耐涝性,以期为猕猴桃抗涝砧木育种和在生产上选择合适砧木提供理论依据。

1 材料与方法

1.1 材料及其处理

试验在浙江省农业科学院园艺研究所温室进行。供试猕猴桃材料为'红阳'(中华猕猴桃)、'华特'(毛花猕猴桃)和'布鲁诺'(美味猕猴桃)三个品种的一年生实生苗。

基金项目:浙江省果品农业新品种选育重大科技专项(2012C12904-9);浙江省果品产业创新团队项目(2009R50033);浙江省农业厅'三农五方'项目(2010R05A60C01)

作者简介:张慧琴,女,副研究员,在读博士,从事浆果种栽培研究,E-mail:zhanghuiqin75@aliyun.com

*通讯作者:谢鸣,男,研究员,从事果树育种栽培与果实品质研究 E-mail:xieming1957@aliyun.com

每个品种选植株健康、生长较一致的实生苗各20株,将其放入装满水的盆钵中,进行淹水实验,各品种植株淹水深度一致,且超过盆土面5~7厘米。随机取淹水处理0、1、2、3、4、5天的植株中部枝条中部成熟叶片和根尖作为试样,进行细胞质膜透性和根系活力的测定,其余样品存储于-70 ℃冰箱,用于其他生理指标的测定。

1.2 指标及其方法

1.2.1 涝害指数的测定

每天观察叶片受害程度。参照郭洪[11]的方法,将植株叶片受害程度分为5级:0级,无受害症状;1级,全树有1/3叶片受害;2级,2/3叶片受害;3级,全部叶片受害或1/3叶片干枯脱落;4级,2/3叶片干枯脱落;5级,全部叶片干枯脱落、植株死亡。

$$涝害指数(\%) = [\sum(各级株数 \times 该级数值)/(最高级值 \times 总株数)] \times 100$$

1.2.2 根系活力的测定

参照高俊凤[12]的方法,称取0.5 g根系,加入0.4% TTC(2,3,5-氯化三苯基四氮唑)和0.1 mmol·L^{-1}PBS(pH 7.8)各2.5 ml,在37 ℃水浴中保温1 h,加2 mol·L^{-1}H$_2$SO$_4$ 2 ml终止反应后,取出根,加乙酸乙酯研磨、过滤,并用乙酸乙酯定容至10 ml,混匀后测定485 nm处的吸光值。

1.2.3 细胞膜相对透性的测定

用电导法测定[13],取0.5 g植株的叶用去离子水冲洗2次后,剪成1 cm长的小段,放入内有10 ml去离子水的试管中,用封口膜封口,室温下暗处置于30 ℃水浴中保温2 h,然后用DDS-307型电导率仪测定溶液的电导率,此电导率用R_1表示,然后于100 ℃水浴中煮20 min,冷却至室温后测定电导率,用R_2表示,用下列公式计算相对电导率,表示质膜相对透性。细胞膜相对透性 = $R_1/R_2 \times 100\%$。

1.2.4 叶片组织相对含水量的测定

使用烘箱干燥法测定:取叶片剪成适当大小迅速称取鲜重。将材料浸入蒸馏水并置于4度冰箱中数小时至恒重。将材料从水中取出,用吸水纸迅速吸去材料表面水分,称取饱和鲜重。将上述材料放入一信封内,放入烘箱中,在105 ℃环境下杀青30 min,然后将温度调到80度烘至恒重。称取材料干重。

$$自然含水量 = (鲜重-干重)/鲜重 \times 100\%$$

1.2.5 MDA含量的测定

测定提取液参考李合生等[14]的方法:称取0.5 g根加入50 mmol·L^{-1}磷酸缓冲液(pH 7.8),在冰浴上研磨成匀浆后定容至8 ml,12 000 r·min^{-1}(4 ℃)离心20 min,取上清液用于测定。按照赵世杰等[15]方法测定,取测定液1.5 ml于带塞试管中,加0.5% TBA溶液2.5 ml,混合后于沸水上反应20 min,冷却离心,上清液分别于532 nm,600 nm及450 nm下测定OD值。

$$MDA(\mu mol \cdot g^{-1}) = 6.45 \times (OD532 - OD600) - 0.56 \times OD450$$

1.2.6 超氧化物歧化酶(SOD)、过氧化物酶(POD)活性测定

称取0.5 g叶加入50 mmol·L^{-1}磷酸缓冲液(pH 7.8),在冰浴上研磨成匀浆后定容至8 ml,12 000 r·min^{-1}(4 ℃)离心20 min,取上清液用于酶活性测定。SOD活性测定按照李合生[14]方法,以抑制氮蓝四唑(NBT)光还原50%为一个酶活性单位(U),酶活性以U·g^{-1}FW表示;POD活性参照曾韶西等[16]方法,以OD470每分钟增加1为一个酶活性单位(U),酶活性以U/(g·min)表示。

1.2.7 脯氨酸含量的测定

取叶片0.5 g,用3%磺基水杨酸5 ml研磨提取,匀浆移至离心管中,加人造沸石适量,在沸水浴中提取10 min,冷却后,3 000 r·min^{-1}离心10 min,取其上清液待测。制作标准曲线:100 μg·ml^{-1}

Pro(10 mg Pro 溶于 100 ml 80% 乙醇中)配制成 0,1,2,3,4,5,6,7,8,9,10 μg·ml^{-1} 的标准溶液。取标准溶液 2 ml,加 2 ml 3% 磺基水杨酸,2 ml 冰醋酸和 4 ml 2.5% 酸性茚三酮试剂(2.5 g 茚三酮于 60 ml 冰醋酸和 40 ml 6 mol·L^{-1} 85% 磷酸中,加热(70 ℃)溶解。试剂 24 h 内稳定)于具塞试管中,置沸水浴中显色 1 h,冷却后加入 4 ml 甲苯盖好盖子于涡旋混合仪上振 0.5 min,静置分层,吸取红色甲苯层,于波长 520 nm 测定 OD 值。取 2 ml 上清液,加入 2 ml 蒸馏水,2 ml 冰醋酸和 4 ml 2.5% 酸性茚三酮试剂,与上述制作标准曲线一样进行显色,萃取和比色,按照照张志良等人提供的方法进行[17]计算 Pro 含量。

1.2.8 可溶性糖含量的测定

蒽酮硫酸比色法[18]。采用蒽酮比色法,将叶片洗净擦干,去除边缘及中脉,称取约 0.3 g,剪碎放入大试管中,加入 10 ml 蒸馏水,保鲜膜封口,沸水提取 30 min。提取液定容入 25 ml 容量瓶中,残渣加入蒸馏水再提取一次,提取液与残渣全部转移入容量瓶中,蒸馏水定容至 25 ml。吸取提取液 0.5 ml 于大试管中,依次加入蒸馏水 1.5 ml,蒽酮乙酸乙酯 0.5 ml,浓硫酸 5 ml,充分振荡,立即沸水浴中保温 1 min,其后自然冷却至室温。以不加提取液的空白作对比,在 630 nm 下测光密度值。结果计算:

$$可溶性糖含量(\%) = (从回归方程中求得的糖含量 \times V_t/V_s/FW/10^6) \times 100\%$$

其中:V_t 为提取液体积,ml;V_s 为测定时加样量;FW 为叶片鲜重。

1.2.9 可溶性蛋白含量的测定

考马斯亮蓝 G250 法[19]。采用考马斯亮蓝比色法,标准曲线的制作:用标准蛋白液稀释后分别配成浓度分别为 0,20,40,60,80 和 100 mg/ml 的溶液,各加入考马斯亮蓝(G-250)5 ml,测定 OD$_{595}$,重复三次,取其平均值,以浓度为横坐标,光密度值为纵坐标做标准曲线。在试管中加入酶液 1 ml,考马斯亮蓝 5 ml,重复三次,反应 2 分钟后测定 OD$_{595}$。根据所测样品提取液的光密度值,在标准曲线上查得相应的蛋白质含量,按下列公式计算样品中的蛋白质含量:

$$蛋白质含量(mg/g) = 查得的蛋白质含量 \times V_t/V_s/FW/1000$$

其中:V_t 为提取液总量,ml;V_s 为测试时所用提取液量,ml;FW 为测定材料鲜重,g。

1.2.10 耐涝性评价方法

猕猴桃耐涝性评价方法采用模糊数学中的隶属函数值法,以淹水处理下的几个有代表性的生理指标的隶属值进行综合评价。通过比较 3 个品种猕猴桃幼苗的隶属函数平均值的大小,来对其抗涝性进行排列强弱顺序。

参照模糊数学中隶属函数的求法进行综合评价[20,21,22,23]。公式为,对于抗性相关指标,若某一指标与抗性成正相关时,用下列公式求出作物各品种各指标的具体隶属值:$X_u = (X - X_{min})/(X_{max} - X_{min})$,式中 X 为作物某品种的某一指标测定值,X_{max} 为所试品种中某一指标测定值的最大值,X_{min} 则为所试品种中某一指标测定值的最小值。若某一指标与抗性成负相关,可用反隶属函数计算其抗性隶属值:$X_u = 1-(X-X_{min})/(X_{max}-X_{min})$

1.3 数据统计与分析

采用 Excel 和 SPSS 13.0 进行数据统计与分析,以 $P=0.05$ 作为检验水平。

2 结果与分析

2.1 淹水处理对不同猕猴桃品种幼苗涝害指数的影响

调查结果显示,在淹水的第一天,三种猕猴桃幼苗植株都生长良好,未见明显变化;'红阳'实生苗第 2 天少量叶片开始萎蔫,'华特'和'布鲁诺'实生苗却未见此现象;随着淹水时间的延长,'红阳'实生苗叶片开始发黄,叶边缘开始皱缩,到第3天时,大部分叶片开始卷曲下垂,下部叶片有部分脱落,'华特'实生苗下部叶片也出现少量萎蔫卷曲,而'布鲁诺'实生苗未见明显变化;第5天,'红阳'实生苗叶片已经枯萎,大量叶片脱落,'华特'实生苗大部分叶片卷曲皱缩,而'布鲁诺'实生苗只有少量叶片萎蔫,受害症状较其他两种轻(图1、图2)。

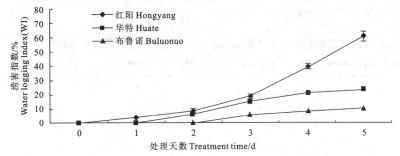

图1 淹水处理对不同猕猴桃实生苗涝害指数的影响

Fig.1 The effect of flooding stress on waterlogging index of different kinds of kiwifruit seedlings

图2 淹水处理下不同猕猴桃幼苗形态的变化

Fig. 2 Symptoms of different kinds of kiwifruit under waterlogging

A,B,C:'红阳'实生苗淹水第0天、2天、5天的植株形态;D,E,F:'华特'实生苗淹水第0天、2天、5天的植株形态;G,H,K:'布鲁诺'实生苗淹水第0天、2天、5天的植株形态;

A,B,C:Sympto ms of 'Hongyang' seedlings on treat time 0, 2, 5; D,E,F: symptoms of White seedlings on treat time 0, 2, 5; G,H,K: symptoms of Bulunuo seedlings on treat time 0, 2, 5

从图1可以看出,三种猕猴桃实生苗的涝害指数都随着淹水处理时间的延长呈上升趋势,在处理3天后,'红阳'实生苗涝害指数急剧上升。淹水第5天,'布鲁诺'实生苗涝害指数仅为10.4%,而'红阳'和'华特'实生苗为60.8%和23.6%。通过形态变化和涝害指数分析,表明:'布鲁诺'实生苗的耐涝性较强,'华特'实生苗中等,'红阳'实生苗耐涝性最差。

2.2 淹水处理对不同猕猴桃品种实生苗根系活力的影响

从表1可得知'布鲁诺'实生苗的须根数量多,根长相对较长,根的含水量高,分布的深度较其他两个品种的实生苗深,说明其根系分布发达,功能较旺盛。'华特'实生苗次之,'红阳'实生苗根长、根数和根含水量都最小,须根较少,分布也比较浅,在淹水处理后,三个猕猴桃品种实生苗的根系均出现发黑和软化现象。

表1 淹水处理前三个猕猴桃品种平均根长、根数、根含水量的比较
Table 1 Roots length、roots number、relative water contnts in three kinds of kiwifruit before waterlogging

材料 Material	根长度 Roots length/cm	根数 Roots number	根含水量 Relative water contents/%
红阳	10.33	43	69.78
华特	10.73	51	73.16
布鲁诺	13.23	67	78.77

通过测定根系活力可知(图3),在淹水处理下,三个猕猴桃品种实生苗根系活力都呈下降趋势。经过方差分析,在第0天时,'华特'的根系活力显著高于其他两个品种($P<0.05$),'红阳'和'布鲁诺'根系活力之间并无显著性差异($P>0.05$)。随着淹水处理时间的延长,三个品种猕猴桃实生苗的根系活力呈下降的趋势。处理第5天,'红阳'、'华特'、'布鲁诺'三者实生苗之间的根系活力存在显著性差异($P<0.05$),和它们第0天的根系活力相比分别降低了75.72%,66.95%和64.98%,说明在淹水处理中,这些猕猴桃实生苗的部分根系已经丧失活力,根的吸收功能受到了明显影响。此时,'布鲁诺'实生苗的降低幅度最小(64.98%),'华特'实生苗的根系活力依然高于其他两个品种幼苗。

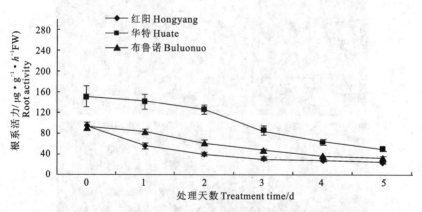

图3 淹水处理对不同猕猴桃品种根系活力的影响

Fig.3 Effects of flooding stress on Root activity in different kinds of kiwifruit

2.3 淹水处理对三个猕猴桃品种实生苗叶片相对含水量的影响

在淹水处理一天后,三个猕猴桃品种实生苗叶片的含水量较未淹水前有小量降低。随着淹水处理时间的延长,三种幼苗叶片的相对含水量明显下降(图4)。RWC曲线下降的幅度为'华特'实生苗小于'红阳'实生苗,'布鲁诺'实生苗又小于'华特'实生苗。到淹水的第5天,'红阳'、'华特'和'布鲁诺'实生苗的叶片含水量分别为未淹水前的12.96%,20.03%,26.80%。图4的变化曲线表明在淹水处理下,'布鲁诺'实生苗的组织水分状况相对较好,'华特'实生苗次之,'红阳'实生苗的组织水分状况相对较差。

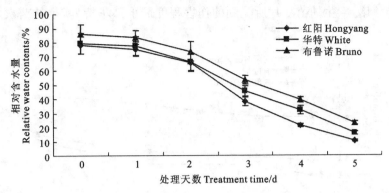

图 4 淹水处理对三个猕猴桃品种实生苗相对含水量的影响

Fig.4 Effect of waterlogging stress on relative water contents in three kinds of kiwifruit seedlings

2.4 淹水处理对不同猕猴桃品种幼苗细胞膜透性的影响

逆境条件下植物体过量的 ROS 造成膜脂质过氧化,增加细胞膜透性,从而破坏了细胞膜的结构和功能,使植物膜系统受到伤害。由图 5 可以看出,在淹水处理的不同时期,三个猕猴桃品种实生幼苗的叶片细胞膜透性都有着相似的变化。在处理的前期,'红阳'实生苗叶片细胞膜透性表现为较低的水平,随着淹水处理的时间延长呈快速上升趋势。'华特'和'布鲁诺'实生苗保持着相似的趋势,随着淹水处理的时间延长膜透性递增,但'布鲁诺'实生苗叶片膜透性增加较其他两个品种实生苗平缓。在处理的第 5 天,'红阳'、'华特'和'布鲁诺'三个品种的实生幼苗的叶片细胞膜透性分别是未淹水时的 4.85、2.70、2.01 倍。说明在同样的淹水环境中,'布鲁诺'实生苗叶片受到的伤害最小,'华特'实生苗次之,'红阳'实生苗受到的伤害最大。

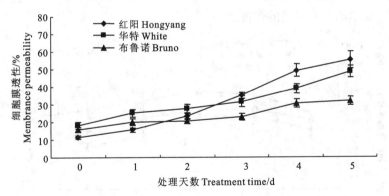

图 5 淹水处理对不同猕猴桃品种实生幼苗细胞膜透性的影响

Fig.5 Effects of flooding stress on cell membrae permeability in different kinds of kiwifruit seedlings

2.5 淹水处理对不同猕猴桃品种幼苗丙二醛含量的影响

丙二醛 MDA 是植物细胞膜脂过氧化作用的产物之一,其含量的高低可以反应逆境胁迫下植物细胞所受伤害的程度。不同猕猴桃品种实生幼苗叶片的 MDA 含量在未淹水处理时相差较大,'布鲁诺'实生幼苗的叶片 MDA 含量较其他两个品种实生苗高(图 6)。在淹水处理的过程中,三个猕猴桃品种实生幼苗的叶片 MDA 含量都呈增加趋势。'布鲁诺'实生幼苗的叶片 MDA 含量的增加趋势明显较其他两个品种实生苗平缓,至处理第 5 天,'红阳'、'华特'和'布鲁诺'实生幼苗叶片 MDA 含量比未淹水时分别增加了 1.57,0.7,0.27 倍。说明在淹水环境中,'布鲁诺'实生幼苗叶片所受到的伤害程度最小,'华特'实生幼苗次之,'红阳'实生幼苗最大。

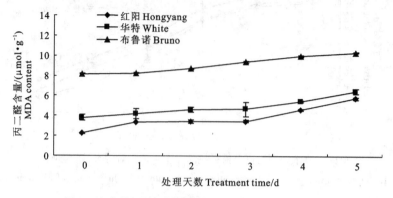

图 6 淹水处理对不同猕猴桃品种丙二醛含量的影响

Fig.6 Effects of flooding stress on MDA content in different kinds of kiwifruit

2.6 淹水处理对不同猕猴桃品种幼苗叶片超氧化物歧化酶 SOD 的影响

SOD 是膜脂过氧化防御系统的主要保护酶,以避免植物细胞遭受伤害。由图 7 表明,在第 0 天,'布鲁诺'实生幼苗叶片的 SOD 活性水平最高,'华特'实生幼苗次之。随着淹水处理时间延长,三个品种实生幼苗的叶片 SOD 活性均表现为先上升后下降的趋势。淹水胁迫第二天,'红阳'、'华特'和'布鲁诺'实生幼苗叶片的 SOD 活性比第 0 天分别增加了 22.68%,13.53%,27.61%。而第 3 天'红阳'、'华特'和'布鲁诺'实生幼苗叶片的 SOD 活性回落,其中'布鲁诺'实生幼苗叶片的 SOD 活性下降趋势最为平缓。至处理的第 5 天,'红阳'、'华特'和'布鲁诺'实生幼苗叶片的 SOD 活性为第 0 天的 30.67%,52.89%,93.70%。这表明在淹水处理中,'布鲁诺'实生幼苗所遭受的伤害最小。

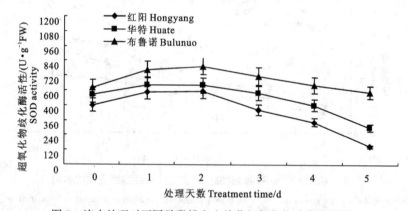

图 7 淹水处理对不同猕猴桃实生幼苗超氧化物歧化酶的影响

Fig.7 Effects of waterlogging stress on SOD activity in different kinds of kiwifruit seedlings

2.7 淹水处理对不同猕猴桃品种幼苗过氧化物酶 POD 的影响

叶片 POD 活性的升高可增强抗氧化胁迫能力,能有效地清除活性氧,保护细胞免受伤害。在第 0 天,三个品种的实生幼苗叶片的 POD 活性在不同水平,'布鲁诺'实生幼苗最高,'华特'实生幼苗次之。在淹水处理后,三者均表现为先上升后下降的趋势(图 8)。其中,'布鲁诺'和'华特'实生幼苗在淹水一天后叶片 POD 活性上升到峰值,'红阳'实生幼苗在第 2 天上升到最高。在淹水第5天'红阳'、'华特'和'布鲁诺'实生幼苗叶片POD活性比淹水前分别降低了69.18%,55.37%,51.91%。从三种猕猴桃实生幼苗经淹水胁迫后,叶片过氧化物酶POD含量变化可以看出,'布鲁诺'实生幼苗的抗氧化胁迫能力强于'华特'和'红阳'实生幼苗。

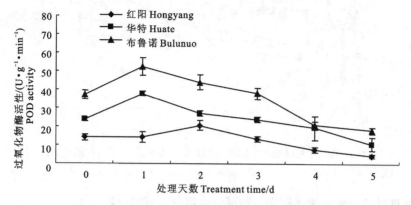

图8 淹水处理对不同猕猴桃品种过氧化物酶的影响

Fig.8 Effects of flooding stress on POD activity in different kinds of kiwifruit

2.8 淹水处理对三个猕猴桃品种实生苗脯氨酸含量的影响

脯氨酸作为一种细胞渗透调节剂(cyloptasmic osmoticum),当植物遭受到逆境的胁迫时能够起调节细胞渗透压的作用。经过方差分析,未淹水时,三个猕猴桃品种实生苗叶片内脯氨酸含量差异并不显著($P>0.05$),在淹水1天后,脯氨酸的含量都有所增加。其中,'布鲁诺'实生苗的脯氨酸增加幅度高于'华特'实生苗,而'华特'实生苗又高于'红阳'实生苗(图9)。在淹水第5天时'布鲁诺'的脯氨酸剧烈增加,其含量显著高于其他两种($P<0.05$),比淹水前增加了284.56%。而'红阳'实生苗在整个淹水过程中增加幅度表现为较为平稳。由此可以看出,淹水处理影响游离脯氨酸含量的变化,'布鲁诺'实生苗的渗透调节能力强于'华特'实生苗,三个猕猴桃品种实生苗叶片在淹水胁迫后受到的伤害大小为'红阳'>'华特'>'布鲁诺'。

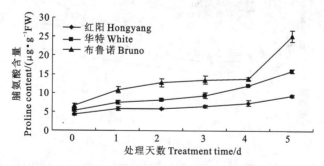

图9 淹水处理对三个猕猴桃品种实生苗脯氨酸含量的影响

Fig.9 Effect of waterlogging stress on proline content in three kinds of kiwifruit seedlings

2.9 淹水处理对三个猕猴桃品种实生苗可溶性糖含量的影响

由图10可以看出,未淹水前三个猕猴桃品种实生苗叶片的可溶性糖含量差异不大,随着淹水处理时间的延长,三个猕猴桃品种实生苗叶片可溶性糖含量均呈增加趋势,'布鲁诺'的增加幅度大于'华特','华特'的增加幅度又大于'红阳'。在淹水第5天时'布鲁诺'叶片所含的可溶性糖显著高于'华特'和'红阳'($P<0.05$),比淹水前增加了89.58%,'华特'叶片可

溶性糖含量增加了 61.71%，'红阳'叶片可溶性糖含量增加了 43.54%。说明在淹水处理下'布鲁诺'叶片可溶性糖对细胞渗透势的调节能力最强，受害程度轻于'华特'和'红阳'。

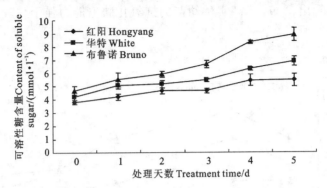

图 10　淹水处理对三个猕猴桃品种实生苗可溶性糖含量的影响

Fig.10　Effect of waterlogging stress on soluble sugar content in three kinds of kiwifruit seedlings

2.10　淹水处理对三个猕猴桃品种实生苗可溶性蛋白含量的影响

在图 11 中，淹水 0 天时，三个猕猴桃品种实生苗叶片中所含的可溶性蛋白含量为'布鲁诺'>'华特'>'红阳'，但差异不显著（$P>0.05$）。在淹水的 1 天后，三个猕猴桃品种实生苗叶片中可溶性蛋白含量均表现出下降的趋势，但在第 2 天时可溶性蛋白含量又逐渐回升，随着淹水处理时间的延长，三者的可溶性蛋白含量均不断上升。'布鲁诺'实生苗的增加幅度明显大于其余二者。在淹水处理的第五天，'布鲁诺'、'华特'、'红阳'实生苗叶片中可溶性蛋白的含量分别比未淹水前增加了 89.57%，61.71%，40.40%。淹水处理形成的胁迫会抑制了一些正常蛋白的合成，促进了一些与淹水有关的逆境蛋白和参与代谢的酶合成，这是植物在淹水胁迫下的一种自我保护机制。'布鲁诺'实生苗的可溶性蛋白含量与增加幅度均高于其余二者，说明在淹水胁迫时它能够及时地起到保护作用，对淹水胁迫有更强的适应性。

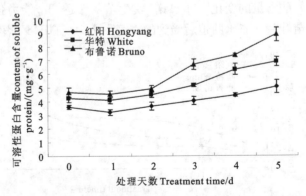

图 11　淹水处理对三个猕猴桃品种实生苗可溶性蛋白含量的影响

Fig.11　Effect of waterlogging stress on soluble protein content in three kinds of kiwifruit seedlings

2.11　淹水处理下三个猕猴桃品种实生苗生理指标隶属函数值

隶属函数值法是模糊数学的一种方法，是将原来孤立的指标采用统计的方法转化为综合指标的一种评价方法。单一的耐涝性鉴定指标并不足以充分反映植物对涝害的综合适应能力，只有通过采用多项指标的综合评价，才能够较准确地反映植物的抗涝害特性。将各个指标的具体抗性隶属值进行累加平均可得到各品种的抗逆性平均值，综合评价值越大，其抗逆性越强。从表2中可以看出,在淹水处理后,三个猕猴桃品种实生苗各生理指标隶属函数均值排序为'布鲁诺'第一,'华特'第二,'红阳'第三。由此说明,'布鲁诺'实生苗对水淹的抗性最强,最耐涝。

表2 淹水处理下三个猕猴桃品种实生苗各生理指标隶属函数值及耐性评价
Table 2 Membership function value of growing indicators in three kinds of kiwifruit under waterlogging stress

材料 Material	编号(Coding No.)									综合评价值 Comprehensive value
	A	B	C	D	E	F	G	H	I	
红阳	0.31	0.55	0.57	0.55	0.74	0.83	0.55	0.45	0.72	0.58
华特	0.39	0.58	0.51	0.59	0.77	0.89	0.58	0.51	0.63	0.60
布鲁诺	0.35	0.58	0.45	0.56	0.92	1.00	0.61	0.52	0.64	0.62

A:根系活力 Root activity;B:叶片相对含水量 Relative water content of leaves;C:组织膜透性 Cell membrae permeability;D:丙二醛含量 MDA content;E:超氧化物歧化酶活性 SOD activity;F:过氧化物酶活性 POD activity;G:脯氨酸含量 proline content;H:可溶性糖含量 soluble sugar content;I:可溶性蛋白含量 Soluble protein content

3 讨论

植物根系是活跃的吸收和合成器官,其生长状况及活力水平直接影响到地上部的营养状况及产量。逆境条件下,植物较高的根系活力有利于维持根系的功能和植株生长,增强植物的抗逆性[24]。本试验根系淹水胁迫处理各猕猴桃品种实生幼苗,其根系活力均受到抑制而降低,变化幅度存在明显差异。与连洪燕等淹水处理石楠的结果一致,其根系活力明显下降且随处理时间延长下降幅度越大[25]。在淹水处理后期,从植株受害情况来看,'布鲁诺'的植株生长状态要好于其他两个品种,这可能与'布鲁诺'根系活力降低的幅度较小有关,说明'布鲁诺'实生苗在低根系活力时仍能维持其生理机能,受抑制程度较其他两个品种的实生苗小,故其受到水淹胁迫的伤害亦较其他两个品种的实生苗轻。

正常生理条件下,植物本身会产生活性氧(reactive oxygen species,ROS),但ROS增加也会破坏质膜、细胞器膜的脂肪酸组成,引起细胞质膜透性的改变以及膜脂过氧化,破坏植物体内活性氧产生与清除的平衡,最终导致离子渗漏细胞死亡[26]。丙二醛MDA是脂质过氧化的最终产物,其含量增加既是细胞质膜受损的结果,又是细胞质膜遭受损害的原因[27]。因此,植物遭受逆境胁迫时,通常以细胞内MDA含量的高低来表示膜脂过氧化的伤害程度。本文淹水处理下的猕猴叶片与棉花苗[28]、银杏[7]淹水后一样,叶片丙二醛(MDA)的含量显著增高,细胞膜脂严重过氧化,细胞膜结构破坏、功能丧失。其中'布鲁诺'实生苗叶片的质膜透性和MDA含量的上升幅度均小于其他两个品种的实生苗的变化幅度,能较有效地清除低氧逆境下产生的过多的活性氧自由基,减轻细胞膜所受到的伤害。

植物体内存在保护酶体系和非酶体系抗氧化剂来保护细胞避免遭受ROS的伤害。保护酶体系包括超氧化物歧化酶(SOD)、过氧化物酶(POD)等。SOD能清除超氧阴离子自由基,反应生成H_2O_2,有保护生物体免受活性氧伤害的能力。POD普遍存在于植物的所有组织中,米海莉研究发现涝害逆境导致菜心叶片POD和SOD活性增加[29]。本试验短时间淹水胁迫使叶片内SOD和POD活性均有不同程度的提高,但随着延长淹水胁迫时间,SOD和POD活性大幅度下降,这与曹慧等人的研究结果一致[30]。植物体内的保护酶活性的高低与植物的代谢强度及抗性有一定的关系[28],本试验中'红阳'、'华特'及'布鲁诺'实生苗的SOD和POD活性的差异说明不同猕猴桃之间抗氧化系统的调节机制存在着明显的差异,'布鲁诺'实生苗SOD和POD的活性较高,'华特'实生苗次之,'红阳'实生功最弱,说明'布鲁诺'实生苗的清除活性氧,抵抗逆境的能力最强。

脯氨酸作为植物蛋白质的重要组成部分,普遍以游离态存在于植物体内,在干旱、盐渍等胁迫条件下,许多植物体内脯氨酸大量积累。其含量的变化在一定程度上可反映植物受胁迫的程度以及抵抗逆境的能力[31]。在本试验中,三种猕猴桃实生苗叶片的脯氨酸含量都随着淹水处理时间的延长而逐渐增加,这与张晓平[32]在鹅掌楸的研究结果相似。但在增加幅度上三种猕猴桃则表现出差异性,增加幅度为'布鲁诺'>'华特'>'红阳'。脯氨酸的增加幅度相对较大表明在胁迫下植物的耐受性更强,邵艳军在研究水分胁迫对不同抗旱性冬小麦愈伤组织的影响[33]时就发现,抗旱性强的品种脯氨酸升高的幅度较大,而抗旱性弱的品种脯氨酸升高的幅度较小。揭雨成[34]也认为在轻度的干旱胁迫下,脯氨酸的积累作为一种保护性反应,在抗旱性强的品种中显著高于抗旱性弱的品种。由此可以看出,'布鲁诺'实生苗在淹水胁迫下,能够较快地做出自身对逆境的保护性反应,以较高的脯氨酸含量提供合成蛋白质的碳源和氮源,清除自由基以提高自身对逆境的耐受性。'布鲁诺'实生苗的抗涝性强于'华特'实生苗,'红阳'实生苗最弱。

可溶性糖和脯氨酸一样,作为一种渗透调节物质,通过调节细胞内的渗透势以维持细胞内外的平衡,也起到保护细胞内重要代谢所需酶类活性的作用。可溶性糖能调节细胞的渗透势,可溶糖含量增多可提高细胞渗透势,以利于根系细胞继续从土壤中吸收水分和矿质营养,维持植株正常的生理活动。而植物体可溶性蛋白的含量是与植物体内酶活的变化密切相关。酶作为一种蛋白质,其活性的增强能引起可溶性蛋白含量的增加,在淹水过程中,酶活的变化影响着植物生理生化的反应效率,由此来影响植物的生长、发育和衰老。在本试验中,随着淹水处理时间的延长,三个品种猕猴桃实生苗叶片中可溶性糖含量均逐渐升高,王义强[7]在研究银杏受到淹水胁迫时也发现相同结果。而可溶性蛋白的含量则呈现出先下降后上升的趋势,这与潘向艳[35]在鹅掌楸上的研究结果相似。引起这些变化的原因很可能是在淹水处理的前期,胁迫抑制了一些正常蛋白的合成,随着淹水胁迫时间的延长,引发了一些逆境蛋白和一些参与代谢的酶等新蛋白质的合成。与'华特'和'红阳'实生苗相比,'布鲁诺'实生苗所呈现出的趋势和幅度都较明显,说明其在淹水处理下,逆境蛋白和参与代谢的酶能较好较快的适应外界的变化,保护自身的系统,使其受到外界胁迫的伤害较小。故对水淹胁迫的抗性,'布鲁诺'实生苗>'华特'实生苗>'红阳'实生苗。近年来,通过对我国丰富的猕猴桃资源进行了大规模的开发研究,选育出了上千个优良株系。但对猕猴桃砧木抗性研究尚未见报道,且不同种或类型的某一抗性存在很大的差异,缺少抗性表现较为理想的砧木材料[1]。筛选出抗性较好的资源是将抗性较好的品种应用于生产的基础。

从本试验中可知,淹水处理下不同品种实生幼苗的猕猴桃体内抗氧化系统调节机制和活性氧的清除能力不同,存在着明显的品种间差异。'布鲁诺'实生苗体内各种抗氧化平衡机制、清除活性氧自由基的能力较强;膜质过氧化程度较低,细胞受到的损伤小,植株受到的伤害轻。综上所述,'布鲁诺'实生幼苗的耐涝性最强,'华特'实生苗次之,'红阳'实生苗最弱。

参 考 文 献

[1] 黄宏文.猕猴桃研究进展Ⅱ.北京:科学出版社,2003;137-137
[2] Chen L Z, Wang W Q, Lin P. Photosynthetic and physiological responses on Kandelia candel L.Druce seedlings to duration of

tidal immersion in artificial seawater. Environmental and Experimental Botany, 2005, 54:256-266
[3] 潘澜,薛晔,薛立.植物淹水处理形态学研究进展.中国农学通报,2011,27(7):11-15
[4] Kalia A, Mayber A, et al. Changes in activity of malate dehydrogenase, catalase, peroxidase and superoxide dismutase in leaves of Halimus protolacoides L. Alley exposed to high sodium chloride concent ration. Annales of Botany, 1981, 47:75-85
[5] 张恩平,张淑红,司龙亭,等.NaCl胁迫对黄瓜幼苗叶膜脂过氧化的影响.沈阳农业大学学报,2001,32(6):446-448
[6] 王喜艳,张玉龙,张恒明,等.盐胁迫下硅对黄瓜保护酶活性和膜质过氧化物的影响.西北农业学报,2009,18(1):221-224,233
[7] 王义强,谷文众,姚水攀,等.淹水胁迫下银杏主要生化指标的变化.中南林学院学报.2005,25(4):78-81
[8] 孙国荣,彭永臻,阎秀峰,等.干旱胁迫对白桦实生苗保护酶活性及膜质过氧化作用的影响.林业科学,2003,39(1):165-167
[9] 牛自勉,李全,邰晓梦,张患仁.SDC系苹果矮化砧术生长、结果及抗逆性研究.果树科学.1994,11(3):141-144
[10] 高秀萍,郭修武.王克葡萄砧木抗寒与抗根癌病的研究.园艺学报,1993,20(4):313-318
[11] 郭洪,赵密珍,周建涛.若干桃砧木的抗涝性.中国南方果树,1999,28(2):47-48
[12] 高俊凤.植物生理学试验技术.西安:世界图书出版社,2000:159-198
[13] 郝再彬,苍晶,徐仲.植物生理实验.哈尔滨:哈尔滨工业大学出版社,2004:101-104
[14] 李合生.植物生理生化实验原理和技术.北京:高等教育出版社,2000:164-194
[15] 赵世杰,许长成,邹琦,等.植物组织中丙二醛测定方法的改进.植物生理学通讯,1991,30:207-210
[16] 李合生.植物生理生化实验原理和技术.北京:高等教育出版社,2000:167-169
[17] 曾韶西,王以柔,刘鸿先.低温光照下与黄瓜子叶叶绿素降低有关的酶促反应.植物生理学报,1991,17(2):177-182
[18] 张志良,瞿伟青.植物生理学实验指导.北京:高等教育出版社,2002:123-124
[19] 张治安,张美善,蔚荣海,等.植物生理学实验指导.北京:中国农业科学技术出版社,2004
[20] 韩瑞宏,卢欣石,高桂娟,等.紫花苜蓿抗旱主成分及隶属函数分析.草地学报,2006,14(2):142-146
[21] 高克昌,韩云丽,赵随堂,等.用隶属函数对小扁豆品种进行综合评价.杂粮作物,2007,27(1):22-24
[22] 陈荣敏,杨学举,梁凤山,等.利用隶属函数法综合评价冬小麦的抗旱性.河北农业大学学报,2002,25(2):7-9
[23] 郭延平.杏的抗旱性研究.杨凌:西北农业大学,1996
[24] 白团辉,马锋旺,李翠英,等.苹果砧木幼苗对根际低氧胁迫的生理响应及耐性分析.中国农业科学,2008,41(12):4140-4148
[25] 连洪燕,权伟,芦建国.淹水处理对石楠幼苗根系活力和光合作用影响.林业科技开发,2009,23(2):51-54
[26] 杜秀敏,殷文璇,越彦修,等.植物中活性氧的产生及清除机制.生物工程学报,2001,17(2):121-125
[27] 陈由强,朱锦懋,叶冰莹.水分胁迫对芒果(*Mangifera indica* L.)幼苗细胞活性氧伤害的影响.生命科学研究,2000,4(1):60-64
[28] 董合忠,李维江,唐薇.等.干旱和淹水对棉苗某些生理特性的影响.西北植物学报,2003,23(10):1695-1699
[29] 米海莉,许兴,李树华,等.干旱胁迫下牛心朴子幼苗相对含水量、质膜透性及保护酶活性变化.西北植物学报,2003,23(11):1871-1876
[30] 曹慧,王孝威,曹琴,等.水分胁迫下新红星苹果超氧物自由基累积和膜脂过氧化作用.果树学报,2001,18(4):196-199
[31] 蔡琪敏,陈洁,张志祥,等.铜胁迫对两种苔藓植物生理生化的影响.浙江林业科技,2008,17(6):24-27
[32] 张晓平.不同种源鹅掌楸和杂种鹅掌楸对淹水胁迫的响应.南京:南京林业大学,2004
[33] 邵艳军,李广华,辛春梅.水分胁迫对不同抗旱性冬小麦愈伤组织的影响.华北农学报,2000,15(1):47-52
[34] 揭雨成,黄王生,李宗道.干旱胁迫下兰麻的生理生化变化与抗旱性关系.中国农业科学,2000,33(6):33-39
[35] 潘向艳.杂交鹅掌楸不同无性系对淹水胁迫的反应.南京:南京林业大学,2006

The Physiological Responds of Three Kinds of Kiwifruit Seedlings to Waterlogging Stress

Zhang Huiqin   Zhang Chen   Xiao Jinping   Yang Luqiong   Xie Ming

(Institute of Horticulture, Zhejiang Academy of Agricultural Sciences   Hangzhou   310021)

Abstract   Physiological characteristics of one-year-old kiwifruit seedlings 'Hongyang' (*Actinidia chinensis* var. *chinensis*), 'White' (*Actinidia eriantha* Benth.) and 'Bruno' (*Actinidia chinensis* var. *deliciosa*) were investigated under water controlled conditions, as to unveil the possible mechanisms in response to waterlogging stress and to screen the waterlogging resistant cultivars. The waterlogging resistance capacity of these three kinds of kiwifruit were evaluated comprehensively according to the content of the lipid peroxidation product (malondialdehyde, MDA), root activity, relative water content of leaves, membrane permeation, activity of SOD and POD, the contents of proline, soluble sugar and protein. The results showed that waterlogging stress decreased the root activity and relative water content of leaves. The root activity of 'White' seedlings was highest, the root activity of 'Bruno' seedlings decreased slowly. Meanwhile, the contents of MDA, proline, soluble sugar, protein and cell membrane penetrability were increased paralleled with the treatment intensity, and the seedling of 'Bruno' increased slowly compared with 'White' and 'Hongyang'. The activity of SOD and POD during the 5-day waterlogging period had an increasing-decreasing tendence and the seedlings of 'Bruno' always maintained a high level of both SOD and POD. The waterlogging resistance abilities differed significantly between these three kinds of kiwifruit, with the waterlogging resistance capacity sequenced as following: 'Bruno', 'White' 'Hongyang'.

Key words   Kiwifruit   Seedlings   Waterlogging stress   Tolerance   Physiological responds

不同猕猴桃物种硬枝扦插快繁的研究

刘小莉[1]　李大卫[1]　胡海燕[2]　韩　飞[1]　张　琼[1]　钟彩虹[1*]

(1 中国科学院武汉植物园　湖北武汉　430074　2 湖北工程学院　湖北孝感　432000)

摘　要　猕猴桃是功能性雌雄异株植物,通过硬枝扦插繁殖获得新植株能保持父母本的优良性状,提早开花结果,并能按性别获得整齐的雄株和雌株。本文主要选用26个猕猴桃物种休眠期的一年生枝条扦插,以研究在相同条件下不同物种的生根难易程度。结果表明:各物种间的成活率存在较大的差异:葛枣猕猴桃、对萼猕猴桃、梅叶猕猴桃和大籽猕猴桃容易生根(96%~100%),而柱果猕猴桃、阔叶猕猴桃、黄毛猕猴桃、革叶猕猴桃和桂林猕猴桃极难生根,其成活率和生根率在0~5%之间;商业栽培的种类中华猕猴桃和美味猕猴桃同属于难生根,生根率分别为28.3%和52.5%。进一步改进生长调节剂和扦插过程中的管理技术,将有助于提高猕猴桃属物种的扦插生根率。

关键词　猕猴桃物种　硬枝扦插　成活率

猕猴桃属共有54种、约75个种下分类单位。猕猴桃的自然分布非常广泛,从热带赤道0°至温带50°N左右,其自然分布区纵跨了泛北极和古热带植物区,向西延伸可达尼泊尔及印度的东北部,向东则可达日本北方四岛和我国的台湾岛。但猕猴桃的集中分布区为我国的秦岭以南及横断山以东的地域,中国有猕猴桃属52种,猕猴桃遗传资源极为丰富[1]。自1930年在新西兰出现第一个商业性栽培猕猴桃果园以来,迄今已形成栽培面积约16.5万公顷、产量约200万吨的国际化产业。虽然用于经济栽培的主要是美味猕猴桃、中华猕猴桃(*Actinidia chinensis*),以及少量的软枣猕猴桃(*Actinidia arguta*)和毛花猕猴桃(*Actinidia eriantha*),但是我国丰富的猕猴桃遗传资源是品种改良和新品种选育的基础[2]。

目前猕猴桃的繁殖生产主要采用嫁接,但该方法因生产成本较高且当年出圃率较低而影响经济效益。采用扦插的方式进行繁殖可以节约成本并可快速繁殖。此外,猕猴桃是功能性雌雄异株植物,通过硬枝扦插繁殖能保持母株的优良性状,提早开花结果,并能按性别获得雄株和雌株,这对于雌雄异株的猕猴桃优良品种(品系)的繁育和商品生产具有重要意义[3-4]。

此前有部分学者对猕猴桃扦插繁殖进行了研究。中国科学院武汉植物研究所黄仁煌等进行了猕猴桃的硬枝扦插的试验[5],结果表明:枝条时期不同,生根各异;二年生枝比一年生枝扦插生根率低,其生根率分别为66.6%和82.0%(二年生枝腋芽萌发力差,即使生根也难成苗);因此,二年生及二年生以上枝条,在生产上一般不宜选用。杨清平等[6]研究猕猴桃扦插繁殖得出了以下结论:硬枝扦插在不用激素处理的情况下,各猕猴桃物种的成活率均不高,生产上不宜采用此法繁殖;因此应尽快寻找到适宜此法的生长调节剂以提高此法的成活率,避免冬季修剪时,大量的枝条浪费。此外,猕猴桃各种间的成活率存在一定差异,美味猕猴桃、梅叶猕猴桃和山梨猕猴桃的成活率25%~30%,其他几个种的成活率均较低[6]。

通过此前研究发现,虽然不同物种的硬枝扦插成活率不同,且大部分物种的生根率均不高,但通过利用生长调节剂处理和改进扦插的基质、扦插中水肥等技术,可以提高其生根率。

---

* 通讯作者,E-mail:zhongch@wbgcas.cn

此外,如能找到扦插容易生根且抗性强、与栽培种类嫁接亲和力高的砧木,对于猕猴桃生产上的意义重大。因此,利用国家猕猴桃种质资源圃物种资源多的优势,于智能温室中进行不同物种的硬枝扦插试验研究,旨在研究相同条件和技术下,各物种扦插生根的难易程度,为寻找容易生根的物种和摸索猕猴桃的快繁技术提供依据。

1 材料和方法

试验地点选在国家猕猴桃种质资源圃(中国科学院武汉植物园内),其位于湖北省武汉市北郊(28°46′N,115°55′E),海拔50米,亚热带大陆性气候,四季分明,年平均气温17.5摄氏度,年日照时间为1 903.9小时,年降水量1 600~1 700毫米。本次试验所用的材料为国家猕猴桃种质资源圃中保存的26个物种、变种或变型(表1)。

硬枝扦插的枝条选用中壮龄树的一年生枝条,要求健壮充实、无病虫害、腋芽明显而饱满,粗度均为0.4~0.8厘米。冬季将枝条剪下后,用湿沙保藏,方法是先将枝条按物种捆成小捆,然后埋在过筛并经多菌灵消毒的湿沙中,并覆盖一层塑料薄膜以便于更好的保湿保温,后期应经常翻动和洒水,保持沙子的湿润与通气,以防枝条的干枯和腐烂。

插床的准备在温室中进行,利用长、宽、高分别为60厘米、40厘米、20厘米塑料筐做插床,塑料筐的底部均匀铺一层木屑,再在木屑上撒上珍珠岩作为扦插基质,然后浇水并将珍珠岩压平,最后将装满基质的水果筐放在温室里的苗床上,保持温室内通风,整洁等待扦插。

插穗处理:先将插穗剪成含2~3个饱满芽一段的插条,约10~15厘米长,在其上端离芽1厘米左右处剪平,下端在距芽4厘米处剪成斜面,利于插入基质和生根。将剪好的插穗捆在一起,下端对齐放入生根液(3721生根液兑水比例为1∶400)中浸泡,浸泡时插穗竖直整齐排好,下端浸入生根液中4厘米处,12小时后,取出,在每一根插穗上端都包上封口膜。

扦插处理:右手拿着枝条,下端斜面朝向自己,使枝条与插床平面呈15度角,慢慢向基质内插,插入整枝插穗的2/3即可,插穗之间的行距和间距都为5厘米。插穗插完后,用水壶在基质上均匀的喷水,第一次浇水时应浇透,直到塑料框下面有水滴落即可。每个物种选择2株树,每物种采120根插条,按40根插条一次重复,共三次重复,每个物种插完后用一根小枝条将每个部分都隔开,便于日后鉴别和调查。

本次试验是在2012年2月23日至29日分两次扦插。试验后期管理与调查为:武汉2~3月份期间阴雨寒冷,不利于插穗的生长,置于温室加温至18~25摄氏度;4月份之后气温上升停止加温,白天把温室的窗户打开保持通风。同时注意浇水保持珍珠岩湿润。从扦插后的半个月即3月5日开始调查插穗萌芽和展叶情况,从3月5~19日陆续萌芽展叶,6月5日对所有的插条进行一次成活率调查。6月7~8日开始移栽,调查生根情况和生根部位。

数据分析:最后调查统计各物种扦插苗的成活总数、生根苗数、及生根苗的根系长度及新梢长度,并用SPSS 17.0软件分析各物种间的差异显著性。

2 结果分析

2.1 扦插成活率比较

表1是26个物种或变种、变型扦插后萌芽率、展叶率统计,从中可知,26个物种扦插后的萌芽率均很高,3月5~19日调查的萌芽率中除葛枣猕猴桃(77.5%)和黑蕊猕猴桃(78.3%)低于80%之外,其余均在83%~100%。而展叶率出现分化,为31.6%~100%,展叶率在70%以下的仅5种,占19.2%,分别为柱果猕猴桃、安息香猕猴桃、毛花猕猴桃、繁花猕猴桃和长叶猕猴

表1 2012年物种硬枝扦插成活情况统计
Table 1 The survival rate of hardwood cuttings of *Actinidia* species in 2012

物种名称	3月5~19日观察		6月5日观察	6月8日移栽时调查	
	萌芽率/%	展叶率/%	成活率/%	生根率/%	未生根比例/%
葛枣猕猴桃	77.5 f	75.8 fghi	100.0 a	100.0 a	0
对萼猕猴桃	98.3 ab	96.7 ab	98.3 a	98.3 a	0
大籽猕猴桃	99.2 a	99.2 a	96.7 a	96.5 a	0
梅叶猕猴桃	100.0 a	100.0 a	95.8 a	96.0 a	0
浙江猕猴桃	88.3 cde	86.7 bcde	91.7 a	91.7 ab	0
繁花猕猴桃	98.3 ab	65.0 j	90.8 ab	84.1 bc	6.7
毛花猕猴桃	90.0 bcde	50.8 k	80.8 bc	80.0 cd	0.8
山梨猕猴桃	98.3 ab	96.7 ab	79.2 c	73.3 de	5.9
网脉猕猴桃	98.3 ab	73.3 fghij	73.3 cd	73.3 de	0
紫果猕猴桃	83.3 ef	83.3 cdef	72.5 cd	72.5 de	0
漓江猕猴桃	94.2 abc	80.8 defg	68.3 d	60.8 fg	7.5
长叶猕猴桃	85.0 def	66.7 hij	68.3 d	60.8 fg	7.5
异色猕猴桃	99.2 a	86.7 bcde	66.7 de	65.8 ef	0.8
黑蕊猕猴桃	78.3 f	76.7 efghi	64.2 de	61.7 f	2.5
软枣猕猴桃	94.2 abc	93.3 abc	56.7 ef	55.0 g	1.7
美味猕猴桃	93.3 abcd	79.2 efgh	54.2 fg	52.5 gh	1.7
湖北猕猴桃	95.0 abc	95.0 ab	45.0 gh	37.5 i	7.5
毛叶硬齿猕猴桃	100.0 a	100.0 a	43.3 h	43.3 hi	0
中华猕猴桃	95.8 abc	90.0 abcd	30.8 i	28.3 ij	2.5
安息香猕猴桃	90.0 bcde	43.3 k	23.3 i	23.3 j	0
京梨猕猴桃	100.0 a	100.0 a	12.5 j	12.5 k	0
柱果猕猴桃	100.0 a	31.7 l	5.0 jk	2.5 l	2.5
阔叶猕猴桃	98.3 ab	83.3 cdef	5.0 jk	5.0 kl	0
黄毛猕猴桃	100.0 a	100.0 a	0.0 k	0 l	0
革叶猕猴桃	97.5 ab	72.5 ghi	0.0 k	0 l	0
桂林猕猴桃	85.0 def	70.0 hij	0.0 k	0 l	0

注:表中小写字母是在显著性水平0.05上的差异性。

桃,但到6月5日调查成活率时,繁花猕猴桃、毛花猕猴桃和长叶猕猴桃的成活率都有提高,特别是繁花猕猴桃和毛花猕猴桃高出30%~35%,可能是与这两个物种的生长习性有关,即这两个物种在生长中可能是先生根后长叶。展叶率在80%以上的有15种,占57.7%,为异色猕猴桃雄、中华猕猴桃、山梨猕猴桃、毛叶硬齿猕猴桃、京梨猕猴桃、黄毛猕猴桃、大籽猕猴桃、梅叶猕猴桃雄、软枣猕猴桃、对萼猕猴桃、浙江猕猴桃、长叶猕猴桃雌和湖北猕猴桃、紫果猕猴桃、漓江猕猴桃和阔叶猕猴桃,特别是黄毛猕猴桃、阔叶猕猴桃和京梨猕猴桃的萌芽率(98.3%~100%)和展叶率(83.3%~100%)均很高;但6月5日统计成活率却极低,分别为0%,5.0%和12.5%,表明这三个物种扦插后早期枝条很容易萌芽和展叶,但后期极难生根;湖北猕猴桃、毛叶硬齿猕猴桃和中华猕猴桃同样类似,其萌芽率(95%~100%)和展叶率(90%~100%)均很高,而成活率却偏低,分别为45%,43.3%和30.8%,表明这三个物种较难生根。出现这种结果,可能是由于前期大量的萌芽和展叶,消耗插条自身的养分,而影响插条生根,最后导致插条干枯死亡。

从表1中的移栽前(扦插后第40~45天)统计的每个物种的成活率及生根率,发现扦插最易成活和生根的物种是葛枣猕猴桃、对萼猕猴桃、大籽猕猴桃和梅叶猕猴桃,其成活率和生根率均在95%以上,与其他物种均有显著性差异。其次是浙江猕猴桃、繁花猕猴桃和毛花猕猴桃,其成活率和生根率均在80%~92%,表明这三个物种较容易扦插成活。而最难生根的物种有5个,即柱果猕猴桃、阔叶猕猴桃、黄毛猕猴桃、革叶猕猴桃和桂林猕猴桃,其成活率和生根率均与其他物种差异性显著,在0~5%;难生根的物种有3个,即湖北猕猴桃、中华猕猴桃和安息香猕猴桃,其扦插成活率和生根率均在20%~45%,与其他物种差异性显著。其余11个物种的生根难易程度居中,其成活率和生根率均在50%~80%。

2.2 扦插苗生长情况比较

表2是扦插3个月后对扦插生根苗的根系及新梢生长量调查统计结果,从根系生长量看,扦插成活物种的根系平均长度大多在10厘米以上,只有漓江猕猴桃、中华猕猴桃、阔叶猕猴桃、安息香猕猴桃和柱果猕猴桃在10厘米以下,与其他物种有显著性差异。而新梢的生长量均比根系生长量小,除大籽猕猴桃、异色猕猴桃、梅叶猕猴桃和对萼猕猴桃的新梢长度为9~12厘米外,其余均为2~8厘米,表明这4个物种采用硬枝扦插的方式容易繁殖。而余下物种则需要更进一步改进扦插过程中的工艺和管理,促进根系生长和新梢的生长;此外,这些物种中有部分根系很长,但新梢生长量却非常小,如黑蕊猕猴桃、软枣猕猴桃、京梨猕猴桃、紫果猕猴桃和葛枣猕猴桃、湖北猕猴桃、长叶猕猴桃、繁花猕猴桃和浙江猕猴桃、美味猕猴桃等,其根系生长量均为12~17厘米,而其新梢生长量均为2~7厘米。

表2 不同物种扦插苗根系和新梢生长情况统计
Table 2 Statistical data of the new root and shoot of hardwood cuttings

物种名称	生根苗根系长度/cm	生根苗新梢长度/cm	未生根新梢长度/cm	生根部位
对萼猕猴桃	16.66 a	9.04 cd		皮,芽
软枣猕猴桃	16.16 ab	5.24 fg	2.87	皮,芽
黑蕊猕猴桃	15.68 abe	4.97 fg	4.33	皮,芽
京梨猕猴桃	15.05 bef	5.95 fg		皮
梅叶猕猴桃	14.65 efg	9.77 bc		皮
紫果猕猴桃	14.33 fgh	6.50 e		皮
葛枣猕猴桃	13.99 fghi	4.51 g		皮,芽为主,少量愈伤组织
大籽猕猴桃	13.98 fghi	11.26 ab		皮,少量芽
异色猕猴桃	13.60 ghi	11.94 a	4.50	皮
湖北猕猴桃	13.46 ghij	2.71 ij	2.10	皮
长叶猕猴桃	13.37 hij	6.57 e	3.37	皮
繁花猕猴桃	13.18 hijk	3.79 hij	2.97	皮,少量愈伤组织
浙江猕猴桃	12.95 ijk	3.14 hij		皮

续表

物种名称	生根苗根系长度/cm	生根苗新梢长度/cm	未生根新梢长度/cm	生根部位
美味猕猴桃	12.34 jkl	4.02 hi	4.50	皮
山梨猕猴桃	11.99 kl	5.58 fg	3.03	皮
网脉猕猴桃	11.36 lm	3.82 hi		皮,少量愈伤组织
毛花猕猴桃	10.31 mn	6.58 e	6.13	皮,少量愈伤组织
毛叶硬齿猕猴桃	10.30 mn	7.83 de		皮
漓江猕猴桃	9.98 n	4.44 gh	4.44	皮
中华猕猴桃	9.29 n	3.01 hij	0.82	皮,少量愈伤组织
阔叶猕猴桃	6.43 o	6.43 ef		皮
安息香猕猴桃	4.52 p	4.51 gh		愈伤组织为主,少量皮层
柱果猕猴桃	2.60 q	2.20 j		皮层

注:表中小写字母是在显著性水平0.05上的差异性。

另外从根系生长部位看,各物种扦插生根的主要部位是皮层(彩图5),对萼、软枣、黑蕊和葛枣除皮外;此外,芽也是其主要的生根部位。繁花、网脉、毛花和中华猕猴桃除皮外,有少量愈伤组织处生根,而安息香猕猴桃却主要是愈伤组织处生根,少量皮层。这与湖南园艺研究所彭涤非等人对'红阳'、'楚红'嫩枝扦插的结果和仲恺农业工程学院生命科学院程长志等人对'武植3号'硬枝扦插研究的结果相同,不论嫩枝扦插还是硬枝扦插,均以皮层生根为主,愈伤组织生根为辅[7-8]。

3 小结与讨论

3.1 小结

(1)本研究结果表明,26个物种中以葛枣猕猴桃、对萼猕猴桃、大籽猕猴桃和梅叶猕猴桃4个物种最易扦插成活,生根率均为95%以上,且根系和新梢生长量大;而以柱果猕猴桃、阔叶猕猴桃、黄毛猕猴桃、革叶猕猴桃和桂林猕猴桃极难生根,其成活率和生根率均与其他物种差异性显著,在0~5%;较难生根的物种有3个,即湖北猕猴桃、中华猕猴桃和安息香猕猴桃,其扦插成活率和生根率均在20%~45%,与其他物种差异性同样显著。剩余的11个物种的生根难易程度居中,进一步改进扦插技术,将有可能提高其生根率和扦插苗生长势。

(2)对极难生根的5个物种不适宜采取硬枝扦插繁殖更新,需采取嫁接繁殖保存最可靠,同时需进一步的研究其他无性繁殖方法,如嫩枝扦插或组织培养等。

(3)本研究认为中华猕猴桃难生根,生根率仅28.3%,与程长玉采用'武植3号'硬枝扦插的结果相差较大,程长玉等人研究认为中华猕猴桃'武植3号'在生长调节剂萘乙酸(NAA)和赤霉素(GA)混合液或萘乙酸(NAA)和细胞激动素(KT)混合液处理下,扦插成活率可达80%以上,比本研究中的结果高出近2倍。表明选用不同的生长调节剂处理,其扦插生根的结果差异极明显,这也说明在扦插技术进一步改进的基础上,完全可以通过扦插来繁殖苗木。

(4)由于猕猴桃是雌雄异株植物,采集的每个物种果实(不论时野外还是人工栽培)中的种子均为天然杂种,实生一代单株间会出现不同程度的差异,用其作砧木,对栽培品种果实商品性的统一会有一定的影响。因此,如果研究出快捷的扦插繁殖技术,培育特性一致的专用砧木苗或品种苗,这对提高商品果实的一致性有重要的意义。

参 考 文 献

[1] 崔致学.中国猕猴桃.济南:山东科学技术出版社,1993
[2] 黄宏文,龚俊杰.猕猴桃属植物的遗传多样性.武汉植物园,2000:81-95
[3] 黄海琴,黄海燕.猕猴桃硬枝扦插繁殖技术.南昌:江西省科学技术馆,2012
[4] 曲泽洲.猕猴桃栽培与利用.北京:农业出版社,2000
[5] 黄仁煌,王圣梅,等.中华猕猴桃硬枝扦插繁殖研究.武汉:中科院武汉植物研究所,1981
[6] 杨清平,艾秀兰.猕猴桃扦插繁殖试验.农业与技术 III,2001:46-77
[7] 彭涤非,曾斌.红肉猕猴桃新品种的嫩枝扦插快繁技术//黄宏文.猕猴桃研究进展 V,2010:80-82
[8] 程长志,杨妙贤,梁红.生长调节剂对'武植3号'猕猴桃枝条生根的影响//黄宏文.猕猴桃研究进展 V,2010:107-110

Study on Hardwood Cuttings of Different *Actinidia* Species

Liu Xiaoli[1]　　Li Dawei[1]　　Hu Haiyan[2]　　Han Fei[1]　　Zhang qiong[1]　　Zhong Caihong[1]

(1 Wuhan Botanical Garden, Chinese Academy of Sciences　Wuhan　430074

2 Hubei Engineering University　Xiaogan　432000)

Abstract　*Actinidia* is functionaldioecy, and hardwood cuttings is an effective strategy to maintain the superior characters of parents, accelerate flowering and fruit bearing, and obtain orderly female and male plants. In this study, newly lignified branches of 26 *Actinidia* species were used tostudy the rooting degree of cutting propagation. The survival rate of hardwood cuttings was varied that, the rooting rate of *Actinidia polygama* (Siebold and Zuccarini) Maximowicz, *Actinidia valvata* Dunn, *Actinidia macrosperma* var.*mumoides* C. F. Liang and *Actinidia macrosperma* C. F. Liang were highest(96% ~ 100%), whereas *Actinidia cylindrica*C. F. Liang, *Actinidia latifolia*(Gardner & Champion) Merrill, A. fulvicoma Hance, *Actinidia rubricaulis* var. *coriacea* (Finet and Gagnepain) C. F. Liang and *Actinidia guilinensis* C. F. Liang were lowest, showing 0 ~ 5% of the survival and rooting rate. In addition, the *Actinidia chinensis* var *chinensis* and *Actinidia chinensis* var *deliciosa*, bothbelonging to the commercial species, were difficult to rooting and showed 28.3%, 52.5% of the rooting rate, respectively. Further improvements of growth regulator and management technology were needed to enhance the rooting rate of *Actinidia* species.

Key words　*Actinid*ia species　Hardwood cuttings　Survival rate

植物保护

新西兰猕猴桃细菌性溃疡病研究进展

成灿红[1]　Ross Ferguson[1]　Mike Manning[1]　Paul Datson[1]
Lena Fraser[1]　Mark McNeilage[1]　Tony Reglinski[2]　Stephen Hoyte[2]

(1 新西兰植物与食品研究所，Mount Albert 研究中心，Private Bag 92 169，Auckland　New Zealand
2 Ruakura 研究中心，Private Bag 3230，Hamilton　New Zealand)

摘　要　猕猴桃溃疡病是一种由丁香假单胞杆菌猕猴桃致病变种(*Pseudomonas syringae* pv. *actinidiae*，简称 Psa)引起的细菌性病害，目前正严重威胁着新西兰的猕猴桃产业。该病于 1989 年在日本美味猕猴桃上首次被报告，直至 2010 年 11 月才在新西兰发现。该病主要引起发病处溃疡腐烂、产生黏质菌脓、嫩枝枯萎、藤蔓死亡、叶片病斑、花蕾枯死脱落等症状。在新西兰，从表观症状来看，溃疡病主要发生在平均温度为 10~20 ℃的春秋季节，但实际上 Psa 病原菌可以全年定殖在宿主植株上，并迅速繁殖蔓延侵染新的园区。截至 2013 年 8 月 7 日，在新西兰发现溃疡病不到 3 年的时间里，已有 2243 个园区确认感染了溃疡病，占到了新西兰猕猴桃面积的 75%。造成该病害全面爆发的原因主要是由于有限的管理措施及杀菌剂(抗生素及重金属农药)。目前，在新西兰，病害的管理主要集中在通过砍伐感病植株并移除出园区，及在病害侵染期前喷洒抗菌剂(如铜制剂等)，以尽可能地减少病原菌的接种量。然而，一旦病原菌已经侵入到植株体内，运用表面杀菌剂根本无法抑制病原菌的侵染，另一方面频繁使用杀菌剂也会造成环境的污染。因此，筛选对溃疡病具有抗性的种植资源是目前育种项目的重中之重。目前，针对新西兰 Psa-V 菌株的全基因组测序计划已经完成，该项目的实施有助于致病因子的识别(如与毒素合成途径相关的编码基因及效应蛋白)。研究结果表明，新西兰的 Psa-V 菌株具有 2 个独特的效应蛋白(HopZ2b 和 HopH1)及 1 个毒素合成途径。因此，针对溃疡病抗性育种的策略也集中在找到猕猴桃植株体内可以特异性识别 HopZ2b 和 HopH1 效应蛋白的 R 基因等方面。在过去的 18 个月里，我们共分离到了 108 个 R 基因，设计了 70 对引物，识别了一系列相关的基因并定位了 102 个位点。总的来说，中华猕猴桃比其他猕猴桃物种更易感染溃疡病。中华猕猴桃的部分基因型表现出严重的感染症状。美味及软枣猕猴桃抗性稍强，大部分基因型仅表现出叶斑等轻微感病症状。'Hort16A'、'红阳'品种及 'Sparkler'、'Bruce' 等雄株材料抗性非常差，可能将停止在新西兰的商业种植。但是，新选育出的一批中华猕猴桃株系已验证抗性较强，未来可以成功地进行商业种植。遗传研究结果显示，我们育种基因库中的材料在溃疡病的抗性方面存在着明显差异，对木质部的生物分析也证实存在着一些具有抗性的父母本材料。目前，通过早期 Psa 生物测试方法，我们每年可以生产 40000 个实生苗雌株用于抗病育种及针对特定商品特性选择候选种质，在未来的研究中还将运用到分子辅助育种及全基因筛选辅助育种。

Bacterial Canker of Kiwifruit(Psa) Research in New Zealand

Bacterial canker of kiwifruit, caused by a virulent strain of *Pseudomonas syringae* pv. *actinidiae* (Psa), has seriously damaged the kiwifruit industry in New Zealand. Although Psa was first described causing a disease of kiwifruit (*Actinidia deliciosa*) in Japan in 1989, it was not reported in New Zealand until November 2010. Psa can cause serious symptoms of canker, bacterial ooze, cane die-back and vine death, and less serious symptoms of leaf spotting and flower wilting, accompanied by flower and bud drop. Psa is able to colonize host plants throughout the whole year in New Zealand, although infection seems to take place mainly during spring and autumn when the average temperatures are between 10 and 20°C. Psa can multiply and quickly spread to new areas. By 7 August 2013, Psa has been identified in 2243 orchards, representing 75% of the area in New Zealand planted in kiwifruit, less than three years after its recognition (http://www.kvh.org.nz/statistics). The devastation caused by bacterial outbreaks is in part due to the limited number of management tools and bactericides (besides antibiotics and heavy metals) available to combat plant bacterial pathogens. Currently, in New Zealand, disease management has mostly focused on reducing inoculum by cutting and removing infected material from orchards and on preventing new infections by spraying antibacterial compounds (e.g., copper-based compounds) before infection periods. However, once the pathogen is inside the plant, it cannot be reached by surface-protecting bactericides and intensive application of bactericides is deleterious to the environment. Therefore, host resistance to Psa is considered a high priority in our breeding program.

A whole genome sequencing project has been completed, which has enabled the identification of the full complement of pathogenicity factors (effectors and genes encoding toxin biosynthetic pathways) of the virulent strain of Psa in New Zealand. The results showed that the New Zealand isolate possesses two unique effectors (HopZ2b and HopH1) and a toxin pathway. Our strategies for Psa resistance breeding are to identify R genes that detect effectors unique to HopZ2b and HopH1and to find natural variation in effector targets. In the last 18 months, we have found 104 R genes and mapped 70 primer pairs, identifying a selection of the genes and providing 102 loci.

In general, *Actinidia chinensis* appears to be more susceptible than other Actinidia species. Many genotypes of *Actinidia chinensis* develop serious symptoms. *Actinidia deliciosa*and *Actinidia arguta*appear to be less susceptible, with most genotypes showing only leaf spotting, although some do develop serious symptoms. *Actinidia chinensis* cultivars, such as 'Hort16A' and 'Hongyang' and the males 'Sparkler' and 'Bruce', are very susceptible and may not survive commercially in New Zealand. However, some new selections of *Actinidia chinensis* are less susceptible and could be commercially successful.

Results of our genetic studies indicate the extent and nature of genetic variation in Psa resistance available in our breeding gene pool. Results of woody stem bioassays also showed that possibly resistant parents may exist. Currently, we produce about 40,000 female seedlings annually for resistance breeding and select candidates for commercial trials as early as possible by using Psa bioassay methods, and intend to use marker-assisted selection and whole genome selection in the future.

中国猕猴桃溃疡病菌的多样性研究

李 黎[1] 钟彩虹[1] 李大卫[1] 张胜菊[1] 黄宏文[1,2]

(1 植物种质创新与特色农业重点实验室 中国科学院武汉植物园 武汉 430074
2 中国科学院华南植物园 广州 510650)

摘 要 猕猴桃细菌性溃疡病是一种严重威胁猕猴桃生产的毁灭性病害。近年来,该病在新西兰和意大利等猕猴桃出口大国爆发,并有世界范围内进一步扩散之势,给猕猴桃产业的发展造成了严重威胁。本研究在中国陕西、四川、重庆、河南、贵州、湖北及安徽等猕猴桃主产区进行了溃疡病样本的采集,采集部位主要包括树干、枝蔓、叶片、花蕾及根部,共计获得207个菌株。研究结果表明,供试菌株均属于丁香假单胞菌杆菌猕猴桃致病变种(*Pseudomonas syringae pv. actinidiae*,PSA),但各菌株在培养特征、致病性、分子遗传水平等方面均表现出较大的差异。按菌落形态及色素分泌等培养特征,可将供试菌株划分为3种类型。依据致病力差异,可将菌株分为强、较强、中等及弱4种类型。对形态及致病力不同类型的24个代表性菌株进行了Rep-pcr聚类分析,发现供试菌株可以划分为4组,所聚类群和致病力分化所形成的组别存在一定的相关性,但与形态学类型、地域分布之间没有明显的相关性。由此说明,中国猕猴桃溃疡病菌株间存在着丰富的遗传多样性。

关键词 猕猴桃 细菌性溃疡病 丁香假单胞菌杆菌猕猴桃致病变种 多样性

猕猴桃细菌性溃疡病是一种最近开始严重威胁猕猴桃生产和发展的毁灭性病害,其发生具有范围广、传播快、致病性强、防治难度大等特点,可在短期内造成大面积树体死亡,1996年已被我国列为森林植物检疫性病害,是猕猴桃生产中面临的重大问题。该病自2008年以来突然在新西兰及意大利等猕猴桃出口大国大规模爆发,主要危害具有重要经济价值的黄肉猕猴桃品种如"Hort16A",对当地的猕猴桃产业发展造成了极大的威胁;以新西兰为例,截至2014年1月16日,已有2422个猕猴桃园确认感染了致病力最强的溃疡病病原菌"PSA-V",约占新西兰猕猴桃园总面积的80%;受溃疡病的影响,2012年新西兰猕猴桃出口量从2011年的41.47万吨降至32.40万吨,同比减少21%,造成了10亿新币的经济损失。目前,该病在法国、智利、葡萄牙、西班牙、韩国及日本的发生率及感染面积也在逐渐增加[1]。

作为世界第一大猕猴桃生产国的中国,目前也面临着溃疡病的严重威胁。本研究小组2012年春秋季对猕猴桃溃疡病进行全面调查后发现,随着苗木的远距离传播,该病在湖北、陕西、四川、河南及贵州等猕猴桃主产区感染面积正在扩大,不同地域、海拔、栽培品种的果园均存在感染情况,病株率普遍达到20%左右,感染严重的果园达到70%以上,很多果园因死树率过高而导致毁园,损失惨重;同时,以'红阳'为代表的我国重要商业化红肉品种及国外引进的'Hort16A'黄肉品种溃疡病抗性非常差[2-3],但目前仍在全国范围内大规模推广栽培。截止2013年年底,对全国猕猴桃溃疡病的综合统计表明,已有18个省市自治区发现溃疡病症状,因此,我国猕猴桃产业存在着重大隐患。

本文对中国不同省份猕猴桃溃疡病发病植株的枝条、叶片进行分离鉴定,结合形态学、致病性及分子遗传多样性等特性进行分析,以期为我国猕猴桃溃疡病的预测和防治工作提供参考依据。

1 材料与方法

1.1 病原标本的采集

作者于2012~2013年春秋季分别对湖北建始、四川成都(苍溪、都江堰、彭州、什邡、广元、邛崃、雅安)、河南西峡、重庆黔江、贵州贵阳及陕西西安(眉县、周至、杨凌)6个猕猴桃主要栽培地区及周边区域进行了溃疡病的全面调查,详细记录各园区的发病症状。在发病初期,采集'红阳'、'Hort16A'、'海沃德'及'秦美'等猕猴桃品种的感病枝条及叶片,标本在分离病菌前于4℃保存。

1.2 病原菌的分离

病原菌的分离按照方中达的组织分离方法进行[4]。将病株分别进行编号,菌株编号的字母表示采集地点,如SCPY代表四川彭州,HNND代表河南南阳,AHZA代表安徽金寨等;第一位数字表示不同的发病叶片,第二位数字表示同一叶片不同的病斑。取新鲜病健交界处的病组织洗净后切成4 mm×4 mm小块,用灭菌水冲洗3次;分别用70%酒精和0.5%~1%的次氯酸钠进行表面消毒,病组织在消毒液中浸泡1~2 min,再用无菌水冲洗3次。采用平板划线培养法进行分离:将上述的病组织放在灭菌载玻片上的灭菌水中,玻棒搅碎,静置一段时间,用灭菌的接种环在金氏B培养基(KB)上划线培养。划线结束后将平板倒置放置在25℃的恒温培养箱中培养24 h后,观察病菌的菌落形态。然后,使用解剖镜观察菌落形态,通过挑取单菌落使病原菌进一步纯化。

1.3 形态学特征观察

将分离到的病原菌菌株接种到KB培养基上进行培养,培养48 h后观察病菌的菌落形态、色素分泌及显微镜下的单细胞形态。

1.4 致病力检测

将培养24~72 h的单胞菌落制成菌悬液,浓度为$3×10^8$ CFU/ml,用针刺法(1号昆虫针5根捆成束)对'红阳'猕猴桃离体叶片进行接种,温度为15~20 ℃,保湿48 h,7~10 d后观察,每个分离菌株分别进行5个重复,阴性对照用灭菌水针刺和涂抹伤口。检查叶片上是否出现典型叶斑症状,并测量病斑的直径大小。

1.5 病原菌的分子鉴定

16S-26SrDNA分子鉴定参照J.Rees-George等人的方法进行[5]。特异引物PsaF1(5'-TTTTGCTTTGCACACCCGATTT-3')和PsaR2(5'-CACGCACCCTTCAATCAGGATG-3'),由上海生工生物工程有限公司合成;反应体系为25 μl,其中不含Mg^{2+}的10×buffer1.5 μl,10 mmol/L dNTP 0.5 μl,25 mmol/L $Mgcl_2$ 1.5 μl,10 μmol/L上游引物1.25 μl,10 μmol/L下游引物1.25 μl,5 U/ul Taq酶0.062 μl,DNA模板2 μl,无菌去离子水16.938 μl;PCR扩增反应程序为95℃预变性5 min;94℃变性30 S,58℃退火30 S,72℃延伸45 S,共30个循环;最后72℃延伸5 min。PCR扩增产物经2%琼脂糖凝胶检测后,回收纯化目的片段送华大基因公司测序。序列在NCBI(http://www.ncbi.nlm.nih.gov)进行Blast同源性比较,推定菌株的分类地位。

1.6 病原菌的分子多样性研究

Rep-PCR分子鉴定参照P. Ferrante和M. Scortichini的方法进行[6]。运用通用引物BOXA1R,ERIC1R,ERIC2,PER1R及REP2-1对病原菌进行扩增。PCR反应体系为25 μl,其中不含Mg^{2+}的10×buffer1.5 μl,25 mmol/L $Mgcl_2$ 1.5 μl,10 mmol/L dNTP 0.5 μl,10 μmol/L上下游引物各1 μl(BOX体系中BOXA1R引物仅1 μl),5 U/ul Taq酶0.15 μl,DNA模板2 μl,无

菌去离子水 12.35 μl(BOX 体系中为 13.35 μl);PCR 扩增反应程序为 95 ℃预变性 5 min;94 ℃变性 30 S,44 ℃、52 ℃或 53 ℃退火 30 S,72 ℃延伸 45 S,共 30 个循环;最后 72 ℃ 延伸 5 min。具体引物序列及退火温度见表1。运用 NTSYS-pc 2.2 软件计算病原菌间的遗传距离,对所分析的样本进行 UPGMA 聚类分析。

表 1 Rep-PCR 引物序列及 PCR 扩增退火温度

编号	序列	退火温度/℃
BOXA1R	5'-CTACGGCAAGGCGACGCTGACG -3'	53
ERIC1R	5'-ATGTAAGCTCCTGGGGATTCAC -3'	52
ERIC2	5'-AAGTAAGTGACTGGGGTGAGCG -3'	
REP1R	5'-IIIICGICGICATCIGGC-3'	44
REP2-1	5'-ICGICTTATCIGGCCTAC-3'	

2 结果与分析

2.1 危害症状及侵染过程

在我国,猕猴桃细菌性溃疡病一般在 2 月下旬至 3 月上旬开始发病。病原菌从植株的茎蔓幼芽、皮孔、落叶痕、枝条分叉处开始侵染,植株主干和枝条感病后龟裂,潮湿时感病部位产生乳白色黏质菌脓;在 3 月中下旬至 4 月下旬,与植物伤流混合后呈黄褐色或锈红色。叶片一般在 4 月开始感病,在新生叶片上呈现不规则形或多角形、褐色斑点,病斑周围有 3~5 mm 的黄色晕圈。随后由于上年生枝蔓溃疡、养分输送渠道被阻断,造成营养和水分缺乏,幼芽及嫩枝逐渐感病枯萎,叶片焦枯、卷曲;藤蔓感病后部分变成深绿色、水渍状,常形成 1~3 mm 长的纵向裂缝;4 月下旬到 5 月中旬,花蕾感病后不能张开,随后变褐枯死并脱落。秋冬季时病原菌主要在皮孔、气孔及果柄处定植,也可随病残体在土壤中定植,侵染速度减弱。如此形成侵染的周年循环。

猕猴桃"红阳"品种感病植株的典型发病症状参见彩图6。

2.2 病原菌的分离

在 17 个猕猴桃主要栽培地区进行采样,共计分离到 207 株 PSA 菌株(表2),建立了全国PSA 菌株资源库。所有菌株在 KB 培养基上培养(25 ℃)和保存(4 ℃)。

表 2 供试病原菌的取样分布

地区	居群	样本	分离菌株	来源	地理坐标	寄主	采集时间
西南	四川彭州 SCPY	52	31	小鱼洞镇草坝及董坪园区	31°12′(N) 103°46′(E) 1050-1100(H)	红阳 Hort16A	2012.3.24
	四川彭州 SCPC	3	6	磁峰县	31°07′(N) 103°47′(E) 790(H)	Hort16A	2012.3.25
	四川都江堰 SCDJ	11	12	虹口乡及向娥乡	31°07′(N) 103°44′(E) 952-1030(H)	红阳 Hayward	2012.3.25
	四川什邡 SCSF	3	3	红白镇	31°21′(N) 104°01′(E) 854(H)	红阳	2012.3.26

续表

地区	居群	样本	分离菌株	来源	地理坐标	寄主	采集时间
西南	四川广元 SCGY	8	6	苍溪县文昌镇	31°58′(N) 106°17′(E) 650-760(H)	红阳	2012.4.7
	四川邛崃 SCQL	7	6	火井镇	31°24′(N) 103°13′(E) 786-794(H)	红阳 金艳	2012.4.8
	四川雅安 SCYA	8	4	名山县及多营县	31°07′(N) 103°05′(E) 900-960(H)	红阳	2012.4.9
	贵州贵阳 GZGT	5	10	奥体中心小箐村	26°37′(N) 106°36′(E) 1290-1300(H)	Hayward	2012.4.23
	贵州贵阳 GZGX	6	14	修文县马关村	26°51′(N) 106°40′(E) 1314-1336(H)	Hayward 米良1号 贵长	2012.4.23
	重庆黔江 CQJX	15	18	金溪望岭村	26°21′(N) 108°40′(E) 549-669(H)	红阳	2012.4.24
华中	湖北恩施 HBES	14	18	建始县安坪镇	30°25′(N) 110°02′(E) 976-989(H)	红阳	2012.4.25
	河南南阳 HNND	12	18	西峡县丁河镇	33°23′(N) 111°18′(E) 252-323(H)	Hayward 华美2号	2012.4.13
	河南南阳 HNNX	6	7	西峡县寨根乡	33°30′(N) 111°07′(E) 497(H)	Hayward	2012.4.13
西北	陕西宝鸡 SXMQ	17	15	眉县青化乡	34°12′(N) 107°99′(E) 646(H)	秦美 金魁 米良1号 秋香 徐香 红阳 哑特 秦美	2012.4.26
	陕西西安 SXXZ	12	18	周至县广济镇、马召镇、哑柏镇	34°08′(N) 108°16′(E) 514(H)	Hort16A Hayward 华优	2012.4.26
	陕西西安 SXXY	5	5	杨凌	34°26′(N) 108°12′(E) 436(H)	Hayward 美味系实生苗	2012.4.26
华东	安徽金寨 AHZA	6	6	杨汇	31°18′(N) 115°33′(E) 216(H)	红阳实生苗	2013.7.15
合计	17	198	207	提取DNA样本256份			

2.3 病原菌的形态多样性及分子鉴定

观察病原菌的形态特征,可见病原菌在 KB 培养基上呈圆形,稍隆起,边缘整齐,表面光滑(图1)。在显微镜下,菌体呈短杆状,单细胞,两端钝圆,大小为 1.34 μm×0.5 μm - 2.2 μm×0.51 μm,可以将病原菌鉴定为丁香假单胞杆菌猕猴桃致病变种(*Pseudomonas syringae* pv. *actinidiae*, Psa)。进一步根据病原菌在 KB 培养基上的色素分泌等特征,可将菌株划分为3种类型,分别呈浅绿色(Ⅰ)、乳白色(Ⅱ)及浅黄色(Ⅲ)。利用 Psa 特异性引物 PSAF1 和 PSAR2 分别扩增所有供试菌株的 rDNA 16S~23S 片段,对所测序列进行 NCBI 同源性比较,发现菌株的 16S~23S 序列与 Psa 的同源性达99%以上,推定为 Psa 菌株。

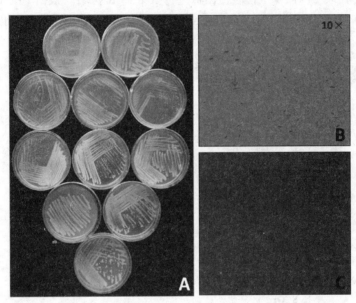

图1 病原菌的形态特征及显微结构

2.4 病原菌的致病力分析

将形态学差异明显的24个代表性菌株(表3)分别接种'红阳'离体叶片,对其致病力进行比较,结果表明这24个代表菌株均可侵染供试植株,接种初期,叶片上现褪绿小点,逐渐扩大呈黑色水渍状多角形病斑,叶片逐渐枯萎。由于叶片成熟度高且湿度大,周围黄色晕圈不明显,但不同菌株的致病力存在明显差异,主要表现在病斑的直径差异较大。对致病力差异数据进行分析,可将24个代表性菌株划分为强、较强、中等及弱4种类型(彩图7)。

表3 不同病原菌在'红阳'离体叶片上形成病斑的平均直径(mm)

菌株对应编号	SCSF2-1	GZGX3-1	SCPC3-2	SCPY13-1	HBES4-2	SXMQ7-3
形态学特征类型	Ⅰ	Ⅱ	Ⅰ	Ⅰ	Ⅱ	Ⅲ
病斑平均直径	4.15	3.02	1.98	0.75	4.50	1.95
菌株对应编号	HNND9-1	AHZA6-2	SCQL1-1	SCYA4-1	SXXZ7-2	HNND10-1
形态学特征类型	Ⅱ	Ⅲ	Ⅲ	Ⅲ	Ⅱ	Ⅱ
病斑平均直径	1.10	3.25	1.05	4.32	3.12	1.50
菌株对应编号	HNNX4-2	GZGT5-1	SXMQ1-3	HNND1-2	SZZX11-1	HBES4-1

续表

形态学特征类型	Ⅲ	Ⅱ	Ⅱ	Ⅱ	Ⅱ	Ⅰ
病斑平均直径	1.75	1.00	3.85	2.95	1.75	3.05
菌株对应编号	SCQL2-1	SXMQ4-1	SCGY4-1	CQJX3-1	SXXY3-1	SCDJ4-2
形态学特征类型	Ⅲ	Ⅱ	Ⅲ	Ⅲ	Ⅱ	Ⅱ
病斑平均直径	1.34	2.10	0.84	2.30	1.257	2.15

2.5 病原菌的 Rep-PCR 遗传多样性分析

采用 3 对引物(表 1)对 24 个代表性菌株进行 Rep-PCR 扩增。根据 UPGMA 聚类法对 24 个菌株进行了相似性聚类分析,可以看出在欧氏距离为 5.03 时,供试菌株可以划分为 4 大类(图 2)。UPGMA 所聚类群与按形态特征所划分的 3 个类型没有明显相关性,每个类群均包含 3 种类型的菌株;与采集地域之间也没有明显的相关性,但与致病力的分类基本一致。综合结果表明中国猕猴桃溃疡病菌株间存在着丰富的遗传多样性。

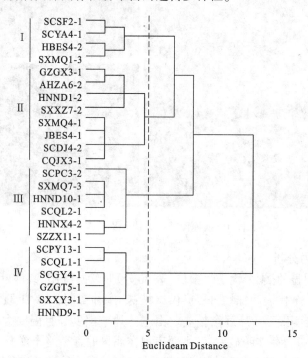

图 2 基于 Rep-PCR 分子标记的供试菌株 UPGMA 聚类分析

3 讨论

近年来,随着我国'红阳'及'Hort16A'等品种的猕猴桃溃疡病感染面积增加,国内对于该病的研究也逐渐开始重视。形态学特征及致病力检测等研究是植物病原菌常见的鉴定方法。朱晓湘、承河元、梁英梅、雷庆及张弛等分别对湖南石门东山峰农场、安徽岳西地区、陕西关中地区、四川都江堰地区及重庆黔江的病原菌进行了分离鉴定,发现病原菌在 KB 培养基上呈白色至浅黄色,无黄绿色荧光[3,7-10];王忠肃、赵利娜分别对四川苍溪县、安徽岳西、陕西户县和重庆黔江分离到的菌株进行了分析,菌株在 KB 培养基上均呈黄绿色荧光[11-12]。可见,各地或同地区不同果园内采集的病原菌在形态学特征上存在着明显差异。本研究对全国主要栽培地区的猕猴桃溃疡病病原菌进行了系统的形态学特征分析,发现不同病原菌菌株在KB培养基上的主要形态学特征均为圆形、半凸起、边缘整齐、表面光滑,但在色素分泌上存在较大差异,可大致分为浅黄色、白色至黄绿色3个类群。形态学特征类群的划分与致病力、分子分型及地域之间不存在明显相关性。

在致病力研究方面,张立新等对安徽、重庆、陕西等地的12个代表性猕猴桃溃疡病菌株的致病力进行了检测,结果表明来源于安徽的2个菌株致病力最强;而来源于安徽、重庆和陕西的其他菌株的致病力较弱[13]。本研究运用全国24个代表性菌株在'红阳'品种的致病力表现进行了分析,研究结果证实,我国猕猴桃溃疡病病菌按照致病力强弱可以划分为4个等级,菌株间的致病力存在着明显的分化,且致病性相对较弱的菌株比率较大,可以部分解释为何目前中国猕猴桃溃疡病并没有大规模爆发。

在遗传多样性研究方面,C.Honour等人对于全球30个PSA菌株的基因组及群体进行分析,认为过去30年爆发的猕猴桃溃疡病是由于多个完全不同的PSA病原居群造成的;随着病原菌在不同环境下对新猕猴桃宿主的成功驯化,就会产生一种新的病原菌群体[14]。本文首次运用Rep-PCR技术对中国溃疡病病原菌进行了分析,结果显示中国猕猴桃溃疡病菌株间存在着丰富的遗传多样性。笔者认为与新西兰、意大利的栽培品种单一、环境条件一致不同,我国各个猕猴桃栽培地区的气候条件及栽培品种均存在着很大的差异,因此可能造成了大量PSA病原菌的变异,形成了多个不同的病原菌群体,最终形成了群体间形态特征、致病力、遗传多样性丰富的现状。同时,我国的猕猴桃苗木存在着很大的流动性,不同地区的病原菌很可能属于来自于同一个园区,属于同一个致病类型或分子类型,因此遗传多样性与地域之间并无明显关联。针对病原菌的起源、地域分布格局及流行机制等问题进行更深入地研究将是我们下一步的研究重点。

参 考 文 献

[1] Scortichini M, Marcelletti S, Ferrante P, et al. *Pseudomonas syringae* pv. *actinidiae*: a re-emerging, multi-faceted, pandemic pathogen. Molecular Plant Pathology, 2012,13:631-640.

[2] 高小宁,赵志博,黄其玲,等.猕猴桃细菌性溃疡病研究进展.果树学报, 2012.

[3] 张弛.红阳猕猴桃四倍体诱导及其抗溃疡病特性初探.重庆:西南大学,2011.

[4] 方中达.植病研究方法.北京:中国农业出版社,1996.

[5] Rees-Geroge J, Vanneste J L, Cornish D A, et al. Detection of *Pseudomonas syringae* pv. *actinidiae* using polymerase chain reaction (PCR) primers based on the 16S-23S rDNA intertranscribed spacer region and comparison with PCR primers based on other gene regions. Plant pathology, 2010,59:453-464.

[6] Ferrante P, Scortichini M. Molecular and phenotypic features of *Pseudomonas syringae* pv. *actinidiae* isolated during recent epidemics of bacterial canker on yellow kiwifruit (*Actinidia chinensis*) in central Italy. Plant Pathology, 2010,59:954-962.

[7] 朱晓湘,方炎祖,廖新光.猕猴桃溃疡病病原研究.湖南农业科学,1993(6):31-33.

[8] 承河元,李瑶,万嗣,等.安徽省猕猴桃溃疡病菌的鉴定.安徽农业大学学报, 1995,22:219-228.

[9] 梁英梅,张星耀,田呈明,等.陕西省猕猴桃枝干溃疡病病原菌鉴定.西北林学院学报, 2000,15(1):37-39.

[10] 雷庆,叶华智,余中树.猕猴桃溃疡病菌噬菌体的初步研究.安徽农业科学, 2007,35(19):5995-5996.

[11] 王忠肃,唐显富,刘绍基.猕猴桃细菌性溃疡病(*Actinidia* bacterial canker)病原细菌鉴定.西南农业大学学报,1992,14(6):500-503.

[12] 赵利娜.中国猕猴桃主产区溃疡病病原菌鉴定及其致病力检测.合肥:安徽农业大学,2012.

[13] 张立新,李莎莎,檀根甲.猕猴桃溃疡病菌的鉴定及其对不同猕猴桃品种的致病力分析.中国植物保护学会2011年学术年会论文集, 2011:243.

[14] Honour C. McCann, Erik H. A. Rikkerink, Frederic Bertels. Genomic analysis of the kiwifruit pathogen *Pseudomonas syringae* pv.*actinidiae* provides insight into the origins of an emergent plant disease.Plos One, 2013,9(7):1-19.

Diversity of *Pseudomonas syringae* pv.*actinidiae* Causing Bacterial Canker of Kiwifruit in China

Li Li[1] Zhong Caihong[1] Li Dawei[1] Zhang Shengju[1] Huang Hongwen[1,2]*

(1 Key Laboratory of Plant Germplasm Enhancement and Specialty Agriculture,
Wuhan Botanical Garden, Chinese Academy of Sciences Wuhan 430074
2 South China Botanical Garden, Chinese Academy of Sciences Guangzhou 510650)

Abstract Bacterial canker is a devastating disease of kiwifruit. In recent years, the disease outbreak in such countries as Italy and New Zealand where kiwifruit is a major crop, and has the trends to further spread worldwide, serious threat to the development of kiwifruit industry. In this study, 207 strains were isolated from kiwifruit trunks, vines, leaves, buds and roots showing typical symptoms, which collected from Shaanxi, Sichuan, Chongqing, Henan, Guizhou, Hubei and Anhui provinces in China. All test isolates were identified as *Pseudomonas syringae* pv.*actinidiae* based on ITS sequence, and great difference could be found among strains on culture characteristics, pathogenicity and genetic level. The isolates were classified into three types based on colony morphology and pigment production. Based on virulence test, strains could be divided into four types range from strong to weak. Rep-pcr analysis indicated great genetic diversity among twenty-four representative isolates. Dendrogram analysis showed that they were divided into four groups. The four-group classification was consistent with the four-type pathogenicity classification, but not consistent with the culture characteristics and geographical distribution. These results suggest that there was rich diversity among *Pseudomonas syringae* pv.*actinidae* isolates from the kiwifruit in China.

Key words Kiwifruit Bacterial canker *Pseudomonas syringae* pv.*actinidiae* Diversity

猕猴桃细菌性溃疡病研究进展

罗赛男[1,2,3,4] 何科佳[1,2,3] 张平[1,2,3] 李健权[1,2,3] 王卫红[1,4]

(1 湖南省农科院园艺研究所 湖南长沙 410125　2 国家农业部华中地区果树科学观测实验站 湖南长沙 410125
3 长沙时鲜水果工程技术研究中心 湖南长沙 410125　4 湖南省园艺研究所实验中心 湖南长沙 410125)

摘　要　猕猴桃细菌性溃疡病是世界猕猴桃产业发展的主要限制因子。综合国内外研究报道，本文就猕猴桃细菌性溃疡病菌的分类、生物学特性、寄主抗病性进行了概述，阐明了致病因子与病害发生发展的关系。

关键词　猕猴桃　溃疡病　鉴定　插入序列

猕猴桃(*Actinidia chinensis* Planch)原产我国，富含 Vc，享有"水果之王"的美称，颇受世界水果市场青睐。猕猴桃细菌性溃疡病是猕猴桃产业的毁灭性的病害，该病的病原为丁香假单胞菌猕猴桃致病变种(*Pseudomonas syringae* pv.*acteinidiae*)。我国于 1986 年在湖南东山峰农场人工基地首次发现该病症，其发病面积达到 13.3 公顷，造成猕猴桃植株成片死亡。

1　PSA 菌株的分布与发生

1989 年日本第一次分离和描述了猕猴桃溃疡病的致病源，丁香假单胞菌猕猴桃致病变种(*Pseudomonas syringae* pv. *acteinidiae*，PSA)[1]。其主要危害症状是褐色叶斑和黄色水渍状晕圈，新梢和果实枯萎，树干和树枝有菌脓溢出。同年，在中国四川一个类似的病状被报道[2]，紧接着在中国安徽和陕西 PSA 都陆续被报道为猕猴桃溃疡病的致病源。不久该病害在韩国也被发现[3]。最早报道该病的欧洲国家是意大利，1992 年该病在意大利曾有短暂的爆发[4]。2008 年，世界爆发了严重的细菌性溃疡病[5]。一开始，该病仅在从新西兰和中国引进的中华猕猴桃有上发现。2010 年该病扩展到了葡萄牙和法兰西，并在美味猕猴桃和中华猕猴桃上均有发现[6-7]。2010 年 10 月，在新西兰，猕猴桃细菌性溃疡病同样被发现在美味猕猴桃和中华猕猴桃均有感染[8]。到 2011 年，据统计，猕猴桃细菌性溃疡病已在西班牙[9]，瑞士[10]，智利[11]和澳大利亚[12]均有发现。该病已经成为危害世界猕猴桃产业的毁灭性病害。

猕猴桃细菌性溃疡病目前在世界各地的发病症状和侵染规律基本一致。该病初期在罹病叶上形成红色小点，后形成 2～3 mm 不规则暗褐色病斑，病斑周围有明显的黄色水渍状晕圈。湿度大时，病斑迅速扩大为水渍状大型病斑，其边缘因受叶脉限制而成多角形，也有许多病斑不产生晕圈。数个病斑愈合时，主脉间全成暗褐色，并有菌脓溢出，有时叶片向里或向外翻卷。细弱的小枝条发病时，初呈暗绿色水渍状，不久变为暗褐色，并产生纵向线状龟裂，病症向不断伸长的新梢和茎部扩展，很快使整个新梢成暗褐色而萎蔫枯死。此时如遇高温，病部及周围健康的皮孔，可溢出白色水滴状的菌脓。

基金项目：湖南省科技厅国际合作项目(2012WK3070)
作者简介：罗赛男，1982 生人，女，湖南益阳人，助理研究员，博士，研究方向：果树种质资源的收集与评价利用。
通讯作者：罗赛男，sainan217@126.com，18684686217，0731-84693808

要阻止猕猴桃细菌性溃疡病的进一步扩散,最好是从其传播途径着手。现在已知的猕猴桃细菌性溃疡病的传播途径包括:①依靠种子,苗木,枝条等进行长途传播;②蚜虫或昆虫传播;③花粉以及人类的修剪等;④近期的研究表明,细菌性溃疡病有可能是参与到植物的水循环代谢中进行传播,科学家已在地表水、雪水、雪堆、雨水和灌溉水中分离到了细菌性溃疡病菌。因此,细菌性溃疡病菌通过空气传播也是有可能的。

2 PSA 菌株的生物学特性与分子鉴定

猕猴桃细菌性溃疡病是一种细菌性病害,朱晓湘等[13]根据病原菌的生理生化的测定,认为猕猴桃溃疡病病原菌属于丁香假单胞杆菌(*Pseuomonas syringae*),即由假单胞菌属丁香假单胞杆菌猕猴桃致病变种(*Pseudomnas syringae* pv. *actinidiae*)侵染而引起的细菌病害。王忠肃等[2]对猕猴桃溃疡病病原细菌鉴定,认为其病原为 *Pseudomonas syringae* pv. *actinidiae*。承河元、李瑶等[14]通过对安徽省猕猴桃溃疡病病菌的鉴定表明,其病原也为 *Pseudomonas syringae* pv. *actinidiae*。这与美国、日本研究报道的相同。

综合对 PSA 菌株的生理生化、显微观察与营养特征的研究结果,可知 PSA 病原菌为直杆状,有的稍弯曲,单细胞,两端钝圆,大小为 $(1.4~2.3)\mu m\times(0.4~0.5)\mu m$,多数极生单鞭毛,少数为 2~3 根。革兰氏染色阴性,不具荚膜,不产生芽孢和不积累聚 β-羟基丁酸脂。低温、强光照和高湿适于该病菌的生长,菌体为好氧菌,在含蔗糖的培养基上菌落黏稠状,在牛肉蛋白胨培养基上的菌落为乳白色、圆形、光滑、边缘全缘,在肉汁胨培养液中呈云雾状混浊且不形成菌膜,在金氏培养基上的菌落一般产生黄绿色的荧光;氧化酶阴性,精氨酸双解酶阴性,在烟草幼苗上有明显的过敏性反应,41 ℃以上不能生长[15-18]。

但由于细菌形态微小,结构简单,加上丁香假单胞杆菌的致病亚种或变种众多,各亚种与变种之间,生物学形态差异更微小,给丁香假单胞杆菌种类的准确鉴定带来了很大难度。除了形态学和生理生化特性等传统的鉴定方法,分子生物技术的发展为猕猴桃细菌性溃疡病的分类和鉴定提供了可行。

分子鉴定具有快速、准确、高效等特点。利用 16S—23SrDNA 间隔序列(ITS)对细菌近缘种、致病品种和菌株的区分和鉴定备受关注。16S—23SrDNA ITS 为 16SrDNA 基因与 3SrDNA 基因之间的区间序列,进化压力较小,序列易发生变异,因此 16S—23SrDNA ITS 序列分析在细菌种类鉴定中具有重要价值,现已在微生物的鉴定领域得到广泛应用。针对猕猴桃细菌性溃疡病菌,Rees-George 等[46]和 Han 等[47]分别通过 16SrDNA 和 16S—23SrDNA ITS 对丁香假单孢菌进行了快速、准确鉴定。赵利娜等利用 16S—23SrDNA ITS 序列进行分析,鉴定出中国安徽岳西、陕西户县及重庆黔江等猕猴桃主产区猕猴桃细菌性溃疡病的致病种均为丁香假单孢杆菌猕猴桃致病变种(*Pseudomoas syringae* pv. *actinidiae*)[19]。从菌株的 16S—23SrDNA ITS 序列来看,世界各地分离得到的丁香假单孢杆菌猕猴桃致病变种的 16S—23SrDNA ITS 序列没有发生改变。但是,不同来源菌株对同一猕猴桃品种,以及同一溃疡病菌株对不同猕猴桃品种的致病力确实存在显著差异。

3 PSA 菌株的分类

1999 年,Gardan 等[20]运用 DNA 杂交技术和核糖分型等方法,研究了 48 个丁香假单胞杆菌及其他相关假单胞杆菌属菌株的遗传背景,并指出所有菌株可划分为 9 个独立的基因类群。2004 年,Sarkar 在假单胞菌的物种基因相似性的基础上分成 4 个基因型存在明显差异的群体[21]。

采用多位点测序分型方法进行研究,结果显示日本和韩国分离的 PSA 属于一个遗传谱系(简称 PSA-J 和 PSA-K),尽管 PSA-J 中的菌株含有编码菜豆毒素(Phase-olotoxin)的基因,而 PSA-K 中的菌株含有一个编码冠菌素(coronatine)的质粒转载基因,缺失了编码菜豆毒素的基因。主要危害美味猕猴桃系的海沃德品种,但近年来在中华猕猴桃系的 Hort16A 上也有发现,并且对日本和韩国的猕猴桃产业造成严重经济损失[22-24]。

意大利和新西兰分离的 PSA(简称 PSA-V),对中华系黄肉猕猴桃品种的危害明显高于美味系绿肉猕猴桃品种。2011 年,国外学者分别对 PSA-J、PSA-K 和意大利采集的 PSA-V 菌株进行测序和分析,结果表明 PSA-J 和 PSA-K 同属于一个遗传谱系,但目前在意大利肆虐的 PSA-V 菌株属于另一个不同的遗传谱系[25-26]。

目前仅在新西兰南岛的少数果园和澳大利亚部分区域被分离出一种低毒 PSA 病原菌(简称 PSA-LV),该病原菌致病力较弱,仅在叶片上形成病斑。MLST 与受体蛋白分析也显示,该类群与前三者之间存在着明显的差异,这些非致病性菌从遗传学角度来说,应该是完全不同于 PSA 的[27]。

由于猕猴桃起源于中国,猕猴桃细菌性溃疡病在 1983~1984 年就在中国已有报道,因此猜测 PSA 可能同样源于中国,只是由于长期生活在不同的气候环境及农艺栽培方式下,其侵染传播能力发生了变异形成了变种。2012 年,Mazzaglia 等[28]对中国、日本、韩国、意大利、新西兰及葡萄牙的 PSA 菌株进行了基因组全测序分析,研究结果表明,中国与新西兰、欧洲的 PSA 菌株核心基因组几乎完全一致,并指出新西兰及意大利的 PSA 菌株可能是通过不同途径分别从中国引进。2013 年,Butler 等通过 MLST 指出新西兰、意大利及智利的 PSA 菌株可能来源于中国陕西地区[27]。

4 寄主范围和抗性研究

现有的报道认为溃疡病菌能够浸染猕猴桃属(*Actinidia*)的多种寄主,包括美味猕猴桃(*Actinidia deliciosa*)、中华猕猴桃(*Actinidia chinesis*)、软枣猕猴桃(*Actinidia arguta*)及狗枣猕猴桃(*Actinidia kolomikta*)。此外,Takikawa 等[1]采用注射接种梅花(*Prunus mume*)、桃(*Prunus persica*)也可出现明显症状,但 Ferrante 等[25]的致病性测定结果显示其对桃树无致病性。国内的研究结果表明该病菌还可以感染桃、大豆、蚕豆、番茄、魔芋、马铃薯以及洋葱,但不能浸染玉米、高粱、油菜、白菜、萝卜、胡萝卜和芹菜[29]。

根据寄主范围治病特征,假单胞菌也有不同的致病变种。尽管有菌株来自于同一寄主,但是却由不同的致病变种组[21]。例如,某些菌株都被划分为 *P. syringae* pv. *tomato* 菌株,却是截然不同的,属于不同的进化分支,尽管它们都是来自番茄寄主[30]。*P. syringae* 是从植株中分离的,但是却不致病,也没有致病变种标示。例如,非致病的 *P. syringae* Cit7 (Ps Cit7) 就是从柑橘中分离出来的,被认为是 PSA 的变种[23]。

不同寄主对猕猴桃细菌性溃疡病接种后抗性表现也不一样,李淼等[31]对安徽主栽猕猴桃品种进行溃疡病抗病性鉴定,结合田间调查,形态学和生理生化检测以及分子生物学分析,结果表明,金魁最抗病,早鲜次之,魁蜜稍抗,华美 2 号和海沃德属于中度病品种,金丰和秦美属于高感品种。赵利娜等[32]对猕猴桃主产区溃疡病进行分离鉴定,并将分离的 10 个菌种接种与猕猴桃健康叶片,发现中华猕猴桃'金阳'、'金香'、'雄株 2 号'品种易感病,美味猕猴桃'金魁'、'徐香'抗病能力较强。

5 PSA 菌株的致病因子研究

目前,学者们对 PSA 菌株的致病因子也进行了一些深入研究,发现 PSA 菌株的致病力和致病因子存在明显差异。如部分 PSA 菌株(如 PSA-J)可以产生菜豆毒素,这一毒素会可逆性地抑制鸟氨酸氨基甲酰转移酶(OCTase)的活性,阻碍精氨酸的生物合成,致使猕猴桃植株叶片上产生黄色的病斑,从而产生致病性。但是,并非所有的 PSA 菌株都会产生菜豆毒素,如最近在意大利肆虐的 PSA-V 菌株已被证实不含产生该毒素的基因簇。同时,某些 PSA 菌株基因组含有一种基因(argK),可编码一种 ROCT 酶降解该毒素对自身的毒害作用,说明产生毒素并不是 PSA 病菌侵染致病的必需条件[32-35]。

对于低毒的 PSA 菌株(如 PSA-LV),通过比较基因组学显示他们都有共同的核心序列,几乎所有的菌株。这些散布在基因组中的相同序列(辅助基因组)只发生在部分菌株中[36]。P. syringae 菌株的辅助基因组十分的复杂,包括基因岛和各种插入序列元件(ICEs)[37]。插入序列元件是移动遗传因子的一种,即基因组上一个或多个位点具有插入能力的小分子 DNA 片断,通过调控染色体的剪切和插入,影响功能基因的表达,直接或间接的引起基因重排,从而引发遗传变异,促使了基因组的进化[38]。ICEs 的侧翼则被认为是与基因岛相连的附着点(attL 和 attR)。侧翼的存在表明在基因整合的过程中,ICE 能插入目标位置,一般是与 tRNA 基因结合,与 ICE 形成一个茎环结构,当该序列的茎环结构下游基因的转录时,会阻碍下游基因的转录,从而将片断倒入到新的寄主中去。虽然 ICEs 能在同一或相似的细菌菌株基因组间进行自由移动,但由于转座引发的基因突变和基因重排往往会形成对宿主的致命伤害,因此 ICEs 的转录活性一般控制在一个比较低的水平。通过生物信息学发现,大部分 ICEs 的转录激活往往与环境的突发性变化有关。而 ICEs 也是通过改变寄主的表现型的从而改变宿主范围或增强抗性或适应环境的一些因素[27]。

虽然目前在猕猴桃细菌性溃疡病的形态学以及分子鉴定方面取得了重要进展,但是对于其致病机理仍然有待研究,尤其是致病力强的菌株与致病力弱的菌株之间的演变关系以及在不同环境下的致病机理和作用机制还有待进一步阐明。

参 考 文 献

[1] Takikawa Y, Serizawa S, Ichikawa T. *Pseudomonas syringae* pv. *actinidiae* pv. nov.: the causal bacterium of canker of kiwifruit inJapan. Annals of Phytopathological Society of Japan,1989,55:437-444

[2] 王忠素,唐显富,刘绍基. 猕猴桃细菌溃疡病(*Actinidia* bacterial Canker)病原细菌鉴定. 西南农业大学学报,1992,14(6):500-503

[3] Koh J K, Cha B J, Chung H J, et al. Outbreak and spread of bacterial canker in kiwifruit. Korean Journal of Plant Pathology, 1994,10:68-72

[4] Scortichini M.Occurrence of *Pseudomonas syringae* pv. *actinidiae* on kiwifruit in Italy. Plant Pathology,1994,43:1035-1038

[5] Ferrante P, Scortichini M. Identification of *Pseudomonas syringae* pv. *actinidiae* as causal agent of bacterial canker of yellow kiwifruit (*Actinidia chinensis* Planchon) in central Italy. Journal of Phytopathology, 2009,157:768-770

[6] Balestra G M, Renzi M, Mazzaglia A. First report of bacterial canker of Actinidia deliciosa caused by *Pseudomonas syringae* pv. *actinidiae*in Portugal. New Disease Reports 22,2010

[7] Vanneste J L, Poliakoff F, Audusseau C, et al. First report of *Pseudomonas syringae* pv. *actinidiae*, the causal agent of bacterial canker of kiwifruit in France. Plant Disease,2011,95:1311-1311

[8] Everett K R, Taylor R K, Romberg M K, et al. First report of *Pseudomonas syringae* pv. *actinidiae* causing kiwifruit bacterial canker in New Zealand. Australasian Plant Disease Notes,2011,6:67-71

[9] Balestra G M, Renzi M, Mazzaglia A. First report of *Pseudomonas syringae* pv. *actinidiae* on kiwifruit plants in Spain. New Disease Reports,2011, 24:doi: 10.5197/j.2044-0588.2011.024.010

[10] Service E R.First report of *Pseudomonas syringae* pv. *actinidiae* in Switzerland,2011

[11] Anonymous.Bacterial canker, kiwifruit-Chile: First report (O'Higgins, Maule). ProMED mail: International Society For Infectious Disease,2011

[12] Australia B. Pest risk analysis report for *Pseudomonas syringae* pv. *actinidiae*associated with *Actinidia* (kiwifruit) propagative material. Department of Agriculture, Fisheries and Forestry, Canberra,2011

[13] 朱晓湘,方炎祖,廖新光.猕猴桃溃疡病病原研究.湖南农业科学,1993(6):31-33

[14] 承河元,李瑶,万嗣坤,等.安徽省猕猴桃溃疡病病菌鉴定.安徽农业大学学报,1995,22(3):219-223

[15] Balestra G M, Mazzaglia A, Quattruccl A,et al. Current status of bacterial canker spread on kiwifruit in Italy.Australasian Plant Disease Notes,2009(4):34-36

[16] Scortichini M, Marcelletti S,Ferrante P,et al. *Pseudomonas syringae* pv. *actinidiae*: a re-emerging, multi-faceted, pandemic pathogen. Molecular Plant Pathology,2012,13:631-640

[17] Opgenorth D C,Lai M, Sorrell M,et al. *Pseudomonas* canker of kiwifruit. Plant Disease,1983,67:1283-1284

[18] 宋晓斌,张星耀,王培新.陕西猕猴桃溃疡病病原细菌的研究.林业科学研究,2000(13):42-46

[19] 赵利娜,胡家勇,叶振风,等.猕猴桃溃疡病病原菌的分子鉴定和致病力测定.华中农业大学学报.2012,31(5):604-608

[20] Gardan L, Shafik H, Belouin S, et al. DNA relatedness among the pathovars of *Pseudomonas syringae* and description of *Pseudomonas tremae* sp. nov. and *Pseudomonas cannabina* sp. nov. (ex Sutic and Dowson 1959). Int J Syst Bacteriol,1999,49: 469-478

[21] Sarkar S F, Guttman D S. Evolution of the core genome of *Pseudomonas syringae*, a highly clonal, endemic plant pathogen. Appl Environ Microbiol,2004,70:1999-2012

[22] Han H S, Koh Y J, Hur J S, et al. Identification and characterization of coronatine-producing *Pseudomonas syringae* pv. *actinidiae*.Journal of Microbiology and Biotechnology,2003,13:110-118

[23] Cchapman J,Taylor R,Alexander B. Second report on characterization of Pseudomonas syringae pv. actinidiae (Psa) isolates in New Zealand: report of the Ministry of Agriculture and Fisheries. Wellington: Ministry of Agriculture and Fisheries,2011

[24] Koh Y J, Kim G H, Jung J S, et al. Outbreak of bacterial canker on Hort16A (*Actinidia chinensis* Planch.) caused by *Pseudomonas syringae* pv. *actinidiae* in Korea. New Zealand Journal of Crop and Horticultural Science, 2010,38(4):275-282

[25] Ferrante P,Scortichini M. Molecular and phenotypic variability of *Pseudomonas avellanae*, *P. syringae* pv. *actinidiae* and *P.syringae* pv. *theae*: the genomospecies 8 sensu Gardan et al.(1999). Journal of Plant Pathology,2011,93:659-666

[26] Vanneate J L, Kay C, Onorato R, et al. Recent advances in the characterization and control of *Pseudomonas syringae* pv. *actinidia*, the causal agent of bacterial canker on kiwifruit. ISHS Acta Horticulturae, 2011,913:443-456

[27] Butler M l, Stockwell P A, Black M A, et al. *Pseudomonas syringae* pv. *actinidiae* from recent outbreak of Kiwifruit Bacterial Canker Belong to Different Clones That Originated in China. PLOS, 2013,8(2):E57864

[28] Mazzaglia A,Studholme D J,Taratufolo M C,et al. *Pseudomonas syringae* pv. *actinidiae* (PSA) isolates from recent bacterial canker of kiwifruit outbreaks belong to the same genetic lineage. PLoS ONE,2012(7):e36518

[29] 梁英梅,张星耀,田呈明,等.陕西省猕猴桃枝干溃疡病病原菌鉴定.西北林学院学报,2000,15(1):37-39

[30] Studholme D J. Application of high-throughput genome sequencing to intrapathovar variation in *Pseudomonas syringae*. Mol Plant Pathol, 2011,12:829-838

[31] 李淼,檀根甲,李瑶,等.不同猕猴桃品种 RAPD 分析及其与抗溃疡病的关系.植物保护,2009,35(3):41-46

[32] 赵利娜,胡家勇,叶振风,等.猕猴桃溃疡病病原菌的分子鉴定和致病力测定.华中农业大学学报.2012,31(5):604-608

[33] Tamura K,Imamura M,Yoneyama K,et al. Role of phaseolotoxin production by *Pseudomonas syringae* pv. *actinidiae* in the formation of halo lesions of kiwifruit canker disease. Physiological and Molecular Plant Pathology,2002,60:207-214

[34] Tamura K,Takikawa Y,Tsuyumu S,et al. Characterization of the toxin produced by *Pseudomonas syringae* pv. *actinidiae*, the causal bacterium of kiwifruit canker. Annual Meeting of the Phytopathological Society of Japan,1989,55:512

[35] Sawada H, Takeuchi T, Matsuda I.Comparative analysis of *Pseudomonas syringae* pv.*actinidiae* and pv.phaseolicola based on phaseolotoxin-resistant ornithine carbamoyltransferase gene (argK) and 16S-23S rRNA intergenic spacer sequences.Applied and Environmental Microbiology,1997,63:282-288

[36] Pitman A R, Jackson R W, Mansfield J W, et al. Exposure to Host Resistance Mechanisms Drives Evolution of Bacterial Virulence in Plants. Current Biology,2005,15:2230-2235
[37] Wozniak R A, Waldor M K Integrative and conjugative elements: mosaic mobile genetic elements enabling dynamic lateral gene flow. Nat Rev Microbiol, 2010,8:552-563
[38] Juhas M, van der Meer J R, Gaillard M, et al. Genomic islands: tools of bacterial horizontal gene transfer and evolution. FEMS Microbiol Rev,2009,33:376-393

Research Progress of Kiwifruit Bacterial Canker

Luo Sainan[1,2,3,4] He Kejia[1,2,3] Zhang Pin[1,2,3] Li Jianquan[1,2,3] Wang Weihong[1,4]

(1 Hunan Horticulture Institute, Hunan Academy of Agricultural Sciences Changsha 410125
2 Observation Station of Fruit Trees in Central China, Ministry of Agriculture of China Changsha 410125
3 Changsha Engineering Research Center of Seasonal Fruit Changsha 410125
4 Experiment Center of Hunan Horticulture Institute Changsha 410125)

Abstract Kiwifruit bacterial canker was a main restrained factor for kiwifruit production all over the world. Based on previous research, this paper summarized the classification, biological characteristics, and the host disease resistance of kiwifruit bacterial canker pathogen, and clarified the relationship between pathogenic factor and the host.

Key words Kiwifruit Canker disease Identification Insertion sequences

猕猴桃菌核病的发生规律与综合防治

严平生[1,2,3,4]　严英子[5]

(1 国家级猕猴桃标准化示范区专家委员会　2 陕西省猕猴桃科技专家大院
3 宝鸡市猕猴桃科技专家大院　4 宝鸡市金果生态农业科技开发有限公司　5 西北农林科技大学)

摘　要　2011年，笔者在陕西省眉县'金艳'、'华优'等猕猴桃品种栽培过程中发现了猕猴桃的一个新病害；经过西北农林科技大学植物病毒检测中心检测，是猕猴桃菌核病真菌危害所致。笔者根据3年来的化学防治试验，认为84消毒液、菌核净等药剂防治效果较好。现将该病的发生发展规律与防治技术总结出来，以使猕猴桃园艺学会同仁研究与商榷。

关键词　猕猴桃　陕西省　菌核病　发生规律　综合防治

1　病害发生的现状

菌核病在猕猴桃南方栽培区比较普遍，在北方栽培区比较少见。在陕西省，笔者曾经于2009年、2010年、2011年在中华猕猴桃栽培过程发现了该病害；起初认为是溃疡病害，按照溃疡病害进行了防治，但是2011年、2012年该病害在华优、金艳、金阳栽培过程大面积发生，特别是金艳猕猴桃表现感染病害最为严重。

2010年笔者从四川蒲江引进了金艳猕猴桃，高接换头4亩地，嫁接在20年生秦美猕猴桃树上，嫁接后当年就发现该品种枝条和叶片大面积感染了该病害，采用了普通的杀菌剂进行了防治。

2012年4亩金艳猕猴桃大面积感染了该病害，叶片、幼枝、幼果、果实均可感染该病菌，造成大面积落果，给生产带来了严重威胁。

该病害的经过我们观察，主要危害猕猴桃果实和叶片；枝条危害较轻；果园植株感病率95%，果实感病率20%～50%，叶片感病率10%左右，导致减产达到50%～80%。该病害在栽培上危害严重，将是北方猕猴桃栽培区应该重视的病害之一。

2　病害危害的症状

2.1　猕猴桃叶片感病的症状

猕猴桃叶片感病后，叶表面形成不受叶脉限制的规则病斑，病斑发病初期为黄褐色，病斑进一步发展后，在病斑中央形成穿孔；病斑正面呈现黄褐色，叶片边沿呈褐色(见彩图8)；叶片感病严重时，中央形成不规则穿孔，整个叶片似水烫状(见彩图9)；果园湿度大时，叶片上产生密集的白色菌丝，菌丝叶片正反两面着生；以叶片背面为主；湿度小时，叶面形成"V"字形病斑(见彩图8)。

2.2　猕猴桃茎部受害症状

菌核病菌核感染猕猴桃枝条后，枝条局部组织坏死，叶片水烫似萎缩，表皮组织坏死，导致枝条上部干死(见彩图10)。

2.3　猕猴桃幼果受害症状

猕猴桃幼果感病一般发生在落花后40～60天；此时，土温、气温昼夜均在15℃以上，有利

作者简介：严平生，男，1967年3月15日生，大专学历，陕西省猕猴桃科技专家大院，宝鸡市猕猴桃科技专家大院，主任，高级农艺师；陕西省标准化专家，陕西省眉县槐芽镇西街村，邮编：722305，电话：13892471655，E-mail：yanpingsheng@163.com

于菌核孢子子囊繁殖,孢子弹射后,随着空气气流传播;特别是在北方栽培区,干热风助长了这一病害的传播;因此,这一时期发病率较高。幼果首先表现为:果实表面出现胶状白水珠,无气味;幼果感病后,果肉变为水烫状(或者水煮状)变为青色;变为红褐色或褐色后,或者果肉内部形成空腔,脱落,形成落果。

2.4 猕猴桃果实受害症状

果实发育到60天后,初感病果实表面和幼果一样,会出现胶状白水珠,无气味(见彩图11);果园湿度小时果实表面形成干疤;猕猴桃落果后,猕猴桃果实刨面呈现褐色坏死组织,个别猕猴桃会有空腔形成。

3 病害综合防治技术的研究

3.1 菌核病病菌分离情况

2012年、2013年,我们对该病害果实和叶片的病害毒株进行了分离,经过分离培养,比对,未分离出溃疡病毒株以及其他细菌,培养后的毒株为菌核病病原菌,因此,我们确认了该病害由菌核病病原菌引起。

3.2 菌核病病菌分离培养的形态

菌核病病菌分离培养前期的形态见图1。菌核病病菌分离培养后期的形态见图2。菌核病病菌微镜下的形态见图3(彩图12)。

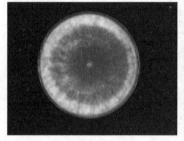
图1 猕猴桃菌核病菌培养前期形态

图2 猕猴桃菌核病菌培养后期形态

图3 猕猴桃菌核病菌丝显微镜下形状

3.3 防治药剂对比试验

菌核病十字交叉取点防治药剂对比试验结果见表1。

表1 菌核病防治效果统计结果

序号	试验药剂	处理植株/株	植株感病果实数量/个	植株10天后统计数据/个	防治概率/%	病果率/%
1	84消毒液	10	32	4	87.50	12.50
2	70%甲基托布津	10	38	6	84.21	15.79
3	40%菌核净	10	42	6	85.71	14.29
4	甲霜灵	10	35	10	71.43	28.57
5	40%腐霉利	10	43	7	83.73	16.27
6	波尔多液	10	48	9	81.25	18.75
7	速克灵(霉利)	10	52	7	87.54	12.46
8	对照水	10	32	30	病果脱落	

3.4 试验数据分析讨论

菌核病在陕西省每年在6月初开始发病,感染病害的猕猴桃普遍出现流白水,后经过氧化后变为红褐色,这个时间进行防治已经到了发病中期,我们实验了以上7种药剂,每组处理10株猕猴桃树,并对树上感病果实进行了统计,喷雾浓度使用剂量为84消毒液200倍液,70%甲基托布津1 000倍液,40%菌核净1 000倍液,甲霜灵1 000倍液,40%腐霉利1 000倍液,波尔多液1 000倍液,速克灵(50%腐霉利)1 000倍液,喷雾时间为下午4点后机动喷雾。

我们对该试验2012年和2013年分别在6月份,进行了2次试验,共试验4次,表1的统计数据无平均数值,我们排除病果脱落的因素,10天后对数值进行统计,我们认为,杀菌剂防治效果较好的为84消毒液、40%菌核净、速克灵(50%腐霉利)以及波尔多液。

4 研究结论

4.1 病原菌来源及初侵染源

猕猴桃上菌核病的感染经过我们观察和研究表明,该真菌对猕猴桃品种的侵染具有选择性,美味猕猴桃对菌核病表现明显高抗,中华猕猴桃品种金桃、云选一号对此病害表现出高抗,中华猕猴桃品种金艳感病较强,其次为金阳、华优。

病原菌来自土壤或者种条带入病菌。留在田间病残体上的病原菌以菌核的形式随病残体在土壤中长时间存活,越冬或越夏后在适宜条件下萌发产生子囊盘,释放出子囊孢子进行侵染,或直接萌发产生菌丝进行侵染。

4.2 菌核病侵染机理

菌核病在合适的条件下,菌核在土壤表面萌发形成子囊盘,子囊盘释放出子囊孢子随气流进行传播。子囊孢子不能侵染健康的植物组织,只能从衰老或死亡的植物组织中侵入,如即将脱落的猕猴桃花瓣、猕猴桃幼果、叶片等。在大多数情况下,子囊孢子通过形成附着孢从寄主的角质层而非气孔侵入,在寄主的表面附着孢顶端形成一系列分支的菌丝,侵入寄主衰老组织,衰老组织为病原菌的进一步侵染提供营养,早期研究认为核盘菌是完全通过机械压力侵入角质层的,但是超结构的研究表明消化酶也在角质层渗透中起着重要作用。在病斑扩展的早期,病原菌产生草酸和细胞壁降解酶的诱导物,如多聚半乳糖醛酸酶(SSPG1)·和蛋白酶(ASPS),这些有活性的小分子物质可以诱导降解酶的表达,以分解植物组织。在病原菌的侵染过程中,草酸和其他代谢物质以及酶类能够抑制寄主抗性反应的产生,而另外一些物质则能引发寄主细胞的坏死反应,导致寄主组织死亡,病原菌在死亡组织上继续腐生生活。

4.3 传播途径

(1)农事操作传播。冬季猕猴桃修剪残枝,夏季修剪、掐尖等农事活动,使得植株间容易接触摩擦而造成伤口,增加病原菌的侵染机会。果农在积累大量病原菌的田块进行农事操作后,没有对鞋子或农具进行消毒,再到无病原菌或病原菌少的田块进行农事操作,把病原菌带到相对健康的田块。

(2)雨水和灌溉水传播。土壤中的菌核萌发产生的子囊孢子可借雨水飞溅或随灌溉水在田间进行传播。另外降雨或浇水后,空气湿度较大,也为病原菌的传播提供了良好的外部环境。

(3)风媒气流传播。菌核萌发形成子囊盘,成熟的子囊盘弹射出子囊孢子随气流在田间进行传播。

4.4 诱发病害的因子

(1)温度。菌核萌发的最适温度为15 ℃左右;子囊孢子萌发的适温为5~10 ℃;菌丝生长的最适温度为20℃左右。该病害在温度为9~35℃均能发生,温度为15~20℃时病害发生最为严重。当温度高于30℃时,病原菌难以侵入寄主组织,病害发生的程度急剧下降;当温度高于35℃时,该病害不能发生。

(2)湿度。猕猴桃菌核病的发生对湿度要求较高,当田间相对湿度在80%以上时开始发病,低于80%不能发病,田间相对湿度在95%以上时病害严重发生。

5 综合防治技术

5.1 引种防止引进带菌种条

由于某些猕猴桃品种较易感染菌核病,在引种时应当注意对该病菌的检疫;或者引种后,在嫁接前对种条进行灭菌处理。用200倍液84消毒液对种条进行浸泡处理10分钟,然后用清水冲洗2次,再进行嫁接。

5.2 物理防治

(1)首先应当摘除病花、病果,清除病害枝条,运出果园烧毁。

(2)针对土壤为病菌的温床的特点,冬季进行果园深翻处理,开春进行全园覆膜并进行灌溉,经过水泡后,菌核失去萌发能力,提高低温,高温灭菌,减少子囊孢子弹射,降低初侵感染率。

(3)冬季,对猕猴桃果园进行全面清园处理,并进行药剂处理。

(4)夏季,果园密闭时,通过夏剪适当降低叶幕厚度,能够减少病害感染率,但是必须在喷布杀菌剂3天后进行该项工作。

5.3 化学防治

利用化学制剂进行防治。猕猴桃菌核病起初发病时间为5月初,地温、气温上升到15℃时,菌核孢子开始萌发,孢子弹射,通过风媒、人们农事活动开始传染。这时是猕猴桃菌核病首次防治的最佳时期,一般为猕猴桃开花前进行药剂防治较好。

药剂建议:①冬季清园,使用波尔多液或者石硫合剂进行喷雾;②初发病期,开花前,使用速克灵(50%腐霉利)或者甲基托布津800~1 000倍液进行喷雾防治;③发病中期,40%菌核净800~1 000倍液进行喷雾防治;④防治过程农药可以交叉使用,避免菌核病毒株产生抗药性。

主要喷药时间,选择下午4点后进行操作为好。喷药部位主要在猕猴桃主干、分枝、果实表面、叶片背面。

Occurrence Regularity and Integrated Control of Kiwifruit Sclerotium Disease

Yan Pingsheng[1,2,3,4] Yan Yingzi[5]

(1 National Kiwi standardization demonstration area experts committee
2 Shaanxi province Kiwi technology experts compound 3 Actinidia Baoji city science and technology experts compound
4 Baoji Jinguo ecological agricultural Technical Developing Company 5 Northwest A&F University)

Abstract In 2011, the author in Mei County, Shaanxi Province, 'Jin Yan', 'China excellent' and other varieties of kiwi kiwifruit cultivation process discovered a new disease; through the Northwest Agriculture and Forestry University, plant virus testing center, is the kiwi Sclerotinia fungus hazards year. Author based on three years of prevention trials, as well as chemical control, I think: 84 disinfectant, Dimetachlone other chemical control is better. Now during the development of the disease and prevention technology summed up. this Horticultural Society of reference for research colleagues.

Key words Shaanxi Province Kiwi Sclerotinia sclerotiorum Occurrence

猕猴桃炭疽病的发生规律与综合防治

严平生[1,2,3,4]　严英子[5]

(1 国家级猕猴桃标准化示范区专家委员会　2 陕西省猕猴桃科技专家大院
3 宝鸡市猕猴桃科技专家大院　4 宝鸡市金果生态农业科技开发公司　5 西北农林科技大学)

摘 要　自 2010 年开始,随着红阳、华优、西选 2 号、金艳、金桃、金阳、金农、早金、云海一号等一批中华猕猴桃品种在陕西省栽培面积的扩大,猕猴桃炭疽病的发病逐年有扩大的趋势。自 2010～2013 年,笔者对此病进行了针对性研究,初步研究了陕西省境内的该病的发生规律,并对该病防治筛选了几种正对性药剂。经过大田试验,验证了 0.3 波美度的石硫合剂、50% 甲基托布津可湿性粉剂、波尔多液(1∶0.5∶200)等药剂较为有效。

关键词　陕西省　猕猴桃　炭疽病　有效药剂

1 病害发生的现状

在陕西省,自 2010 年开始,随着红阳、华优、西选 2 号、金艳、金桃、金阳、金农、云海一号等一批中华猕猴桃品种在陕西省栽培面积的扩大,猕猴桃炭疽病的发病逐年有扩大的趋势,而且在中华猕猴桃栽培中呈严重蔓延趋势,在美味猕猴桃栽培种也有不断扩张之势;因此,猕猴桃炭疽病已经严重地影响了猕猴桃树体发育和猕猴桃果实的商品外观,降低了猕猴桃商品价值和猕猴桃的内在品质。

笔者,自从 2010 年开始对美味猕猴桃、中华猕猴桃的炭疽病进行了系统观察和研究,多年的观察发现,秦美、哑特、翠香、红阳、华优、西选 2 号、金艳、早金、金桃、金阳、金农、云海一号等猕猴桃对炭疽病有着不同的感病,其感病易感程度分别为"华优＞早金＞金艳＞金阳＞西选 2 号＞金阳＞金农＞泰上皇＞秦美＞哑特＞金桃＞云海一号",金桃和云海一号很少感染炭疽病。

该病害能够感染猕猴桃叶片、枝条和果实,主要危害为猕猴桃叶片和果实。在陕西省猕猴桃产区个别果园发病率达到 95% 以上,少数果园感病植株 80% 以上,叶片感病率 15%～85%。果园发病中心植株叶片发病率 95%,果实发病率 30%～80%;该病害将进一步随着猕猴桃集约化、规模化、连片栽培更加突出。也是猕猴桃集约化栽培,商业化生产的主要病害。

2 病害危害的症状

2.1 猕猴桃叶片感病的症状

猕猴桃叶片感病后,炭疽病一般从猕猴桃叶片边缘开始,叶缘略向叶背面卷缩(见彩图 13),初呈水渍状,后变为褐色不规则形病斑。病健交界明显。病斑后期中间变为灰白色,边缘深褐色。有的病斑中间破裂成孔,受害叶片边缘卷曲,干燥时叶片易破裂,病斑正面散生许多小黑点,黑点周边发黄,潮湿多雨时叶腐烂,脱落。茎干受侵害后,开始形成淡褐色小点,病斑周围成褐色,中间长有小黑点,后期扩大成椭圆形。果实受害后,呈现水渍状,病斑园形、褐

作者简介:严平生,男,1967 年 3 月 15 日生,大专学历,陕西省猕猴桃科技专家大院,宝鸡市猕猴桃科技专家大院,主任,高级农艺师;陕西省标准化专家,陕西省眉县槐芽镇西街村,邮编:722305,电话:13892471655,E-mail:yanpingsheng@163.com

色,最后腐烂(彩图14)。雨水多、湿度大时易发生。

该病害区别于猕猴桃菌核病的主要症状是发病部位主要是猕猴桃叶片,叶片边缘先感病,并且叶片边缘向叶片背面翻卷。猕猴桃叶片有许多小黑点。

2.2 果实感病症状

猕猴桃果实发病初期,绿色猕猴桃果面出现针头大小的淡褐色小斑点,圆形,边缘清晰(彩图15)。以后病斑逐渐扩大,颜色变成褐色或深褐色,表面略凹陷。由病部纵向剖开,病果肉变褐腐烂,具苦味(菌核病则无气味)。病果肉剖面呈圆锥状(或漏斗状),可烂至果心,与好果肉界限明显。当病斑直径达到1~2 cm时,病斑中心开始出现稍隆起的小粒点(分生孢子盘),常呈同心轮纹状排列。粒点初为浅褐色,后变黑色,并且很快突破表皮。如遇降雨或天气潮湿则溢出绯红色黏液(分生孢子团)。病果上病斑数目不等,少则几个,多则几十个,甚至有上百个,但多数不扩展而成为小干斑,直径为1~2 mm,稍凹陷,呈褐色或暗褐色;少数病斑能够扩大,有的可扩大到整个果面的1/3~1/2,几个病斑可相互融合而导致全果腐烂。烂果失水后干缩成僵果,脱落或挂在树上。

3 病害综合防治技术的研究

3.1 炭疽病病菌分类

猕猴桃炭疽病的病原菌为真菌,病原拉丁文名称及分类地位:*Collectotrichum* sp. 属于半知菌亚门真菌。该病原菌在平均气温25~30 ℃,湿度>90%,容易发生该病害。其菌丝体或者分生孢子是病害的主要初侵染源;在高温高湿环境下,形成大量的分生孢子,随着风、雨、虫媒、农事活动传染;传染叶片、果实。分生孢子可以从皮孔、气孔、伤口侵入;也可以直接从表皮组织侵入。在陕西省猕猴桃栽培区大多发生在7~8月份。

3.2 防治药剂对比试验

自2010年开始,我们在陕西省眉县、周至、岐山等主要猕猴桃栽培区,分别进行了10次药剂试验,试验田选择炭疽病发病较重的田块里进行。

药剂选用波尔多液、30%苯醚甲环唑悬浮剂、石硫合剂加0.1%洗衣粉、50%甲基托布津可湿性粉剂、65%代森锌可湿性粉剂、60%代森铵水剂、80%多菌灵。

防治前,我们对田间进行以中心病害植株为点,每10株为一防治试验单元,共处理130组田间试验方,每种药剂处理2组,3年间,试验防治次数20次。在防治过程,每次对试验方的10株感病植株的感病叶片、感病果实、好叶片进行了统计,在防治后的10天、20天、30天分别对药剂防治效果进行了统计,我们对数据进行了汇总,数据的平均值见表1。

表1 药剂防治效果分析表

序号	药剂	防治计量	喷药前(2013年7月15日)		喷药后(2013年8月15日)		感病指数校正	防治效果
			感病叶片	感病指数	感病叶片	感病指数		
1	波尔多液	1∶0.5∶200	135	0.078	145	0.1047	0.0267	97.04
2	石硫合剂+0.1%洗衣粉	0.3波美度	178	0.072	185	0.0987	0.0267	97.04
3	50%甲基托布津可湿性粉剂	800倍液	192	0.083	203	0.1191	0.0361	95.99
4	65%代森锌可湿性粉剂	500倍液	185	0.094	212	0.1476	0.0536	94.05
5	50%代森铵水剂	800倍液	147	0.073	197	0.1631	0.0901	90.00

续表

序号	药剂	防治计量	喷药前（2013年7月15日）		喷药后（2013年8月15日）		感病指数校正	防治效果
			感病叶片	感病指数	感病叶片	感病指数		
6	80%多菌灵	800倍液	137	0.076	175	0.1497	0.0737	91.82
7	30%苯醚甲环唑悬浮剂	800倍液	194	0.054	212	0.0802	0.0262	97.09
8	Ck(清水)		187	0.061	231	0.962	0.901	—

注：①感染指数校正值=喷后感染指数—喷前感染指数
②防治效果(%)=(对照感染指数校正值—处理感染指数校正值)/对照感染指数校正值×100

3.3 试验数据分析讨论

根据我们2013年试验结果(表1)结合2011年、2012年的试验记录,选用的几种药剂有着相近似的防治效果,30%苯醚甲环唑悬浮剂、波尔多液(1∶0.5∶200)、石硫合剂+0.1%洗衣粉防治效果较好;50%甲基托布津可湿性粉剂和65%代森锌可湿性粉剂的防治效果也比较明显,80%多菌灵防治效果较差;当然防治效果与猕猴桃品种、果园的水肥管理也有着相关性。

4 研究结论

4.1 病原菌来源及初侵染源

病原菌以菌丝体、分生孢子盘在猕猴桃树上的病果、僵果、果梗、病叶、干枯的枝条、病虫危害的破伤枝条等处越冬,也能够在苹果、李子、梨、葡萄、枣、核桃、刺槐等寄主上越冬。次年春天越冬病菌形成分生孢子,借风、雨水、昆虫等媒体传播,进行初次侵染。叶片、果实发病以后,产生大量分生孢子进行再次侵染,生长季节不断出现的新病果是病菌反复再次侵染和病害蔓延的重要来源。分生孢子落到叶片表面、果面上萌发产生芽管、附着胞和侵入丝,经伤口、皮孔或直接穿过表皮侵入果实。猕猴桃炭疽病有明显的发病中心,即果园内有中心病株,树上有中心叶片、病果。果园内的中心病株先发病,发病重,并由此向周围树上蔓延;由中心叶片、病果向下呈伞状扩展,树冠内膛较外部病果多,中部较上部多,而且多数发生在果实的肩部。

4.2 菌核病侵染机理

有性态为围小丛壳 Glomerella cingulata (Stonem) Schrenk et Spauld,属子囊菌亚门小丛壳属。无性态为胶孢炭疽菌 Colletotrichum gloeosporioides (Penz.) Penz.et Sacc.,异名为果生盘长孢 Gloeosporium fructigenum Berk.。分生孢子盘埋生于寄主表皮下,枕状,无刚毛,成熟后突破表皮。分生孢子梗平行排列成一层,圆柱形或倒钻形,单胞无色,大小为(15~20)μm×(1.5~2.0)μm。分生孢子单胞无色,长圆柱形或长卵圆形,两端各含1个油球或中间含1个油球,大小为(10~35)μm×(3.7~7.0)μm,平均(12~16)μm×(4~6)μm。分生孢子可陆续大量产生并混有胶质,集结成团时呈绯红色,遇水时胶质溶解,致使分生孢子分散传播。

在自然条件下,该菌的有性态很少发生。子囊壳着生于黑色的瘤状子座内,每个子座含1至数个子囊壳。子囊壳暗褐色,烧瓶状,外部附有毛状菌丝,子囊壳的直径为85~300 μm。子囊长棍棒形,平行排列于子囊壳内,大小为(55~70)μm×9 μm,内含8个子囊孢子。子囊孢子单胞无色,卵圆形或长椭圆形,稍弯曲,(12~22)μm×(3.5~5.0)μm。分生孢子萌发的温度范围为12~40 ℃,最适温度为28~32 ℃;适宜的相对湿度为95%以上。

4.3 传播途径

（1）风媒传播　炭疽病的菌丝体或者分生孢子,在适合的高温高湿条件下萌发形成分生孢子,分生孢子随风,依靠空气气流的流动在田间进行传播。

（2）雨水媒介传播　土壤中的炭疽病菌丝体萌发产生的分生孢子可借雨水飞溅或随灌溉水在田间进行传播。另外降雨或浇水后,空气湿度较大,也为病原菌的传播提供了良好的外部环境。

（3）虫媒传播　昆虫刺吸猕猴桃感病的枝条、病果、病叶后,口器、足、翅膀等器官携带炭疽病分生孢子,传播给好的猕猴桃植株或者组织,传播病害。

（4）农事活动人为传播　夏季修剪、掐尖等农事活动,使得植株间容易接触摩擦而造成伤口,增加病原菌的侵染机会。果农在积累大量病原菌的田块进行农事操作后,没有对鞋子或农具进行消毒,再到无病原菌或病原菌少的田块进行农事操作,把病原菌带到相对健康的田块。

4.4 诱发病害的因子

4.4.1 气候条件

（1）温度　高温高湿多雨是炭疽病发生和流行的主要条件。炭疽病菌在26 ℃时,5 h即可完成侵染过程。在30 ℃时病斑扩展最快,3~4 d即可产生分生孢子;在15~20 ℃时,病斑上产生分生孢子的时间延迟;在10 ℃时,病斑停止扩展。

（2）湿度　炭疽病菌分生孢子的外围有水溶性的胶质,干燥时黏集成团,需经雨水冲散才能传播。分生孢子萌发要求相对湿度95%以上。

4.4.2 栽培条件

土质黏重、地势低洼、排水不良的果园、果树种植过密、树冠郁闭、通风不良的果园以及树势弱的果园,炭疽病发生均重。

4.4.3 品种抗病性

猕猴桃不同栽培品种对炭疽病有着不同的抗性,根据我们在陕西省猕猴桃栽培区田间调查发现,其感病易感程度分别为"华优>金艳>金阳>西选2号>金阳>金农>红阳>泰上皇>秦美>哑特>金桃>云海一号",秦美、哑特、金桃和云海一号等很少感染炭疽病。

4.4.4 刺槐等其他寄主植物

靠近多年生老刺槐树10 m左右的猕猴桃树炭疽病病果率为60%~100%,树冠外围果实的发病率均达100%,单个病果上最少有14个病斑,最多达64个病斑。病菌主要在刺槐的种荚上存活,刺槐的种荚很少脱落,因而适宜病菌存活。

5　综合防治技术

5.1 建立良好生态环境

猕猴桃建园时,应当进行规范化、标准化建园,防止与炭疽病寄生植物群落混搭在一个生态系统内。从源头杜绝炭疽病病原的滋生环境。营造猕猴桃良好的生态环境。

5.2 选择抗炭疽病的优良品种

各地在建园时,最好选择当地试验过的品种、审定过的品种;我们近几年观察,认为海沃德、徐香、金桃、云海一号、泰上皇、翠香较为抗病。

5.3 物理防治

（1）加强栽培管理　合理密植和整枝修剪,及时中耕锄草,改善果园通风透光条件,降低果园湿度。

（2）合理水肥　合理施用氮磷钾肥，增施有机肥，增强树势。合理灌溉，注意排水，避免雨季积水。

（3）正确选用防护林树种　平原果园可选用白榆、水杉、枫杨、楸树、乔木桑、枸橘、白蜡条、紫穗槐、杞柳等，丘陵地区果园可选用麻栗、枫杨、榉树、马尾松、樟树、紫穗槐等。新建果园应远离刺槐林、核桃园，果园内也不宜混栽病菌的其他寄主植物。

（4）清除侵染来源　以中心病株为重点，冬季结合修剪清除僵果、病果和病果台，剪除干枯枝和病虫枝，集中深埋或烧毁。

（5）注意及时摘心绑蔓　使果园通风透光，合理施用氮、磷、钾肥，提高植株抗病能力，注意雨后排水，防止积水。

（6）合理树形及修剪　结合修剪、冬季清园、烧毁病残体。

（7）果实的保护　在加强栽培管理的基础上，重点进行杀菌药剂的合理使用，并进行果实套袋保护。

5.4　化学防治

（1）预防病害发生　在猕猴桃生长期，一般，在7月初，果园初次出现孢子时，3~5天内开始喷药，以后每10~15天喷1次，连喷3~5次。使用药剂有30%苯醚甲环唑悬浮剂、波尔多液（1∶0.5∶200），0.3波美度的石硫合剂加0.1%洗衣粉，50%甲基托布津可湿性粉剂800~1000倍液，65%代森锌可湿性粉剂500倍液。在猕猴桃炭疽病防治过程要注意药剂的交叉使用，药剂不能单一使用，避免病原体的抗药性反应。

（2）喷药保护　由于猕猴桃炭疽病的发生规律基本上与果实轮纹病一致，且对两种病害有效的药剂种类也基本相同。防治炭疽病还可选用波尔多液（1∶0.5∶200）、30%炭疽福美、64%杀毒矾、70%霉奇洁、80%普诺等。

Comprehensive Prevention and Control of Kiwifruit Anthracnose Occurrence

Yan Pingsheng[1,2,3,4]　Yan Yingzi[5]

(1 Shaanxi province Kiwi technology experts compound　2 Actinidia Baoji city science and technology experts compound
3 National Kiwi standardization demonstration area experts committee
4 Baoji Jinguo ecological agricultural Technical Developing Company　5 Northwest A&F University）

Abstract　With the expansion of 'Hongyang', 'Huayou', 'Xixuan No. 2', 'Jinyan', 'Jintao', 'Jinyang', 'Jinnong', 'YunHai No.1', Actinidia varieties in Shaanxi province, the incidence of kiwifruit anthracnose has increased year by year since the beginning of 2010.From 2010 to 2013, expansion, the author focus on the study of kiwifruit anthracnose disease, preliminary studied on the disease occurrence regularity in Shaanxi province, and screening several targeted agents for the chemical control. Through the field test, verification of 0.3 Baume lime sulphur, 50% Thiophanate-methyl WP, Bordeaux mixture (1∶0.5∶200) reagent has proved effective for control the disease.

Key words　Shaanxi Province　Anthracnose　Control　Effective agent

江浙赣地区猕猴桃溃疡病菌的分子快速鉴定及抗性材料初选

张慧琴[1]　毛雪琴[2]　肖金平[1]　杨鲁琼[1]　谢　鸣[1]

(1 浙江省农业科学院园艺研究所　杭州　310021
2 浙江省农业科学院植物保护与微生物研究所　杭州　310021)

摘　要　为明确江浙赣地区猕猴桃细菌性溃疡病致病菌的种类与特征,初选出抗性种质材料,本研究以猕猴桃主栽品种'红阳'、'徐香'和'金丰'的溃疡病感病枝条为材料,采用 KB 培养基、平板划线和梯度稀释法分离病原菌,利用基于细菌 16S~23S rDNA 内转录间隔区序列设计的特异性鉴别引物,对分离得到的 6 个代表菌株进行 PCR 扩增和测序,获得了大小约为 280 bp 的特异性片段,其测序结果与登录号为 D86357 和 AY342165 的丁香假单胞杆菌猕猴桃致病变种(*Pseudomonas syringae* pv. *actinidia*)的序列完全一致。采用离体叶片注射接种、离体枝条针刺接种和活体枝杆针刺接种三种方法鉴定了 18 份种质材料的抗性,分析结果表明,'红阳'等中华猕猴桃最感病,'布鲁诺'实生优株'13-3'、'13-4'等最抗病,美味猕猴桃'海沃德'居中。本试验所分离的菌株均为丁香假单胞杆菌猕猴桃致病变种,筛选出 2 份高抗溃疡病的种质材料。

关键词　猕猴桃　溃疡病　分子快速鉴定　抗性　筛选

细菌性溃疡病是一种严重威胁猕猴桃生产的毁灭性病害,1984 年日本静冈县首次发现,随后在韩国、意大利、美国、新西兰等多个国家均有发生(Koh et al.,2002,1992;Scortichini et al.,1994;Mazarei et al.,1994;Serizawa et al.,1989),近年来在法国、葡萄牙、西班牙、瑞士和智利等国家也有相关报道。在中国,1985 年湖南省、1987 年四川省、1990 年安徽省及 1991 年陕西省均发现此病(梁英梅等,2000;承河元等,1995;王忠肃等,1992),近期该病还在浙江、江苏和江西等省份的猕猴桃主产区频繁发生(张慧琴等,2013)。猕猴桃溃疡病的危害在逐年加重,特别对于近年广泛栽培的'红阳'猕猴桃具有毁灭性的危害。

关于该病的病原菌分类众说纷纭,美国最早报道由丁香假单胞李致病变种(*Pseudomonas syringae* pv. *morsprunorum*)引起(Opgenorthd et al.,1983),其后日本和伊朗却认为是丁香假单胞丁香致病变种(*P. syringae* pv. *syringae*)(Mazarei et al.,1994;Takikawa et al.,1989),最近日本、美国、意大利和新西兰等国家提出该病是由另一致病变种丁香假单胞猕猴桃致病变种(*P.syringae* pv. *actinidia*)所致(Rees-George 2010;Koh et al.,1994)。有关猕猴桃细菌性溃疡病病菌鉴定的研究较多,但大多集中于病原菌的形态学和生理生化特性等传统的鉴定方法。由于猕猴桃细菌性溃疡病病原菌的快速、准确鉴定,是其生理生态、遗传变异和病害防控研究的前提,故近年来,有关利用 16S-23SrDNA 间隔区序列(ITS)区分和鉴定细菌近缘种、致病品种和菌株的研究备受关注(焦振泉等,2001)。本研究针对目前猕猴桃溃疡病频发、病原菌及抗性品种不明等制约猕猴桃产业发展的技术瓶颈问题,利用分子生物学快速分离与鉴定该病原

基金项目:浙江省果品农业新品种选育重大科技专项(2012C12904-9);浙江省果品产业创新团队项目(2009R50033);浙江省农业厅'三农五方'项目(2010R05A60C01)
作者简介:张慧琴,女,副研究员,在读博士,从事浆果育种栽培与植病研究,E-mail:zhanghuiqin75@ aliyun.com
通讯作者:谢鸣,男,研究员,从事果树育种栽培与果实品质研究,E-mail:xieming1957@ aliyun.com

菌,并通过抗性接种初步筛选出抗性种质资源,为下一步开展猕猴桃细菌性溃疡病防控的研究奠定基础。

1 材料与方法

1.1 标样采集、菌株分离

2012年3月在浙江、江苏和江西等地采集不同症状类型的猕猴桃溃疡病样本,在密封保湿条件下带回实验室进行镜检,对观察到有溢菌现象的病害样本,采用平板划线法在KB培养基上进行分离,挑取单菌落进行培养并记录菌落特征。

1.2 致病性测定

按照柯赫氏法则,对分离获得的菌株进行致病性测定。接种用枝条(1~2年生)采自浙江省农业科学院杨渡猕猴桃实验基地,品种为'红阳'。枝条用水培法培养,用70%的酒精表面消毒后备用。将上述分离纯化获得的菌株分别转接于KB液体培养基中,20℃,200 r/min振荡培养24 h,用无菌水稀释浓度至$1\times10^7 \sim 1\times10^8$ cfu/mL,用1号昆虫针5根捆成一束分别蘸取上述各菌株的菌液,针刺法接种猕猴桃枝条,无菌水做对照。各分离菌株分别接3根枝条,每条接2点,接种后套袋保湿24小时,除去套袋后置于20℃,相对湿度>85%条件下,逐日观察发病情况。

1.3 分子生物学鉴定

细菌DNA提取采用北京天根生化科技有限公司的细菌基因组DNA提取试剂盒,并测定DNA浓度和纯度。采用J.Rees-George(Rees-George,2010)基于细菌16S~23S rDNA内转录间隔区序列设计筛选的 *Pseudomonas syringae* pv. *actinidia* 的特异性鉴别引物PsaF1(5'-TTTTGCTTTGCACACCCGATTTT-3')和PsaR2(5'-CACGCACCCTTCAATCAGGATG-3'),进行PCR扩增。PCR扩增体系为25 μL,预期产物为280 bp。采用胶回收法纯化PCR扩增产物,将纯化的PCR产物克隆至pGEM-T载体,经转化获得阳性克隆菌落,提取质粒,送上海生物工程技术有限公司测序。

1.4 猕猴桃种质资源抗病性鉴定

1.4.1 离体枝条针刺接种

菌株材料来源见表1,菌株处理、接种浓度和方法同1.2。试验品种与材料见表2,每个品种接5根枝条,每根枝条2个接种点,重复3次。接种3周后逐日调查发病情况。发病情况分为6级:0级,无病;1级,接种点呈褐色,皮层组织变软,隆起;2级,接种点龟裂,可见少量白色黏液;3级,接种部位向外溢出乳白色黏液;4级,接种点及周边皮孔向外溢出乳白色黏液;5级,黏液呈红褐色,病斑韧皮部变黑褐色。

表1 分离的不同猕猴桃溃疡病菌株的来源

Table 1 The origin of different strains of kiwifruit bacterial canker

菌株 Strain	寄主 Host	来源地 Origin
Ps-12-2	红阳 *Actinidia chinensis* 'Hongyang'	浙江海宁 Haining,Zhejiang
Ps-12-7	金丰 *Actinidia chinensis* 'Jingfeng'	江西奉新 Fengxin,Jiangxi
Ps-12-10	徐香 *Actinidia deliciosa* 'Xuxiang'	江苏海门 Haimen,Jiangsu
Ps-12-12	红阳 *Actinidia chinensis* 'Hongyang'	江苏海门 Haimen,Jiangsu
Ps-12-14	金丰 *Actinidia chinensis* 'Jingfeng'	浙江江山 Jiangsan,Zhejiang
Ps-12-15	红阳 *Actinidia chinensis* 'Hongyang'	江西奉新 Fengxin,Jiangxi

表2 猕猴桃种质资源抗性鉴定材料
Table 2 Germplasm materials for resistance identification to bacterial canker of kiwifruit

编号 Sample No.	品种(优系) Variety or strain name	种名 Species	备注 Remarks
1	13-4	美味猕猴桃 Actinidia delicisa	布鲁诺实生后代中选出的优株 strains from seedlings of Bruno (Actinidia delicisa)
2	13-3	美味猕猴桃 Actinidia delicisa	布鲁诺实生后代中选出的优株 strains from seedlings of Bruno (Actinidia delicisa)
3	米良1号 Miliang No.1	美味猕猴桃 Actinidia delicisa	
4	金魁 Jingkui	美味猕猴桃 Actinidia delicisa	
5	徐香 Xuxiang	美味猕猴桃 Actinidia delicisa	
6	海艳 Haiyan	美味猕猴桃 Actinidia delicisa	
7	布鲁诺 Bruno	美味猕猴桃 Actinidia delicisa	
8	海沃德 Hayword	美味猕猴桃 Actinidia delicisa	
9	华特 White	毛花猕猴桃 Actinidia eriantha	
10	迷你华特 Miniwhite	毛花猕猴桃 Actinidia eriantha	
11	通山5号 Tongsan No.5	中华猕猴桃 Actinidia chinensis	
12	早鲜 Zaoxian	中华猕猴桃 Actinidia chinensis	
13	18-14	中华猕猴桃 Actinidia chinensis	Hort16A实生后代中选出的优株 strains from seedlings of Hort16A (Actinidia chinensis)
14	11-7	中华猕猴桃 Actinidia chinensis	Hort16A实生后代中选出的优株 strains from seedlings of Hort16A (Actinidia chinensis)
15	庐山香 Lusanxiang	中华猕猴桃 Actinidia chinensis	
16	怡香 Yixiang	中华猕猴桃 Actinidia chinensis	
17	红阳 Hongyang	中华猕猴桃 Actinidia chinensis	
18	金丰 Jingfeng	中华猕猴桃 Actinidia chinensis	

1.4.2 活体枝干针刺接种

材料为表1的1年生盆栽嫁接苗,砧木为'布鲁诺'实生苗。菌株处理、接种浓度和方法同1.2,病情分级评价标准同1.4.1。

1.4.3 离体叶片表皮皮下注射接种

材料见表1,菌株处理、接种浓度同1.2,材料同1.4.1。接种方法为每个品种接种5片叶龄一致的健康叶,用70%的酒精表面消毒后备用;每个叶片4个接种点,以接种点为中心用记号笔画一个边长为1 cm的正方形,重复3次。准备若干个塑料饭盒,每个饭盒底部铺2张滤纸,倒入20 ml蒸馏水,将滤纸浸透,把备用的叶片分别平铺于饭盒中。4个接种点在叶片中部沿叶脉呈轴对称,盖上盖子,水平放置在20 ℃光照培养箱内,接种1周后逐日调查发病率和病情指数。分6级调查发病情况:0级,无病;1级,病斑大小只限于接种点;2级,病斑面积占正方形5%~20%;3级,病斑面积占正方形21%~40%;4级,病斑面积占正方形41%~60%;5级,病斑面积占正方形60%以上。

发病率和病情指数计算方法:

$$发病率 = 发病接种点数 / 试验总接种数 \times 100\%$$

病情指数=100×∑（病级接种点数×代表级数值）/（试验总接种数×接种发病最高代表级数值）

1.5 数据处理

相关试验数据,采用 SPSS 19.0 软件进行分析,Origin 8.0 软件制图。

2 结果与分析

2.1 猕猴桃溃疡病菌的分离和菌落形态

从 12 份标样中,共分离获得了 20 个菌株,选其中典型的 ps-12-2,ps-12-7,ps-12-10,ps-12-12,ps-12-14 和 ps-12-15 这 6 个菌株作为测定菌株,各菌株在 KB 培养基上菌落呈白色至浅黄色、圆形、半凸起、边缘整齐,表面光滑(图1)。

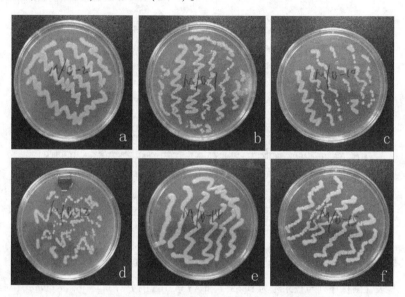

图1 代表性猕猴桃溃疡病菌株菌落形态特征

Fig.1 Type and characteristics of the representative strains of kiwifruit bacterial canker

a:ps-12-2;b:ps-12-7;c:ps-12-10;d:ps-12-12;e:ps-12-14;f:ps-12-15

2.2 分离菌株的致病性测定

用针刺接种法将分离的 6 株细菌分别接种于健康'红阳'猕猴桃枝条,7 d 后开始显示症状。18 个枝条的 36 个接种点均有乳白色菌脓溢出,接种部位皮层颜色变为褐色。接种症状与田间发病症状基本一致,以无菌水为对照接种处理均不发病。对回接致病的病原菌进行分离和纯化,获得的菌落与原始菌株 ps-12-2,ps-12-7,ps-12-10,ps-12-12,ps-12-14 和 ps-12-15 在菌落形态特征上完全一致。

2.3 PCR 扩增和序列比对

用特异性鉴别引物 PsaF1（5'-TTTTGCTTTGCACACCCGATTTT-3'）和 PsaR2（5'-CACGCACCCTTCAATCAGGATG-3'）进行 PCR 扩增,6 个供试菌株均获得了大小约为 280 bp 的特异性片段(图2)。纯化产物克隆到

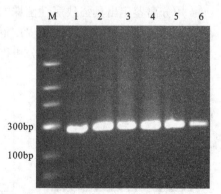

图2 代表性菌株 16S～23S rDNA-ITS PCR 扩增结果

Fig.2 PCR amplification of representative strains based on 16S~23S rDNA-ITS

1:ps-12-2;2:ps-12-7;3:ps-12-10;4:ps-12-12;5:ps-12-14;6:ps-12-1 pGEM-T 载体上,经转化大肠杆菌后,挑取白色克隆菌落,提取质粒 DNA,经限制性内切酶酶切检测,将阳性的克隆质粒进行测序。经将测序结果在 GenBank 上进行同源性检索,Blast 的结果表明供试的 6 个菌株序列与登录号为 D86357 和 AY342165 的 *P.syringae* pv. *actinidia* 的序列完全一致(图3)。该结果表明来源于浙江、江苏、江西三省的 6 株供试猕猴桃溃疡病菌株均为 *P.syringae* pv. *actinidia*。

```
AY342165    GAGAAGCAGCTTTTGCTTTGCACACCCGATTTTGGGTCTGTAGCTCAGTTGGTTAGAGCGCACCCCTGATAAGGGTGAGG    143
ps-12-2     -------------TTTTGCTTTGCACACCCGATTTTGGGTCTGTAGCTCAGTTGGTTAGAGCGCACCCCTGATAAGGGTGAGG   70
ps-12-7     -------------TTTTGCTTTGCACACCCGATTTTGGGTCTGTAGCTCAGTTGGTTAGAGCGCACCCCTGATAAGGGTGAGG   70
ps-12-10    -------------TTTTGCTTTGCACACCCGATTTTGGGTCTGTAGCTCAGTTGGTTAGAGCGCACCCCTGATAAGGGTGAGG   70
ps-12-12    -------------TTTTGCTTTGCACACCCGATTTTGGGTCTGTAGCTCAGTTGGTTAGAGCGCACCCCTGATAAGGGTGAGG   70
ps-12-14    -------------TTTTGCTTTGCACACCCGATTTTGGGTCTGTAGCTCAGTTGGTTAGAGCGCACCCCTGATAAGGGTGAGG   70
ps-12-15    -------------TTTTGCTTTGCACACCCGATTTTGGGTCTGTAGCTCAGTTGGTTAGAGCGCACCCCTGATAAGGGTGAGG   70
D86357      GAGAAGCAGCTTTTGCTTTGCACACCCGATTTTGGGTCTGTAGCTCAGTTGGTTAGAGCGCACCCCTGATAAGGGTGAGG    160

AY342165    TCGGCAGTTCGAATCTGCCCAGACCCACCAGTTACCTGGTGAAGTTGGTCAGAGCGCGTACGACACCCGGATACGGGGCC   223
ps-12-2     TCGGCAGTTCGAATCTGCCCAGACCCACCAGTTACCTGGTGAAGTTGGTCAGAGCGCGTACGACACCCGGATACGGGGCC   150
ps-12-7     TCGGCAGTTCGAATCTGCCCAGACCCACCAGTTACCTGGTGAAGTTGGTCAGAGCGCGTACGACACCCGGATACGGGGCC   150
ps-12-10    TCGGCAGTTCGAATCTGCCCAGACCCACCAGTTACCTGGTGAAGTTGGTCAGAGCGCGTACGACACCCGGATACGGGGCC   150
ps-12-12    TCGGCAGTTCGAATCTGCCCAGACCCACCAGTTACCTGGTGAAGTTGGTCAGAGCGCGTACGACACCCGGATACGGGGCC   150
ps-12-14    TCGGCAGTTCGAATCTGCCCAGACCCACCAGTTACCTGGTGAAGTTGGTCAGAGCGCGTACGACACCCGGATACGGGGCC   150
ps-12-15    TCGGCAGTTCGAATCTGCCCAGACCCACCAGTTACCTGGTGAAGTTGGTCAGAGCGCGTACGACACCCGGATACGGGGCC   150
D86357      TCGGCAGTTCGAATCTGCCCAGACCCACCAGTTACCTGGTGAAGTTGGTCAGAGCGCGTACGACACCCGGATACGGGGCC   240

AY342165    ATAGCTCAGCTGGGAGAGCGCCTGCCTTGCACGCAGGAGGTCAGCGGTTCGATCCCGCTTGGCTCCACCACTTACTGCTT   303
ps-12-2     ATAGCTCAGCTGGGAGAGCGCCTGCCTTGCACGCAGGAGGTCAGCGGTTCGATCCCGCTTGGCTCCACCACTTACTGCTT   230
ps-12-7     ATAGCTCAGCTGGGAGAGCGCCTGCCTTGCACGCAGGAGGTCAGCGGTTCGATCCCGCTTGGCTCCACCACTTACTGCTT   230
ps-12-10    ATAGCTCAGCTGGGAGAGCGCCTGCCTTGCACGCAGGAGGTCAGCGGTTCGATCCCGCTTGGCTCCACCACTTACTGCTT   230
ps-12-12    ATAGCTCAGCTGGGAGAGCGCCTGCCTTGCACGCAGGAGGTCAGCGGTTCGATCCCGCTTGGCTCCACCACTTACTGCTT   230
ps-12-14    ATAGCTCAGCTGGGAGAGCGCCTGCCTTGCACGCAGGAGGTCAGCGGTTCGATCCCGCTTGGCTCCACCACTTACTGCTT   230
ps-12-15    ATAGCTCAGCTGGGAGAGCGCCTGCCTTGCACGCAGGAGGTCAGCGGTTCGATCCCGCTTGGCTCCACCACTTACTGCTT   230
D86357      ATAGCTCAGCTGGGAGAGCGCCTGCCTTGCACGCAGGAGGTCAGCGGTTCGATCCCGCTTGGCTCCACCACTTACTGCTT   320

AY342165    CTGTTTGAAAGCTTAGAAATGAGCATTCCATCCTGATTGAAGGGTGCGTGAATGTTGATTTCTAGTCTTTGATTAGATCG   383
ps-12-2     CTGTTTGAAAGCTTAGAAATGAGCATTCCATCCTGATTGAAGGGTGCGTG-----------------------------   280
ps-12-7     CTGTTTGAAAGCTTAGAAATGAGCATTCCATCCTGATTGAAGGGTGCGTG-----------------------------   280
ps-12-10    CTGTTTGAAAGCTTAGAAATGAGCATTCCATCCTGATTGAAGGGTGCGTG-----------------------------   280
ps-12-12    CTGTTTGAAAGCTTAGAAATGAGCATTCCATCCTGATTGAAGGGTGCGTG-----------------------------   280
ps-12-14    CTGTTTGAAAGCTTAGAAATGAGCATTCCATCCTGATTGAAGGGTGCGTG-----------------------------   280
ps-12-15    CTGTTTGAAAGCTTAGAAATGAGCATTCCATCCTGATTGAAGGGTGCGTG-----------------------------   280
D86357      CTGTTTGAAAGCTTAGAAATGAGCATTCCATCCTGATTGAAGGGTGCGTGAATGTTGATTTCTAGTCTTTGATTAGATCG   400
```

图3 代表性菌株序列与登录号为 D86357 和 AY342165 的 *P.syringae* pv.*actinidia* 比对结果

Fig.3 The comparison results of sequences between representative strains and the GenBank accession number of D86357 and AY342165 of *Pseudomonas syringae* pv. *actinidae*

2.4 猕猴桃种质资源抗性鉴定

用分离鉴定出具强致病性菌株的一个代表性菌株 psa-12-2,分别用离体枝条针刺接种、活体枝杆针刺接种及离体叶片表皮皮下注射接种三种方法鉴定了 18 份猕猴桃种质资源的溃疡病抗性。根据图4的病情指数分析得出不同鉴定方法之间的相关系数(表3),结果显示离体

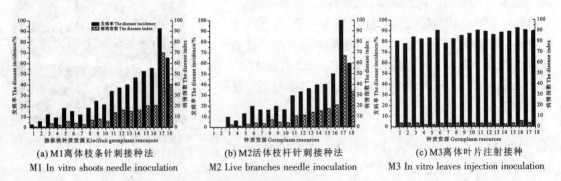

(a) M1离体枝条针刺接种法
M1 In vitro shoots needle inoculation

(b) M2活体枝杆针刺接种法
M2 Live branches needle inoculation

(c) M3离体叶片注射接种
M3 In vitro leaves injection inoculation

图4 应用三种接种方法鉴定猕猴桃种质材料溃疡病抗性

Fig.4 Screening of resistant materials to bacterial canker of kiwifruit by 3 inoculation methods

表 3 不同鉴定方法之间的相关系数

Table 3 Correlation coefficients among different identification methods

	M1	M2	M3
M1	1		
M2	0.9944**	1	
M3	−0.0152	−0.1123	1

**:在 $P<0.01$ 水平极显著相关,M1:离体枝条针刺接种法;M2:活体枝杆针刺接种法;M3:离体叶片表皮皮下注射接种

枝条针刺接种与活体枝杆针刺接种两种接种方法呈显著正相关,其相关系数为 0.9944,而离体叶片表皮皮下注射接种与其他两种接种方法呈负相关,其鉴定结果表现为发病率高,病情指数低,品种间差异不显著,说明离体叶片接种对猕猴桃品种抗性鉴定的参考意义不大。结合图 4 的离体枝条针刺接种和活体枝杆针刺接种两种方法可以初步筛选鉴定出 '13-4' 和 '13-3' 两份材料的抗病性最强,'红阳' 和 '金丰' 表现为最感溃疡病,其中 '红阳' 的病情指数高达 75.33%。

3 讨论

猕猴桃细菌性溃疡病是国内外猕猴桃栽培区发生频繁、危害严重的毁灭性病害,该病可通过带菌种苗进行远距离传播,为我国森林植物检疫性病害,并且在发生过程中具有潜伏侵染的特性,灵敏可靠的检测技术对于病菌的早期诊断、流行监测及病害的早期预防具有重要意义。国内外已有的报道一致认为各地的猕猴桃细菌性溃疡病均是由丁香假单胞杆菌(*Pseudomonas syringae*)引起的,但在致病变种方面有丁香假单胞死李致病变种(*P. syringae* pv. *morsprunorum*)、丁香假单胞丁香致病变种(*P. syringae* pv. *syringae*)和丁香假单胞猕猴桃致病变种(*P. syringae* pv. *actinidia*)三个致病变种。目前,关于这三个致病变种的致病力差异及其分布方面的报道还较少,给系统高效地开展抗病研究带来了困难。本文利用基于细菌 16S~23S rDNA 内转录间隔区序列设计的特异性鉴别引物,对分离得到的 6 个代表菌株进行 PCR 扩增和测序,鉴定出中国江苏海门、浙江上虞和江山、江西奉新等猕猴桃主产区猕猴桃细菌性溃疡病的致病菌均为丁香假单孢杆菌猕猴桃致病变种(*P. syringae* pv. *actinidia*)。同时,我们亦将菌株和菌株 DNA 提供给新西兰植物与食品研究所进行分子鉴定,其结果与新西兰当地分离出的高致病性菌序列一致,这也与最近 Mazzaglia(Mazzaglia et al.,2012)和 Butler(Butler et al.,2012)报道的结果吻合,因此他们认为近年来在欧洲和新西兰大规模爆发的猕猴桃溃疡病病原菌起源于中国。

本文抗病性鉴定方法采用离体叶片表皮皮下注射接种、离体枝条针刺接种和活体枝杆针刺接种三种方法,其中后两种鉴定方法对 18 份猕猴桃种质资源的鉴定结果呈显著正相关,相关系数为 0.9944,其抗性鉴定结果与新西兰植物与食品研究所的抗性鉴定结果趋势一致(相关结果未公开发表);而离体叶片表皮皮下注射接种鉴定方法与其他两种接种方法呈负相关,可见对于珍贵稀少的育种材料,前一种方法虽周期短、成本低、见效快且可初步判断其抗病性,但作为猕猴桃品种抗性鉴定,其可靠性值得商榷。如同赵利娜等(2012)应用离体叶片表皮皮下注射接种方法得到的鉴定结果,不同猕猴桃品种的致病力与田间品种自然感病程度不一致,且感、抗材料间差异不显著,难以真实地反映植株活体的抗性,因此这种方法是否适合猕猴桃抗性鉴定还有待进一步验证。

抗病材料是从事抗病育种的基础,本试验通过对 18 份种质材料进行鉴定,初步获得 2 份

高抗材料和多份中抗材料,其抗病机制与开发价值有待进一步研究。

参考文献

承河元,李瑶,万嗣坤,等. 1995.安徽省猕猴桃溃疡病菌鉴定.安徽农业大学学报,22(3):219-223

焦振泉,刘秀梅. 2001.细菌分类与鉴定的新热点:16S-23SrDNA 间区.微生物学报,28(1):85-89

梁英梅,张星耀,田呈明,等. 2000. 陕西省猕猴桃枝干溃疡病病原菌鉴定.西北林学院学报,15(1):37-39

王忠肃,唐显富,刘绍基. 1992.猕猴桃细菌溃疡病病原鉴定.西南农业大学学报,14(6):500-503

张慧琴,李和孟,冯健君,等. 2013.浙江省猕猴桃溃疡病发病现状调查及影响因子分析.浙江农业学报(4):832-835

赵利娜,胡家勇,叶振风,等. 2012.猕猴桃溃疡病病原菌的分子鉴定和致病力测定. 华中农业大学学报, 31(5):604-608

Butler M I, Stockwell P A, Black M A, et al. *Pseudomonas syringae* pv. *actinidiae* from recent outbreaks of kiwifruit bacterial canker belong to different clones that originated in China.PLoS ONE, 2013,8(2):e57464

Koh J K,Cha B I,Chung H J,et al. 1994.Outbreak and spread of bacterial canker in kiwifruit. Korean Journal of Plant Pathology, 10:68-72

Koh Y, Lee D. 1992.Canker of kiwifruit by *Pseudomonas syringae* pv. *morsprunorum*. Korean Journal of Plant Pathology, 8:119-122

Koh Y,Nou I. 2002.DNA markers for identification of *Pseudomonas syringae* pv. *actinidiae*. Molecules and Cells, 13:309-314

Mazarei M,Mostofipour P. 1994.First report of bacterial canker of kiwifruit in Iran.Plant Pathology, 43:1055-1056

Mazzaglia A, Studholme D J, Taratufolo M C, et al. *Pseudomonas syringae* pv. *actinidiae* (PSA) Isolates from recent bacterial canker of kiwifruit outbreaks belong to the same genetic lineage. PLoS ONE, 2012,7(5):e36518

Opgenorth D C,Lai M, Sorrell M, et al. 1983.Pseudomonas canker of kiwifruit. Plant Disease, 67:1283-1284

Rees-George J,Vanneste J L, Cornish D A, et al. 2010. Detection of *Pseudomonas syringe* pv. *actinidiae* using polymerase chain reaction (PCR) primers based on the 16S-23SrDNA inter-transcribed spacer region and comparison with PCR primers based on other gene regions. Plant Pathology,59:453-464

Scortichini M. 1994. Occurrence of *Pseudomonas syringae* pv. *actinidiae* on kiwifruit in Italy. Plant Pathology, 43:1035-1038

Serizawa S, Ichikawa T, Takikawa Y, et al. 1989. Occurrence of bacterial canker of kiwifruit in Japan:description of symptoms, isolation of the pathogen and screening of bactericides. Annals of the Phytopathological Society of Japan,55:427-436

Takikawa Y,Serizawa S,Ichikawa T, et al. 1989. *Pseudomonas syringae* pv. *actinidiae*:the causal bacterium of canker of kiwifruit in Japan. Annals of the Phtopathogical Society of Japan, 55:437-444

Rapidmolecular Identification of *Actinidia* Bacterial Canker and Preliminary Screening of Resistant Materials in Kiwifruit from Zhejiang, Jiangsu and Jiangxi Provinces

Zhang Huiqin[1]　　Mao Xueqin[2]　　Xiao Jinping[1]　　Yang Luqiong[1]　　Xie Ming[1]

(1 Institute of Horticulture, Zhejiang Academy of Agricultural Sciences　Hangzhou　310021)

2 Institute of Plant Protection Microbiology, Zhejiang Academy of Agricultural Sciences　Hangzhou　310021)

Abstract　To identify the type and characteristics of kiwifruit bacterial canker and select the disease-resistant materials, the infected branches of kiwifruit cultivars of *Actinidia chinensis* 'Hongyang', *Actinidia chinensis* 'Jingfeng' and *Actinidia deliciosa* 'Xuxiang' were used, which were collected from Zhejiang, Jiangsu and Jiangxi provinces. For bacteria isolation, plate streaking, gradient dilution and King's B media cultivation were used. DNA fragments of six representative strains amplified by polymerase chain reaction (PCR) primers based on the 16S-23S rDNA intertranscribed spacer region, were same as the GenBank accession number of D86357 and AY342165 of *Pseudomonas syringae* pv. *actinidae*. Three methods of in vitro leaves injection inoculation, in vitro shoots needle inoculation and live branches needle inoculation were applied to identify 18 germplasm resistance, the results showed that *Actinidia chinensis* 'hongyang' found to be the most susceptible, '13-4' and '13-3' selected from the seedlings of *Actinidia deliciosa* 'Bruno' were the most resistant, and *Actinidia deliciosa* 'Hayward' was between them. It is concluded that the isolates from the infected kiwifruit canker branches were *Pseudomonas syringae* pv. *actinidae*. Two germplasm materials high resistance to kiwifruit bacterial canker were selected.

Key words　Kiwifruit　Bacterial canker　Molecular identification　Resistance　Screening

宝鸡市猕猴桃溃疡病发生特点及防控对策

张继明 李红娟 邱 琳 王 懿
(宝鸡市蚕桑园艺站 宝鸡 721001)

摘 要 猕猴桃溃疡病是一种严重的病害。本文作者通过多年调查和试验研究,找出了该病发生的根本原因,提出了相应的防控对策,供技术人员和果农在栽培中参考。

关键词 猕猴桃溃疡病 发生特点 防控对策

猕猴桃是我市继苹果之后第二大鲜食时令水果,栽培面积不断扩大,截止2012年底,全市栽植面积已达34 666.7公顷,其中挂果面积26 400公顷,总产41.6万吨,是我市农民增收的主导产业,也是区域经济发展的骨干产业。但是,从2003年开始,我们在岐山县五丈原镇红阳猕猴桃园发现了溃疡病,2004年在岐山县和眉县点片发生。2005年至今,该病发生时重时轻,对猕猴桃生产造成了一定影响。

为了进一步摸清溃疡病发生规律及特点,为防治提供可靠的科学依据,从2004年开始至今,我们多次组织市县技术人员深入果园农户开展了全面调查座谈,并进行了多项试验研究,基本上摸清了溃疡病在我市发生地域特点及规律,初步总结出了防控办法,现总结报告如下:

1 发病规律

1.1 发生部位及传播途径

猕猴桃溃疡病是一种腐生性、耐低温的细菌性病害,主要在感病枝蔓上越冬越夏,也可随病枝,病叶残体在土壤里越冬。靠风雨、昆虫和嫁接工具等传播,从植株分杈、伤口、气孔、叶痕和皮孔等处侵入。溃疡病具有爆发性和毁灭性,是目前危害猕猴桃最严重的病害之首。它主要危害树干、枝条,同时也危害叶片和花蕾,严重时造成植株、枝干枯死。

1.2 发病症状及特点

发病植株在病部出现乳白色黏质菌脓,划破皮层可见韧皮部开始变为深灰色,腐烂。进入伤流期后,病部菌脓与伤流混合从伤口流出,呈现铁锈红色。病斑扩展绕茎一周后,导致发病部以上枝干坏死,也会向下部扩展导致地上部分枯死或整株死亡。叶片发病时在新生叶片上呈现褐绿小点、水浸状,后发展为1~3毫米不规则形或多角形褐色病斑,边缘有明显的淡黄色晕圈,叶片上产生的许多小病斑相互融合形成枯斑,叶片边沿向上翻卷,不易脱落;秋季叶片病斑呈暗紫色或暗褐色,容易脱落。花蕾受害后不能张开,变褐枯死,新梢发病后变黑枯死。

1.3 发病条件

湿度大时病斑湿润并有乳白色菌脓溢出。高温条件下病斑呈红色,在连续阴雨低温条件下,病斑扩展很快,有时也不产生黄色晕圈。即春季低温干旱和秋季高温高湿条件下都有利于发病。

作者简介:张继明,男,生于1954年,大学文化,宝鸡市蚕桑园艺站工作,研究员职称,长期来主要从事果树和蔬菜技术研究与推广。单位地址:宝鸡市中山东路7号;邮编:721001。电子邮箱:bjsg-zjm@163.com

2 发病时间、地域特点及不同品种发病情况

2.1 发生时间

根据调查来看,我市每年发病有两个高峰期。一是春季2月底~4月上旬,其中以3月中旬~4月上旬发病达到高峰期。二是在秋季8月下旬至9月上旬进入发病高峰期。而以春季发病最为明显,危害也最严重。

2.2 发生地域特点

从我们调查结果来看:①渭河川道区西宝公路南线两边发生较重,特别是地势低洼地块更重;②渭河南台塬区发病较轻;③秦岭北麓山根区发病最轻;④渭北塬灌区2003年、2004年和2007年春、秋季调查也均发现有此病发生,但很轻(表1),发病株率达2%~3%。主要发生在中华猕猴桃系列品种,而美味猕猴桃系列品种发病很轻(表1)。

表1 不同区域猕猴桃溃疡病发生调查统计表

区域	2003年		2004年		2007年		调查地点
	发病面积/hm²	发病株率/%	发病面积/hm²	发病株率/%	发病面积/hm²	发病株率/%	
渭河川道区	322	22~37	1176	23~73	1356	26~62	眉县齐镇、槐芽、岐山西星
渭河台塬区	71	3~5	913	15~21	119	18~27	眉县金渠、汤峪、岐山安乐
秦岭北麓区	0	0	13	2~5	25	2~5	渭滨区八鱼村、眉县上王
渭北塬区	0	0	10	2	2	2~3	岐山县城关镇五里铺、孝陵镇

2.3 不同品种发病特点

从品种调查来看,不同品种、不同树龄发病轻重不同,以'红阳'发病最重,'西选2号'次之,其次是'晚红'和'徐香','金香'、'亚特'较轻,'华优'、'秦美'和'海沃德'最轻(表2、表3)。

表2 不同猕猴桃品种溃疡病发生情况调查统计表

品种名称	2003年		2004年		2007年	
	调查面积/hm²	发病株率/%	调查面积/hm²	发病株率/%	调查面积/hm²	发病株率/%
秦美	47	3~5	860	17~27	388	9~18
海沃德	0	0	723	12~15	350	8~17
红阳	302	22~37	612	30~73	506	23~51
金香	10	2	41	17~22	33	13~20
亚特	12	3	23	15~21	19	13~19
徐香	11	4	25	19~29	21.1	17~23

表3 宝鸡市2008~2012年溃疡病发生株率(%)调查统计表

品种名称	2008年	2009年	2010年	2011年	2012年
秦 美	12	11	9	7	4
海沃德	11	10	7	6	3
红 阳	62	63	68	72	89
金 香	13	11	7	5	3
亚 特	16	11	12	5	4
徐 香	17	9	7	4	4
华 优	12	0	2	1	2
西选2号	0	17	16	11	12
晚 红	0	0	2	7	12

由表3看出,通过我们采取防治措施后,我市猕猴桃溃疡病发生面积和病株率逐年下降,但'红阳'品种感病株率越来越高,'西选2号'和'晚红'新品种发病株率稍高,说明此品种抗溃疡病能力稍差一些。另外据我们调查发现,该病在三年生以下幼树感染有加重趋势。

从我市各县区发病时间和发病株率看,早春发病时间和程度从东向西,逐渐推迟和减轻,即眉县发病最早,在2月下旬至3月中旬,较重;岐山县发病较晚较重,约在3月上旬开始发生;陈仓区约在3月中旬初发生较轻;扶风县较轻;最西端的渭滨区发病最晚也最轻。

3 溃疡病发生与气象及栽培因素的关系分析：

3.1 降水量

根据50多年气象资料统计得出,我市年降水量平均达609.8~712.2毫米,但分布时空不均,一般60%的年份冬春连旱,7~9月份降水集中,降水量多达240~540.2毫米,占全年降水量的40%~60%。2002年7~9月份降水量206.7毫米,2003年7~9月份降水量540.2毫米,2004年7~9月份降水量403.1毫米(表4)。

表4 宝鸡市2002~2004年历年7~9月降雨量统计表　　单位:毫米

年度	7月	8月	9月	3月合计	全年降雨量
2002	35.1	99.5	72.1	206.7	331.4~650.9
2003	140.4	231.2	168.6	540.2	668.0~1034.0
2004	100.0	217.9	185.2	403.1	451.2~634.0

从表1~表4综合分析看出:2002年7~9月份降雨量少;2003年溃疡病发生轻,2003年7~9月份降雨量多,2004年发病重;2004年7~9月份降雨量中等,2005年溃疡病发生较重,说明7~9月份降雨量与溃疡病发生成正相关性,即降雨量越多,来年春季此病发生就越重。反之较轻。

3.2 冬季气温

从2002年至2011年冬季气温来看:2002年、2004年、2005年、2006年、2008年、2009年、2011年冬季气温相对较高,属暖冬年份,2003年、2007年和2010年属寒冷年份,冬季气温在-12~9℃,特别是2003年12月13~29日连续半个月降雪,我市气温较历年平均值低5℃左右,川道为-13~-11℃,塬区为-17~-15℃,山区为-22℃,为宝鸡市50年来第二个寒冬年,猕猴桃植株受到冻害,这也是造成2004年和2005年猕猴桃溃疡病大发生的主要因素之一。

3.3 栽培措施

根据我们调查,猕猴桃溃疡病发生轻重也与留果数量、施肥种类、数量、时间和方法均有直接联系。一是7年生以上树龄单株留果数在500个以下的树发病较轻,超过500个以上,发病较重,从生产实践中看,有近50%的果园单株留果数都在600个以上。二是施肥单一,重视氮肥,而农家有机肥使用量不足,有30%的农户采果后冬前不施农家有机肥,而使用化肥复合肥,致使土壤板结越来越严重。三是在挂果后追施氮肥尿素过量,造成营养枝条生长过旺,直接影响果实膨大和果实品质。四是滥用激素类物质,刺激果实快速膨大,造成果树体内养分亏损,地上地下生长不良,树体衰弱,病菌易侵入。

4 防控对策

根据我们多年调查和试验,初步总结出了溃疡病防控技术。对该病防治的指导思想是:以预防为主,防重于治,并采用综合防治的方法。

4.1 增施有机肥,推广生物肥

每年秋季果实采收后及时施一次有机肥,每666.7 m²施肥量黏土地在5 000 kg左右,沙土地3 500 kg。实行平衡施肥,特别是要增加磷钾肥使用量和微量元素,在基肥足的情况下,每666.7 m²应施过磷酸钙80 kg,硫酸钾30 kg,硫酸亚铁3~4 kg。同时积极应用推广各种生物肥料,如生物磷肥、生物钾肥、生物有机肥、生物菌剂等,改良土壤,提高土壤通风透气性,增加有效养分,促进树体健壮生长,提高抗病能力。

4.2 冬春彻底清园,减少病菌基数

冬季修剪后及时将病枝、枯叶、僵果等全部清理出园集中烧毁处理,控制病原菌的扩散,减少病原菌的越冬基数,并在冬季修剪后喷洒波美3~5度石硫合剂。

4.3 病斑涂药,彻底防除

早春发病初期剪除病枝、刮除病斑,先用100倍液过氧乙酸涂抹伤口,再用20倍噻菌铜涂抹一次;也可用臭氧化油,它杀菌力强,涂抹防效很显著;还可用西北大学杨旭武教授研制的"溃疡病修正液"、山东产的"微生物菌剂"和西北农大吴云峰教授研制的"荧光假单胞杆菌",防效也好。

4.4 工具消毒,防止传染

在冬春果树修剪时配制半盆菌毒清水溶液随时浸泡园艺工具和人手消毒,以防病菌传染。

4.5 预防为主,化学防控

在2月底和8月下旬用速补600~800倍或龙克菌600倍液或3%性菌素800倍液,进行全园喷雾,也可用农用链霉素1 000倍液或10%多氧霉素可湿性粉剂1 500倍交替喷雾主干、枝蔓和叶片,每隔7~10天喷一次,连喷3~4次,防效良好。

4.6 疏果定果、合理负载

在盛花期后15~20天及时疏果定果,成龄园每平方米架面留果40个左右,每株留果400~500个,亩产2500~3000公斤为好,不能留果太多,否则造成树势衰弱、易感病。

4.7 叶面追肥,补充营养

在生长中后期防治病虫害喷药时,可进行叶面追肥,在全园分别喷施0.3%磷酸二氢钾加0.1%尿素溶液,还要喷0.2%的硫酸亚铁,增加大量和微量元素营养,提高抗病能力。

4.8 坚决禁用膨大剂,保证产业持续发展

膨大剂是激素类物质,它直接破坏了果树生理机能,使果树抗病能力下降,并使果实内部细胞组织拉长,生长加快,细胞间隙增大,含水量增多,果实内在品质下降,风味变差,储藏期严重缩短,变质腐烂,严重影响市场销售时质量和价格,使营销商经济效益下降甚至造成亏损,直接影响到猕猴桃产业的可持续发展,因此,要彻底禁用膨大剂。

参 考 文 献

[1] 刘旭峰.2010.猕猴桃栽培新技术.西安:西北农林科技大学出版社,陕西科学技术出版社,100-101.
[2] 任建华.2011.猕猴桃无公害栽培实用技术.西安:西安地图出版社,49-51.
[3] 张继明.2008.宝鸡市猕猴桃溃疡病发生规律及防治办法.中国农村小康科技(9):54-56.

Occurrence Characteristics and Control Countermeasures of Kiwifruit Bacterial Canker in Baoji City

Zhang Jiming　Li Hongjuan　Qiu Lin　Wang Yi

(Sericulture Gardening Station of Baoji City　Baoji　721001)

Abstract　Kiwifruit bacterial canker is a serious disease. By years of investigation and experimental studies, the authors has identified the root cause of the disease, proposed appropriate control measures for the technical staff and farmers reference in cultivation process.

Key words　Kiwifruit bacterial canker　Cccurrence characteristics　Control countermeasures

眉县猕猴桃细菌性溃疡病综合防治技术规程

赵英杰

(眉县果业技术推广服务中心 宝鸡 722300)

摘 要 猕猴桃细菌性溃疡病严重威胁世界猕猴桃产业的发展。作者对眉县猕猴桃溃疡病的发生规律进行了多年跟踪研究,提出了综合防治技术规程。

关键词 猕猴桃 溃疡病 发生规律 综合防治

猕猴桃细菌性溃疡病是目前世界猕猴桃产业最具威胁的病害,对生产造成了比较严重的损失。对于猕猴桃溃疡病要采取综合措施,以预防为主,防治结合,有针对性的用药,达到有效控制病害,降低生产损失。

1 选用抗病、耐病品种

目前生产上应用的优良品种'徐香'、'金魁'、'海沃德'等美味猕猴桃品种抗病相对较好,'红阳'、'西选2号'、'黄金果'等中华猕猴桃品种对溃疡病易感病,应慎重发展。栽植时要避免美味猕猴桃与中华猕猴桃品种混栽。

2 加强植物检疫

(1)对引进的苗木、接穗做好检疫,消灭病原菌的传播源。

(2)建园时选用健壮无病毒苗木;栽植前用臭氧对苗木消毒。

(3)嫁接用接穗从无病史的健壮树上采集,防止嫁接传染;嫁接前对使用的接穗可用臭氧进行消毒(将接穗装入密闭的塑料袋内,通入臭氧气体30~60分钟)。

(4)嫁接使用的刀剪工具在嫁接开始、嫁接期间反复用75%酒精消毒处理,严防工具传染。

3 培育健壮树势

(1)根据品种特性及抗病性选用合理栽植密度、架型、树形。

(2)根据树龄大小、树势强弱、立地条件、合理负载。

(3)坚持早秋增施有机肥,做到平衡施肥;生长后期严格控制氮肥。

(4)加强夏剪,节约养分,改善通风透光条件,提高光合效能;冬季修剪时适当增加留枝量。

(5)幼树、初果树做到前促后控,提高枝蔓成熟度,增强抗病性。

4 加强猕猴桃枝干害虫防治

重点防治大青叶蝉、桑白蚧、斑衣蜡蝉、蝽象类等害虫,减少伤口和传染途径。

5 药剂预防

5.1 喷药预防

（1）时期：①要抓住发病初期前喷药防治；②发病高峰结束后在四月底~五月中旬药剂清园；③八月底~九月初喷药预防；④要抓住采果后、落叶后用药封闭伤口；⑤要抓住冬剪结束后及时结合清园喷药。

（2）药剂选用：以生物制剂、铜制剂等为主，可选用微生物菌剂、氢氧化铜、噻霉酮、噻菌铜、中生菌素等。生长季节可选用600~800倍噻霉酮或噻菌铜、800倍中生菌素、800倍微生物菌剂等。落叶后可选用3°~5°石硫合剂、半量式或等量式波尔多液、600倍氢氧化铜、600倍噻霉酮等药剂，交替使用。

5.2 涂干预防

在猕猴桃落叶后和发病初期进行涂干预防，保护主干。先刮除树干上的粗、翘皮后，将药剂涂抹于主干及枝蔓分叉处。药剂可选用30倍噻霉酮、30倍氢氧化铜、波尔多浆、石硫合剂残液等。

6 病株处理

6.1 详查病情

在发病期间坚持病情调查，重点检查伤口、芽眼、气孔、枝条分叉处以及老病疤等，充分掌握病情。对已发病的果园应反复检查治疗，做到早检查、早发现、早治疗，直至病情得到有效控制。

6.2 剪枝

对感病的1~2年生枝蔓或幼树主干及时予以剪除，并带离果园集中烧毁。

6.3 刮病斑或划道涂抹

分品种和感病程度区别对待：

（1）主干感病的美味猕猴桃品种系列，应坚持早发现，早刮治，早涂药，控制病情扩展。刮除病斑要彻底，直至露出健康表皮，然后对伤口进行消毒保护；可选用臭氧化油、氢氧化铜20倍、噻霉酮膏剂20倍、5~10度波美石硫合剂等，涂药范围应大于病疤2~3倍；主干上病疤刮除，已无健康表皮的植株，一律从病疤以下健康表皮处剪除，并将剪下植株带离果园烧毁。

（2）对'红阳'等中华猕猴桃抗病性差的品种，若主干感病一律予以剪除并带离果园烧毁。

（3）成龄树主干感病的，在伤流期可用刀具对病斑及周围组织划道，深达木质部，用臭氧油或噻霉酮膏剂等药剂涂抹。

6.4 注意事项

（1）注意消毒：对防治所用工具（剪、锯、刮刀等）在每处理一个感病枝蔓前后均要及时进行消毒，同时对剪锯口进行消毒保护。

（2）彻底清除病源：①涂药时刮除的菌脓和病皮，要随时在地面铺设塑料纸，并收集在一起带出果园烧毁或深埋；②对受侵染危害的结果母枝及时剪除，带出果园烧毁或深埋，以防止病原再次侵染危害。

The Integrated Control Regulations of Kiwifruit Bacterial Canker in Meixian County

Zhao Yingjie

(Fruit Technology Extension and Service Center of Meixian County Baoji 722300)

Abstract Kiwifruit Bacterial canker serious threat to the development of world kiwifruit industry. The author conducted years of research on the occurrence pattern of kiwifruit canker in Meixian County, and proposed a comprehensive technical control regularity.

Key words Kiwifruit Bacterial canker Occurrence regularity Integrated Control

生物技术与采后加工

运用创新无损检测仪监测猕猴桃果实品质

Guglielmo Costa
意大利博洛尼亚大学农业科学系教授

摘要 猕猴桃果实采收期的成熟度影响着果实品质、采后管理以及货架期,因此精确获悉采收期的果实成熟度显得尤为重要。虽然猕猴桃果实成熟期的鉴定非常重要,但过去往往采用传统廉价的快速检测方法,根据简单的参数如果实硬度、糖含量、酸度和淀粉含量等,来确定果实的成熟度以及采收时间。虽然其他的质量性状如香气、可溶性糖和有机酸含量,能更好的描述果实成熟度,但是评价这些指标相当耗时,且需要复杂的设备及专业人员,还要损坏被测评的果实。

近年来,大量的研究集中在发展无损技术来评估果实内部品质属性,使评估扩展到大量的水果,满足同一样品重复分析,并获得一些果实品质参数信息。通过无损检测技术的实际应用,发现了可见/近红外光谱(vis/NIRs)技术的商业用途,其主要用于确定果实的常规品质性状(SSC,内部和外部缺陷)。以简版可见/近红外光谱检测技术为代表的 DA-仪、樱桃仪和猕猴桃仪,是意大利博洛尼亚大学获得专利许可的创新无损装置,能严格确定与果实乙烯排放量和成熟期相关的成熟指数。I_{AD} 称为"吸光度差异",是在选定的波长之间的吸光度的差异。I_{AD} 指数可精确地确定收获日期,并按照成熟度对采收果实进行分组。猕猴桃仪是专门设计用来确定猕猴桃成熟度的无损检测仪。

I_{AD} 指标也可用来作为决策支持系统工具(DSS)。在田间地头里,能用最有针对性的管理技术,以降低植物果实成熟度差异;在包装工厂里,能按照成熟度对采收果实进行同质分组,建立最佳的存储策略和市场营销策略;在经营销售点,能清楚了解果品货架期,因而减少果实损耗,提供给消费者品质更好、更均一的果品。

最后,基于对所选植物果实成熟度(I_{AD})和生长情况(直径)的监测,应用无损检测方法也可创建模式系统来预测收获期、果实品质和产量。

关键词 无损检测仪 猕猴桃 果实品质

Use of Innovative Non-destructive Devices to Assess Fruit Quality in Kiwifruit

The accurate determination of the ripening stage that the fruit reach at harvest is very important since it affect the quality at the time of fruit consumption and the post-harvest management and life. However, although the ripening determination is very important, ripening stage and harvest time are decided on the basis of simple attributes such as flesh firmness, sugar content, acidity and starch by using traditional cheap and rapid methods. Other quality traits, such as aroma, soluble sugars and organic acids content would better characterize fruit ripening, although, the assessment of these parameters is time consuming and requires sophisticated equipments, trained personnel, etc and

---

E-mail:guglielmo.costa@unibo.it

requires the destruction of the batch of considered fruits.

In recent years, extensive research has been focused on the development of non-destructive techniques for assessing both internal fruit quality attributes allowing extending the assessment to a high number of fruit, to repeat the analysis on the same samples and to achieve information on several fruit quality parameters. Among these non-destructive techniques, vis/NIRs technique found commercial use in the practice, mainly for determining traditional fruit quality traits (SSC, internal and external defects). A simplified versions of the vis/NIRs technique are represented by the DA-Meter, Cherry-Meter and Kiwi-Meter, innovative non-destructive devices patented by the University of Bologna, Italy, which allows defining a new maturity index strictly, related to fruit ethylene emission and ripening stage. The I_{AD} called "Absorbance Difference", is the difference in absorbance between selected wavelengths. The I_{AD}-index can be used for precisely determining harvest date, and for grouping harvested fruit in homogeneous classes of ripening. The Kiwi-Meter has been specifically designed for the kiwifruit ripening determination.

The I_{AD}-index might also be used as a decision support system tools (DSS) allowing "in field conditions" to use the best targeted cultural management technique to reduce the fruit ripening variability in planta; in "packing house" to group fruits in homogeneous classes of ripening and establish the best storage strategy and market; "at point of sale" to determine the shelf-life duration, and, as a consequence, reducing fruit losses to offer to the consumers a better and more uniform fruit quality.

Finally, the availability of non destructive methods can also be used to create a modeling system to forecast harvest date, fruit quality and yield, based on the monitoring of the fruit ripening (I_{AD}) and growth (diameter) on a selected sample of fruits *in planta*.

猕猴桃果实发育期籽油含量及成分变化规律研究

卜范文[1,2,3]　何科佳[1,2,3]　王仁才[4]

(1 湖南省园艺研究所　湖南长沙　410125　　2 国家农业部华中地区果树科学观测实验站　湖南长沙　410125
3 长沙时鲜水果工程技术研究中心　湖南长沙　410125　　4 湖南农业大学园艺园林学院　湖南长沙　410128)

摘　要　不同品种猕猴桃随着果实发育,其平均单果重、果实出籽率与种子籽油含量等的变化规律基本一致,都是随着果实发育与成熟不断提高,8月30日后均无明显变化;而猕猴桃籽油成分变化较为复杂,各品种猕猴桃中α-亚麻酸含量变化似乎无统一规律,'米良1号'和'沁香'中角鲨烯的含量先上升后下降,峰值出现在8月30日;各品种在不同发育时期猕猴桃单位果重含油量呈现逐步上升的趋势,但不同品种稍有差异。可见,要获得高含量α-亚麻酸则需根据不同品种确定最佳采收时期;而对'米良1号'和'沁香'而言,要获取高含量角鲨烯可以考虑在8月30日左右采收。

关键词　猕猴桃　发育期　籽油含量　成分　变化

猕猴桃为原产我国的猕猴桃科猕猴桃属植物,其果实味美、营养丰富,具有多种保健功能。近年来,随着对猕猴桃功能的深入研究,人们对猕猴桃籽油的保健功能高度认可,其产品也得以迅速开发和推广。目前,在猕猴桃籽油的功能性、提取方式以及不同种类籽油含量都做了一定的研究,但对果实生育期内猕猴桃籽油含量及成分的变化规律鲜见报道。本研究旨在探究不同栽培品种猕猴桃在生育期籽油含量及成分的变化,为猕猴桃籽油特别是籽油中功能成分的最佳提取时间提供精确数据,为猕猴桃籽油的产业化开发提供技术支撑。

1　试验材料、仪器与试剂

1.1　试验材料

以中华猕猴桃'丰悦'、'翠玉',美味猕猴桃'沁香'、'米良1号'个品种为试材,试验果实均采自湖南省园艺研究所猕猴桃栽培园12年生正常结果树。

1.2　试验仪器

试验所需仪器如表1所示。

表1　主要仪器和试剂

名称	规格/型号	产地
旋转蒸发仪	RE-52AA	上海亚荣生化仪器厂
高速万能粉碎机	FW-100型号	江西红星机械有限责任公司
电子数显游标卡尺	0-150 mm	安徽通和量具厂
低温冷却液循环泵	DLSB型	北京比朗实验设备有限公司
北京医用离心机	LDZ4-0.8	北京京立离心机有限公司
循环水真空泵	SHZ-Ⅲ	上海亚荣生化仪器厂
数控超声波清洗器	KQ-250DE型	昆山市超声仪器有限公司

作者简介:卜范文,1974年生人,男,湖南益阳市人,副研究员,主要从事猕猴桃育种、栽培等领域的研究

名称	规格/型号	产地
恒温水浴锅	DK-S24	上海精宏实验设备有限公司
电热恒温干燥箱	DHG-9246A	上海精宏实验设备有限公司
分析天平	AY-220	日本岛津

1.3 主要试剂

石油醚（沸程60~90 ℃）；三氟化硼；无水乙醚；正己烷；甲醇；KOH；丙酮。以上试剂均为分析纯。

2 试验方法

2.1 试验处理

分别在8月1日、8月15日、8月30日、9月15日、10月1日5个时间，从试验单株上的各个方向随机采收果形端正、无伤孔、日灼等果面无缺陷的果实10 kg。测定果实重量，待果实软熟后收集种子，每次记载30个猕猴桃果实的种子数量，测定种子千粒重、果实出籽率、种子籽油含量、单位果重籽油含量等，并分析其籽油成分。

2.2 分析测定

2.2.1 果实、种子大小测定

用1/1 000电子分析天平测定果实的单果重及种子千粒重；用0~150 mm电子数显游标卡尺分别测定果实与种子纵、横径。

2.2.2 出籽率

$$出籽率(\%) = 种子重量(g)/果实重量(g)$$

2.2.3 籽油含量测定

猕猴桃种子干燥去杂后用高速万能粉碎机粉碎至30~40目，称取5 g装入三角瓶中，加入40 ml石油醚溶液（沸程60~90 ℃，料液比8∶1），再用数控超声波清洗器（KQ-250DE型）进行萃取，萃取功率200 W，温度30 ℃，时间为20 min，然后离心（离心转速为4 000 r/min，离心时间3.5 min）。离心后的溶液用旋转蒸发仪蒸馏浓缩（回收溶剂），将提取的猕猴桃籽油放入干燥箱中，95 ℃恒温鼓风干燥直到恒重后计算籽油含量。

$$籽油含量 = (样品籽油重量/样品种子重量) \times 100\%$$

2.2.4 单位果重含油量

$$单位果重含油量(\%) = 出籽率 \times 籽油含量$$

2.2.5 籽油成分的气相色谱-质谱分析（GC-MS）

（1）样品甲酯化 取0.1 g籽油加入乙醚与正己烷混合液（混合比为2∶1）1 mL，再加入甲醇1 ml，然后加入皂化液（0.5 mol/L KOH-甲醇）1 mL，混匀，水浴（60 ℃）皂化至油珠消失，冷却后再加入甲醇酯化液（14%二氟化硼—甲醇）1 mL，静置10 min后加入纯净水至10 mL，振荡，取上清液进行色谱分析。

（2）色谱柱条件 色谱柱：Rtx-5 ms，0.25 um×025 mm×30 m；升温程序：初温170 ℃，保持3 min；升温速率17 ℃/min；终温200 ℃，保持17 min；进样口：250 ℃；柱流速：1.0；分流比：1∶30；离子源温度200 ℃；接口温度：220 ℃；质核比扫描范围：40~500 m/z。

（3）相对含量计算方法 峰面积归一化法。

2.3 试验地点

籽油成分的气相色谱-质谱分析在湖南农业大学分析测试中心完成;籽油含量测定和其他测定在湖南农业大学园艺园林学院实验教学中心完成。

3 结果与分析

3.1 不同发育时期果实大小与果实出籽率的变化规律

不同品种猕猴桃随着果实发育,单果重不断增加(图1,图2),且以10月1号所采'米良1号'果实最大,达92.8 g;但从8月30日后至采收,各品种单果重均无太大差异。不同猕猴桃品种随着果实发育,果实出籽率变化规律与果实大小的变化规律基本一致,都是随果实发育的推进不断增大,且后期变化趋向平稳。

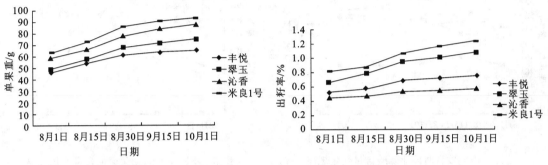

图1 不同发育时期果实重量变化规律　　　图2 不同发育时期果实出籽率变化规律

3.2 不同发育时期果实种子大小及籽油含量的变化规律

随着果实的发育,各品种猕猴桃种子千粒重均逐渐增加(图3),但有所差异。其中'米良1号'的种子大小8月15后无明显变化;'丰悦'猕猴桃种子大小自8月30日后趋向平稳,'翠玉'和'沁香'到9月15日还有缓增趋势。种子籽油含量随着果实发育与成熟不断提高(图4)。但8月30日后各品种猕猴桃种子籽油含量均无明显变化。由此可见,如果只考虑籽油含量的话,各品种均可在8月30日左右采收。提前采收对籽油含量影响较小,却能极大的节约管理成本。

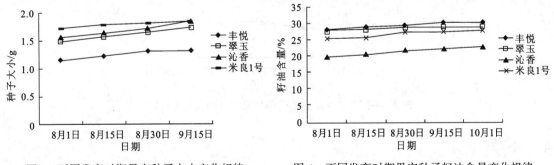

图3 不同发育时期果实种子大小变化规律　　　图4 不同发育时期果实种子籽油含量变化规律

3.3 不同发育时期果实籽油成分的变化规律

3.3.1 α-亚麻酸含量变化规律

从图5可以看出,猕猴桃各品种α-亚麻酸含量变化似乎无统一规律,如'米良1号'α-亚麻酸含量的最低点出现在8月30日;而'沁香'正好是8月30日处理最高点;'丰悦'在8月

30日前呈快速增加趋势,8月30日之后变化平稳;'翠玉'猕猴桃在8月15日之前是增加的,之后则呈递减趋势。但各个品种各个阶段的变化经方差分析后显示差异不具备显著性。

3.3.2 角鲨烯含量变化规律

'米良1号'和'沁香'在种子发育过程中,种子内含有一定量的角鲨烯,其他品种未检测到。从8月1日到8月30日,'米良1号'和'沁香'的角鲨烯含量均逐步升高(图6)。之后,随着果实进一步发育成熟,角鲨烯含量迅速降低,'米良1号'到充分成熟期,角鲨烯含量接近0。这表明猕猴桃种子中角鲨烯含量呈现先增加、后下降的规律。可见,针对α-亚麻酸和角鲨烯的采收时间非常重要,要获取高含量角鲨烯可以考虑在8月30日左右采收,而要获得高含量α-亚麻酸则需根据不同品种确定最佳采收时期。但都无需等到果实正常成熟期。

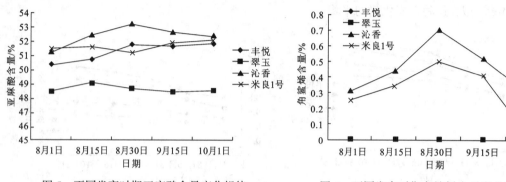

图5　不同发育时期亚麻酸含量变化规律　　　　图6　不同发育时期角鲨烯含量变化规律

3.4 不同发育时期单位果重含油量的变化

各品种在不同发育时期猕猴桃单位果重含油量呈现逐步上升的趋势(图7),但不同品种稍有差异。如'丰悦'、'翠玉'和'米良1号'在8月30日前单位果重含油量增长较为迅速,8月30日之后增长趋缓,而'沁香'猕猴桃单位果重含油量在不同时期变化较小。

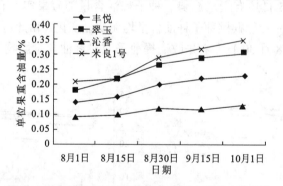

图7　不同发育时期猕猴桃单位果重含油量变化规律

4 小结

本次试验结果表明,不同猕猴桃品种随着果实发育,果实大小、果实出籽率变化与种子籽油含量的变化规律基本一致,都是随着果实发育与成熟不断提高,8月30日后均无明显变化;而猕猴桃籽油成分变化较为复杂,各品种猕猴桃中α-亚麻酸含量变化似乎无统一规律,'米良1号'和'沁香'中角鲨烯的含量先上升后下降,峰值出现在8月30日;各品种在不同发育时期猕猴桃单位果重含油量呈现逐步上升的趋势,但不同品种稍有差异。可见,要获得高含量

α-亚麻酸则需根据不同品种确定最佳采收时期；而对'米良1号'和'沁香'而言，要获取高含量角鲨烯可以考虑在8月30日左右采收。

参 考 文 献

[1] 卜范文,王仁才,李先信,等. 猕猴桃种间差异对其籽油含量及成分的影响. 湖南农业科学,2010,24:24-25,29.
[2] 王满力,吴英华,吴惠芳. 从猕猴桃皮渣中提取果胶的工艺研究. 食品科技,2003(1):85-86,90.
[3] 罗仓学,张广栋,王旭,等. 猕猴桃籽油萃取及其理化特性分析. 陕西科技大学学报,2004,22(4):38-41.
[4] 姚茂君,李嘉兴,张永康. 猕猴桃籽油理化特性及脂肪酸组成. 无锡轻工大学学报,2002,2(3):307-309.
[5] 杨柏崇,李元瑞. 猕猴桃籽油的超临界二氧化碳萃取研究. 食品科学,2003,24(7):104-10.
[6] 杨柏崇. 超临界CO_2萃取猕猴桃籽油的研究. 杨凌:西北农林科技大学,2003.
[7] 王新刚,王鸿儒,胡小军. 猕猴桃籽油的提取与分析研究. 中国油脂,2004,29(5):58-60.
[8] 刘元法,曾益坤,王兴国. 猕猴桃籽油的超临界萃取及其成分分析. 粮油食品科技,2005,13(1):35-36.
[9] 张广栋,罗仓学,付聪. 均匀设计法优化猕猴桃籽油超声波提取工艺. 粮油加工与食品机械,2005(1):54-55.
[10] 马建岗,杨水云,林淑萍,等. 猕猴桃籽有机成分的初步研究. 西北植物学报,2003,23(12):2172-2175.

Study on the Change of Seed oil Content and Components During Growth and Development Stage of Kiwifruit

Bu Fanwen[1,2,3]　　He Kejia[1,2,3]　　Wang RenCai[4]

(1 Hunan Horticultural Research Institute　Changsha　410125

2 Observation Station of Fruit Trees in Central China, Ministry of Agriculture of China　Changsha　410125

3 Changsha Engineering Research Center of Seasonal Fruit　Changsha　410125

4 College of Horticulture & Landscape, Hunan Agricultural University　Changsha　410128)

Abstract　the result show that: some fruit and seed traits, such as the mean fruit weight, yield of seed, oil content of seed and so on, gradually increased during growth and development period until August 30th. The change of seed oil components is complicated. α-linolenic acid content changes differently in different varieties. The squalene content of 'Qinxiang' and 'Miliang-1' increases at first. The peak appears at August 30th, and then decreases. Considering the content of squalene and Oil content, those varieties can be picked at the end of Augest.

Key words　Kiwifruit　Growth and Development Stage　Seed Oil Content　Components　Change

软枣猕猴桃果醋醋酸菌的筛选及其香气成分的分析

金月婷　李潇卓　刘长江
（沈阳农业大学食品学院　辽宁沈阳　110866）

摘　要　以软枣猕猴桃为原料,采用平板划线分离法从自然发酵的软枣猕猴桃中共分离出20株生长旺盛的产酸菌株。10株有醋酸产生。在该10株菌株中得到1株产酸量高,耐酒精能力强的菌株并且不出现乙酸氧化实验。通过个体观察及生理生化实验鉴定,菌株Ac9为巴氏醋酸杆菌。以Ac9为菌源,对软枣猕猴桃进行醋酸发酵;利用气相色谱-质谱联用仪对其香气成分进行分析鉴定,共鉴定出49种香气成分,其中酯类11种,占所有香气物质的64.496%;酸类8种占11.099%;醇类6种占9.723%;酮类4种占2.181%;醛类3种占4.27%;苯酚3种占3.227%;烷类4种占0.762%;烯类1种占0.102%;其他3种占0.34%。

关键词　软枣猕猴桃　醋酸菌　GC-MS　香气成分

软枣猕猴桃(*Actinidia arguta*,俗称软枣子,又名奇异莓(Kiwi berry)或是迷你奇异果,为猕猴桃科猕猴桃属的植物。软枣猕猴桃在中国地域分布很广泛。

软枣猕猴桃是当今世界新兴果树之一,该树种具有抗病虫害能力强,人工栽培基本无病虫害发生,果实无任何污染,是理想的绿色食品和食疗食品。用它加工的果汁、果酒、果酱等具有的浓郁的软枣猕猴桃特有的香味,深受人们的喜爱。软枣猕猴桃果实风味独特,柔软多汁,酸甜适口,具有较高营养价值和良好的医疗保健效果。醋酸菌的好坏是决定果醋产量和质量的主要因素,目前我国果醋酿造的常用菌种为AS1.41及沪酿1.01。软枣猕猴桃果醋兼有软枣猕猴桃和食醋的营养保健功能,是集营养、保健、食疗等功能为一体的新型饮品。以软枣猕猴桃果醋为材料,采用GC-MS分析其香气成分,为软枣猕猴桃果醋产业化生产提供技术依据。

1　实验材料与设备

1.1　实验原料
东北地区软枣猕猴桃。

1.2　实验试剂
菌源:取50 g完全成熟的软枣猕猴桃,打碎,放入250 ml三角烧瓶中,自然发酵7 d。

对照菌株(AS1.41):上海佳民酿造食品有限公司。

软枣猕猴桃果酒:取果300 g,加水800 ml、果胶酶1 g,于40 ℃水浴锅内保温20 min;调节糖度至17°Be'。接入活化好的酵母菌,于30 ℃下发酵25 d,过滤,测其酒精度为10°。

软枣猕猴桃果汁:取果300 g,加水800 ml,加入果胶酶1 g,于40 ℃水浴锅内保温20 min;3000 r/min离心10 min,取上清液。

增值培养基[1]:葡萄糖1 g,酵母膏1 g,水100 ml,121 ℃下灭菌20 min,冷却至70 ℃时加入4 ml 95%乙醇,摇匀。

钙平板分离培养基:葡萄糖1 g,酵母膏1 g,琼脂2 g,水100 ml,121 ℃下灭菌20 min,冷却至 70 ℃时加入 4 ml 95%乙醇,碳酸钙 2 g。

1.3 实验仪器

仪器:GCMS-QP2010 SL280A;榨汁机,浙江苏泊尔炊具股份有限公司;WYT-32 型手持糖度计,成都光学仪器厂;SS-325 型高压灭菌锅;数显式恒温水浴锅。

2 实验方法

2.1 增值培养

取发酵果 2 g 加入到增殖培养基中,在 33 ℃,70 r/min 的恒温摇床里培养 48 h。

2.2 平板分离

取增殖液 10 ml 于装有 90 ml 无菌水的三角瓶中,摇匀。将分离培养基冷却至 40 ℃时倒入平板中,凝固后进行划线分离。在 33 ℃下培养 72 h。挑取有透明圈的菌落

2.3 初筛[2]

将各分离菌株分别接种于增殖培养基中。33 ℃,70 r/min 的恒温摇床里培养 72 h。取发酵液 10 ml 于洁净的试管中,用 10% NaOH 中和,加 1%三氯化铁溶液 5 滴,摇匀,加热至沸。如有红色沉淀产生则为醋酸菌。

2.4 复筛

2.4.1 测产酸量[3-4]

向软枣猕猴桃果酒中加入一定量的果汁,调节酒精度至 4°。取果酒 100 ml,将分离后菌种接种于其中,每菌株重复三次。在 33 ℃,70 r/min 的恒温摇床里培养 20 d。

取发酵液 10.0 ml 于 100 ml 容量瓶中,加水至刻度,混匀,置于 200 ml 烧杯中,以下按 GB/T 5009.39—2003 中 4.2.1.4 自"开动磁力搅拌器,用 NaOH 标准溶液(0.050 mol/L)滴定……"起依法操作,同时做试剂空白试验,试样中总酸的含量(以乙酸计):

$$产酸量(g/L) = \frac{C \times (V - V_0) \times 6M}{V_{样品}}$$

式中:V 为测定试样稀释液时所消耗 NaOH 的体积数,ml;V_0 为中和空白试剂所消耗 NaOH 的体积数,ml;C 为 NaOH 的摩尔浓度,单位为 mol/L;M 为乙酸的摩尔质量,单位为 g/mol;$V_{样品}$ 为样品体积数,单位为 ml。

2.4.2 耐酒精能力

调节软枣猕猴桃果酒的酒精度分别为 2°~10°,取 100 ml 调节后的果酒,将菌种分别接入其中,在 33 ℃,70 r/min 的恒温摇床里培养 20 d,测其产酸量(每菌株重复三次)。

2.4.3 乙酸氧化实验[5]

将菌种接种于 100 ml 酒精度为 4°的软枣猕猴桃果酒中,分别于 1 d,3 d,5 d,7 d,9 d,…,21 d,23 d,25 d 测其产酸量。

2.5 菌种的鉴定[6-7]

将菌种接种于 100 ml 的增殖培养基中进行生理生化实验,每一种培养基中接种一株醋酸菌。

2.6 果醋的酿造

将株接种于酒精度为 4°的软枣猕猴桃果酒中培养 30 d。

2.7 软枣猕猴桃果醋香气成分的分析

2.7.1 软枣猕猴桃果醋香气成分的提取[8]：

取果酒100 ml分别用100 ml,50 ml,30 ml二氯甲烷萃取三次,30 ℃条件下减压浓缩至5 ml,加入无水硫酸钠隔夜脱水,将干燥后的溶液再次减压浓缩至1~2 ml,供GC-MS分析鉴定。

2.7.2 色谱条件

色谱柱为J&W系列DB-17 ms(30 m×250 μm×0.25 μm),初始温度从40 ℃开始,保持5 min,以10 ℃/min升温到110 ℃,以5 ℃/min升温到230 ℃,保持5 min,分流比50∶1,进样量为1 μl。

质谱条件:EI电离源,电子能量70 eV,100 μA,离子源温度250 ℃,四级杆温度200 ℃,分子扫描范围40~550 amu。

3 实验结果分析

3.1 分离筛选

经过富集培养及平板划线分离后共得到20株透明圈较大,生长较旺盛的产酸菌落。其中能生成砖红色沉淀的醋酸菌菌落只有10株,编号Ac1~Ac10。

3.2 复筛

3.2.1 产酸定量实验

对这10株醋酸菌及菌株AS1.41进行产酸定量分析,其结果见表1。观察发现,产酸量最高的菌株为Ac8,其产酸量为34.8 g/L;与对照菌株AS1.41的产酸量28.8 g/L相比,有4株醋酸菌的产酸量在28.8 g/L以上,其分别为Ac1,Ac3,Ac8,Ac9。

表1 各菌株产酸量
Table 1 Acetic acid yield of each strain

编号	AS1.41	Ac1	Ac2	Ac3	Ac4	Ac5	Ac6	Ac7	Ac8	Ac9	Ac10
产酸量/(g/L)	28.8	32.4	26.4	33.6	10.8	20.4	25.2	16.8	34.8	34.2	13.2

3.2.2 耐酒精能力实验

对筛选出的4株醋酸菌及菌株AS1.41进行耐酒精能力实验;其各菌株在不同的酒精度下的产酸量如图1所示。由图可知,酒精含量在8%时,菌株Ac1,Ac3,Ac9的产酸量均很高,对照菌株AS1.41的产酸量只有52.4 g/L,明显低于其他三株菌;而Ac8的产酸量低至15.4 g/L;在酒精含量为9%时,菌株Ac3,Ac9的产酸量达到最大值,分别为70.7 g/L和72.4 g/L,而AS1.41,Ac1较低。由此可见,菌株Ac3,Ac9的酒精耐受性最好,菌株Ac1次之。

3.2.3 乙酸氧化实验

对各菌株进行培养,在不同的时间下测出各自的产酸量,其产酸量如图2所示。菌株AS1.41,Ac9的产酸量在第15天达到最大值,在接下来的10天内,产酸量不变,因此没有出现乙酸氧化现象。菌株Ac3在第15天时产酸量也达到最大值,但随发酵时间的延长乙酸的含量在不断减少,因此排除菌株Ac3。

3.3 生理生化特征

对菌株Ac9进行生理生化实验鉴定,其结果如表2;通过对菌落特征及个体形态的观察,结合生理生化实验的鉴定,最后参考《伯杰细菌鉴定手册》(第8版)和《常见细菌系统鉴定手册》断定菌株Ac9为醋酸杆菌属(Acetobacter Beijerinck)巴氏醋酸杆菌(pasteursanus-Acetobacter)。

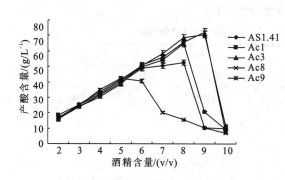

图1 产酸量与酒精含量的关系曲线

Fig.1 The relationship between acid production and volume of ethanol

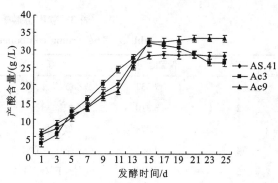

图2 产酸量与时间的关系曲线

Fig.2 Curve of acid production on different time

表2 菌株的生理生化特征
Table 2 Physiology and biochemistry charateristic of the strain

实验	现象	实验	现象
接触酶	+	甘油生酮作用	−
30%葡萄糖生长	−	10%乙醇生长	+
V-P	−	5-酮基葡萄糖酸	−
GYC 培养基	−	D-甘露糖	+
生酮反应	+		

3.4 果醋的酿造

利用 Ac9 酿制出的果醋具有浓烈的醋酸味,颜色为淡黄色、浑浊。

3.5 软枣猕猴桃果醋香气成分的分析

软枣猕猴桃果醋通过 GC-MS 分析,根据 NIST.02 数据库并结合相关文献共检测出 49 种香气成分如图 3 所示。采用面积归一化法进行定量分析见表3。

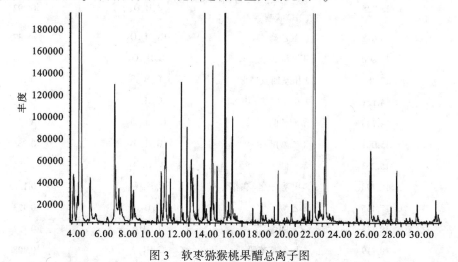

图3 软枣猕猴桃果醋总离子图

Fig 3 Totalion current of aroma components of *Actinidia arguta* vinegar

表3 软枣猕猴桃果醋的香气成分
Table 3 The Aroma components of *Actinidia arguta* vinegar

序号	保留时间/min	香气成分	分子式	相对含量/%
1	3.332	乙酸乙酯	$C_2H_8O_2$	8.363
2	3.810	乙酸	$C_2H_4O_2$	4.331
3	3.978	丁酸甲酯	$C_5H_{10}O_2$	20.145
4	4.602	3-羟基-2-丁酮	$C_4H_8O_2$	1.078
5	6.450	2,3-丁二醇	$C_4H_{10}O_2$	3.035
6	6.596	异戊酸；	$C_5H_{10}O_2$	0.099
7	6.788	2-羟基丙酸乙酯	$C_5H_{10}O_3$	0.760
8	7.697	正己醇	$C_6H_{14}O$	0.711
9	7.878	乙酸异戊酯	$C_7H_{14}O_2$	0.510
10	7.960	异戊酸	$C_5H_{10}O_2$	0.314
11	8.101	二甲胺	C_2H_7N	0.121
12	9.633	丁醛	C_4H_8O	0.700
13	10.204	正己酸	$C_6H_{12}O_2$	0.946
14	10.524	2-甲基庚烷	C_8H_{18}	0.321
15	10.635	正己酸乙酯	$C_8H_{16}O_2$	3.306
16	11.428	4-甲基-3-戊烯	$C_9H_{10}O_2$	0.102
17	11.859	3-甲硫基丙醇	$C_4H_{10}OS$	0.784
18	12.098	4-羟基丁酸内酯	$C_4H_6O_2$	0.212
19	12.197	5-异丙烯-2-甲苯酚	$C_{10}H_{12}O_2$	2.636
20	12.320	2-羟基丙酸乙酯	$C_5H_{10}O_3$	0.996
21	12.652	糠醛	$C_5H_4O_2$	0.200
22	13.176	2-己烯醛	$C_6H_{10}O$	3.370
23	13.328	4-羟基-2,5-二甲基-3(2H)呋喃酮	$C_6H_8O_3$	0.292
24	13.648	癸酸乙酯	$C_{12}H_{24}O_2$	4.137
25	13.800	正辛酸	$C_8H_{16}O_2$	2.763
26	13.887	2-甲基四氢噻吩	$C_5H_{10}S$	0.161
27	14.121	2,6-二甲基-4-庚酮	$C_9H_{18}O$	0.442
28	14.738	辛酸乙酯	$C_{10}H_{20}O_2$	18.053
29	15.001	丁二酸酐	$C_4H_4O_3$	0.265
30	15.263	苯甲酸	$C_7H_6O_2$	1.885
31	16.790	5-甲基-三氢呋喃酮	$C_6H_{10}O_4$	0.128
32	17.455	苯乙醇	$C_8H_{10}O$	0.423
33	18.434	正十四烷	$C_{14}H_{30}$	0.122
34	18.719	二甲氧基苯酚	$C_8H_{10}O_3$	0.408
35	20.579	酞酸二甲酯	$C_{10}H_{10}O_4$	0.172

续表

序号	保留时间/min	香气成分	分子式	相对含量/%
36	20.695	2-氨基-4-羟基蝶啶	$C_6H_5N_5O$	0.088
37	20.946	2,4-二叔丁基苯酚	$C_{14}H_{22}O$	0.183
38	21.068	2,6,10,14-四甲基十五烷	$C_{19}H_{40}$	0.199
39	21.331	2-甲基丁酸己酯	$C_{11}H_{22}O_2$	6.636
40	21.669	2-庚酮	$C_7H_{14}O$	0.241
41	22.939	二十二烷	$C_{22}H_{46}$	0.120
42	22.980	邻甲基异丙苯	$C_{10}H_{14}$	0.091
43	25.084	苯甲酸乙酯	$C_9H_{10}O_2$	0.100
44	26.017	邻苯二甲酸二丙酯		0.106
45	26.355	2-乙基己醇	$C_8H_{18}O$	4.661
46	26.693	癸酸	$C_{10}H_{20}O_2$	0.291
47	27.002	十六烷酸	$C_{16}H_{32}O_2$	0.100
48	28.173	十二烯基丁二酸酐	$C_{16}H_{26}O_3$	0.105
49	29.648	十八硫醇	$C_{18}H_{38}S$	0.100

如图3所示共检出49种物质,其中酯类11种,占所有香气物质的64.496%;酸类8种占11.099%;醇类6种占9.723%;酮类4种占2.181%;醛类3种占4.27%;苯酚3种占3.227%;烷类4种占0.762%;烯类1种占0.102%;其他3种占0.34%。其中主要成分为乙酸(8.363%)、丁酸甲酯(20.145%)、辛酸乙酯(18.053%)。

酸类、酯类和醇类是软枣猕猴桃果酒的主要香气成分。丁酸甲酯具有呈苹果和干酪的香气;乙酸呈刺激性特殊气味;癸酸乙酯有果香和香气似白兰地的酒香;乙酸乙酯呈特殊的朗姆酒、水果的香气;辛酸乙酯同样具有似菠萝香、梨香的果香;2,6-二甲基-4-庚酮呈青香、醚香、发酵香、果香和甜的菠萝蜜或薄荷似香气。这些香味物质糅合在一起赋予了软枣猕猴桃果醋芳香浓郁,醋香、酯香自然和谐,酸味柔和,口感醇厚的口感和风味[9-10]。

4 结论

从自然发酵的软枣猕猴桃中共选出10株产醋酸菌落,其产酸量高于对照菌株AS1.41的共有4株,分别为Ac1,Ac3,Ac8,Ac9。其中Ac3,Ac9的酒精耐受力要好于Ac1,Ac8及对照菌株。通过乙酸氧化实验发现菌株Ac3能够氧化乙酸,使产酸量降低。因此,Ac9为酿造软枣猕猴桃果醋的最适菌种。

利用GC-MS分析软枣猕猴桃果醋的香气成分共检出49种物质,其中酯类11种,占所有香气物质的64.496%;酸类8种占11.099%;醇类6种占9.723%;酮类4种占2.181%;醛类3种占4.27%;苯酚3种占3.227%;烷类4种占0.762%;烯类1种占0.102%;其他3种占0.34%。其中主要成分为乙酸(8.363%)、丁酸甲酯(20.145%)、辛酸乙酯(18.053%)

酸类、酯类和醇类是软枣猕猴桃果酒的主要香气成分。软枣猕猴桃果醋具有浓郁芳香,自然和谐醋香、酯香,柔和酸味,醇厚口感等优良品质,得益于软枣猕猴本身丰富的营养价值极其丰富、比例协调的风味化合物。香气成分本身为不稳定的微量物质,果醋香气成分受水果品质、酒精发酵与醋酸菌种、发酵工艺、时间等多种工艺的影响,因此软枣猕猴桃果醋香气成分的影响因素还有待于研究[11-12]。

参 考 文 献

[1] 鲁周民,郑皓,刘月梅,等.自然发酵条件下柿子原浆果醋中优势醋酸菌的分离与鉴定.中国食品学报,2008,8(6):40-42
[2] 孙万里.醋酸菌的分离纯化及初步鉴定.中国调味品,2011,36(12):72-75
[3] GB/T 5009.39—2007.酱油卫生标准的分析方法,2004
[4] GB/T 5009.41—2007.食醋卫生标准的分析方法,2004
[5] 侯爱香,谭欢,等.优良果醋菌种的分离鉴定.中国酿造,2007(10):27-31
[6] 沈萍,陈向东.微生物实验.高等教育出版社,2007:81-84
[7] R.E 布坎南,N.E 吉本斯.伯杰细菌鉴定手册.北京:科学出版社,1984
[8] 东秀珠,蔡妙英,等.常见细菌系统鉴定手册.北京:科学出版社,2001
[9] 黄群,麻城金,余佶,等.湘西原香醋香气成分的 GC-MS 分析.食品科学,2009,30(24):260-261
[10] 汪雪丽.宣木瓜果醋发酵工艺的研究.合肥:安徽农业大学,2008
[11] 崔涛,钟海燕,常建军,等.气相色谱-质谱联用分析砂梨及其果醋的香气成分.中国酿造,2010(9):146-149
[12] 张敬哲,姜英,张宝香,等.软枣猕猴桃果醋液态发酵工艺研制.特产研究,2012,34(3):46-48

Screening of Acetobacter from *Actinidia arguta* Vinegar and Aroma Components

Jin Yueting　Li Xiaozhuo　Liu Changjiang

(College of Food Science, Shenyang Agricultural University　Shenyang　110866)

Abstract　Using lineation plate method, 20 Acid-producing strains were isolated from natural fermented *Actinidia arguta* and brewing *Actinidia arguta* vinegar. In these 20 strains, only 10 strains producted acetic acid. There were one strains be reselected from these 10 Acetic acid bacteria colonies, which have high acid production and strong alcohol-resistant. Then through the acetic acid oxidation experiments found that only strain Ac9 was no acetic acid oxidation phenomenon. Finally, the strain was identified as pasteursanus-Acetobacter by self-observation、physiological and biochemical experiments.The aroma components of *Actinidia arguta* vinegar were separated and structurally identified using gas chromatography-mass spectrometry. The results showed that 49 components were presented in *Actinidia arguta* vinegar including 11 esters(64.496%), 8 acids(11.099%), 6 alcohols(9.723%), 4 ketones(2.181%), 4 ketones(2.181%), 3 aldehydes(4.27%), 3 phenol(3.227%), 4 alkane(0.762%), 1 alkene(for 0.102%) and the other 3(0.34%).

Key words　*Actinidia arguta*　Acetobacter　GC-MS　Aroma components

软枣猕猴桃多糖纯化组分的单糖组成分析

刘长江 宣丽

(沈阳农业大学食品学院 辽宁 110866)

摘要 采用1-苯基-3-甲基-5-吡唑啉酮(PMP)柱前衍生化反相高效液相色谱法测定软枣猕猴桃(*Actinidia arguta*)多糖纯化组分的单糖组成,结果表明:软枣猕猴桃多糖的4个纯化组分在单糖组成上差异显著。水洗组分 AAP-3a 和 0.1 mol/L NaCl 洗脱组分 AAP-3b 由甘露糖、鼠李糖、半乳糖醛酸、葡萄糖、半乳糖和阿拉伯糖6种单糖组成;0.2 mol/L NaCl 洗脱组分 AAP-3c 和 0.3 mol/L NaCl 洗脱组分 AAP-3d 由甘露糖、鼠李糖、葡萄糖醛酸、半乳糖醛酸、葡萄糖、半乳糖和阿拉伯糖7种单糖组成;AAP-3a 以葡萄糖为主,AAP-3b 以甘露糖和半乳糖醛酸为主,AAP-3c 以半乳糖醛酸、半乳糖和阿拉伯糖为主,AAP-3d 以甘露糖、半乳糖醛酸、半乳糖和阿拉伯糖为主。

关键词 软枣猕猴桃多糖 纯化 PMP衍生化 单糖组成

引言

软枣猕猴桃 *Actinidia arguta* (Sieb.et Zucc.) Planch.ex Miq.别名软枣子,是猕猴桃科、猕猴桃属多年生落叶藤本植物[1]。在我国分布于东北、华北、山东、西北及长江流域,其中,东北南部山区较多见[2]。软枣猕猴桃因富含多种营养成分已成为当今世界最理想的绿色食品和食疗食品之一[3-6]。

多糖是软枣猕猴桃中主要成分之一,而多糖主链各糖单元的组成往往与多糖的生物活性密切相关,因此了解多糖的单糖组成是多糖研究中必不可少的步骤,本实验利用高效液相色谱法对软枣猕猴桃多糖各纯化组分的单糖组成进行了研究,以期为软枣猕猴桃多糖的构效分析提供一定的试验依据和理论基础。

1 材料与方法

1.1 仪器和试剂

Waters 液相色谱仪;C_{18} 分析柱,Thermo Scientific;U-2910 紫外可见分光光度计,Hitachi high-technologies corporation Tokyo Japan;Heto powerdry LL3000 冻干机,Thermo Scientific;恒流泵、自动部分收集器、色谱柱,上海沪西分析仪器厂有限公司。

PMP 购自 Sigma 公司;其余试剂为国产分析纯或色谱纯。

1.2 软枣猕猴桃多糖的制备

1.2.1 软枣猕猴桃粗多糖的制备

软枣猕猴桃鲜果→破碎→乙醇浸泡(乙醇浓度80%,温度30 ℃,料液比1∶2,时间

基金项目:公益性行业(农业)科研专项(200903013)
作者简介:刘长江,1955生人,男,教授,博士生导师,研究方向为食品生物技术,现从事活性成分及食品加工等方面的研究,E-mail:liucj597@sohu.com

60 min)→抽滤→沉淀微波提取(料液比1∶9,时间10 min,微波功率500 W)→离心→浓缩→醇沉(4倍体积的无水乙醇,4℃冷藏过夜)→离心→依次用石油醚、丙酮、无水乙醇浸泡洗涤→抽滤→冷冻干燥→软枣猕猴桃粗多糖[7]。

1.2.2 软枣猕猴桃精多糖的制备

将微波提取的软枣猕猴桃粗多糖复溶(0.5%,w/v),其水溶液经DEAE-纤维素柱层析(D1.6×30 cm),每次上样10 mL,依次用蒸馏水、0.1 mol/L NaCl、0.2 mol/L NaCl、0.3 mol/L NaCl洗脱,洗脱速度为1.25 ml/min,每管5 ml分部收集,逐管检测多糖含量,分别收集单一峰组分,最终得到4个组分,依次命名为AAP-3a、AAP-3b、AAP-3c、AAP-3d,透析脱盐浓缩后,冷冻干燥备用。

将DEAE-cellulose-52层析柱分离得到的四个组分再经SephadexG-100(D1.0×40 cm)凝胶柱进行纯化。凝胶层析柱先用0.1 mol/L NaCl溶液平衡48 h,再以0.1 mol/L NaCl溶液进行洗脱,每次上样5 ml,流速为0.5 ml/min,每管5 mL分部收集,逐管检测多糖含量,分别收集单一峰组分。结果表明4个组分都是只得到一个洗脱峰且峰形比较对称,透析脱盐浓缩后,冷冻干燥备用[8]。

1.3 软枣猕猴桃多糖的单糖组成分析

1.3.1 软枣猕猴桃多糖水解

精确称取纯化后各组分样品20 mg于具塞试管中,分别加入2 mol/L的H_2SO_4溶液4 ml,于100 ℃水浴锅中水解2 h,冷却至室温,反应混合物3 000 r/min离心5 min,取上清液1 ml用6 mol/L的NaOH中和到pH约为7,溶液用于PMP衍生化。

1.3.2 单糖衍生物的制备

精密吸取浓度为4 mmol/L的单糖对照品、单糖混合液及软枣猕猴桃多糖水解液各250 μl,于具塞试管中,依次加入0.5 mol/L PMP甲醇溶液250 μl和0.3 mol/L的氢氧化钠溶液250 μl,混匀,置于70℃水浴反应30 min,取出,冷却至室温,加入0.3 mol/L的盐酸250 μl进行中和,加入1 mL氯仿萃取,充分震荡后,小心用注射器吸弃下层有机相,重复3次,上层为水相,加入去离子水100 μl稀释混匀,然后经0.45 μm微孔滤膜滤过,20 μl进样分析[9-11]。

1.3.3 HPLC分析方法

采用Waters色谱系统。检测波长为250 nm;柱温为室温;流速1.0 ml/min;流动相:溶剂A:0.05 mol/L磷酸缓冲液(KH_2PO_4-NaOH,pH6.9);溶剂B:乙腈;梯度洗脱模式:0→5→10→15 min对应:17%→20%→23%→26%(B);进样体积20 μl。

2 结果与分析

2.1 软枣猕猴桃多糖各纯化组分的单糖组成

表1列出了软枣猕猴桃多糖4个纯化组分中各色谱峰的出峰时间及所代表的化合物。由表可以看出软枣猕猴桃多糖的水洗组分AAP-3a和0.1 mol/L NaCl洗脱组分AAP-3b由甘露糖、鼠李糖、半乳糖醛酸、葡萄糖、半乳糖、阿拉伯糖6种单糖组成,0.2 mol/L NaCl洗脱组分AAP-3c和0.3 mol/L NaCl洗脱组分AAP-3d由甘露糖、鼠李糖、葡萄糖醛酸、半乳糖醛酸、葡萄糖、半乳糖和阿拉伯糖7种单糖组成。

表 1 标准单糖及 AAP-3a,AAP-3b,AAP-3c,AAP-3d 水解衍生物的保留时间
Table 1 Retention time of standard monosaccharide and
AAP-3a, AAP-3b, AAP-3c, AAP-3d hydrolysate derivatives

单位:min

成分 Monosaccharide	保留时间 Retention time	AAP-3a	AAP-3b	AAP-3c	AAP-3d
甘露糖 Mannose	5.099	4.945	4.943	4.930	4.912
鼠李糖 Rhamnose	6.303	6.389	6.375	6.294	6.335
葡萄糖醛酸 Glucuronic acid	7.071	—	—	6.968	6.957
半乳糖醛酸 Galacturonic acid	7.718	7.481	7.678	7.582	7.592
葡萄糖 Glucose	8.923	8.897	8.855	8.803	8.766
半乳糖 Galactose	9.649	9.610	9.575	9.545	9.490
阿拉伯糖 Arabinose	10.063	10.023	10.012	9.988	9.915

2.2 软枣猕猴桃多糖各纯化组分的高效液相色谱图

图 1 给出了混标的 PMP 衍生物的高效液相色谱图。

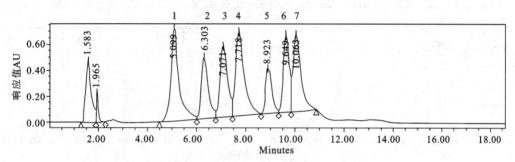

图 1 混标衍生物的高效液相色谱图
Fig.1 Chromatogram of the PMP derivatives of standard monosaccharide
1.甘露糖;2.鼠李糖;3.葡萄糖醛酸;4.半乳糖醛酸;5.葡萄糖;6.半乳糖;7.阿拉伯糖

图 2 给出了 AAP-3a 的 PMP 衍生物的高效液相色谱图。

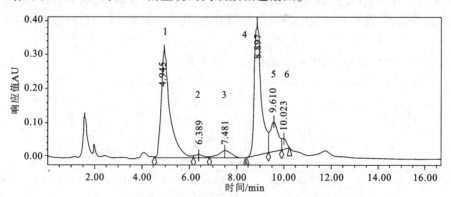

图 2 AAP-3a 水解衍生物的色谱图
Fig.2 Chromatogram of the PMP derivatives of AAP-3a
1.甘露糖;2.鼠李糖;3.半乳糖醛酸;4.葡萄糖;5.半乳糖;6.阿拉伯糖

由图 2 可以看出,软枣猕猴桃多糖纯化组分 AAP-3a 由甘露糖、鼠李糖、半乳糖醛酸、葡萄糖、半乳糖、阿拉伯糖 6 种单糖组成,其中甘露糖和葡萄糖的含量较高。

图 3 给出了 AAP-3b 的 PMP 衍生物的高效液相色谱图。

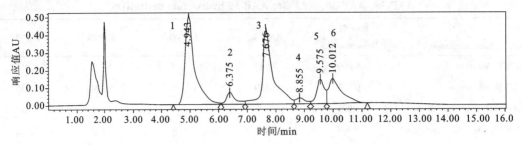

图 3　AAP-3b 水解衍生物的色谱图

Fig.3　Chromatogram of the PMP derivatives of AAP-3b

1.甘露糖；2.鼠李糖；3.半乳糖醛酸；4.葡萄糖；5.半乳糖；6.阿拉伯糖

由图 3 可以看出,软枣猕猴桃多糖纯化组分 AAP-3b 也是由甘露糖、鼠李糖、半乳糖醛酸、葡萄糖、半乳糖、阿拉伯糖 6 种单糖组成,其中甘露糖和半乳糖醛酸的含量较高。

图 4 给出了 AAP-3c 的 PMP 衍生物的高效液相色谱图。

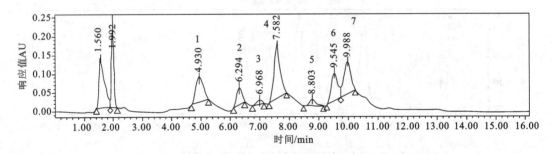

图 4　AAP-3c 水解衍生物的色谱图

Fig.4　Chromatogram of the PMP derivatives of AAP-3c

1.甘露糖；2.鼠李糖；3.葡萄糖醛酸；4.半乳糖醛酸；5.葡萄糖；6.半乳糖；7.阿拉伯糖

由图 4 可以看出,软枣猕猴桃多糖纯化组分 AAP-3c 是由甘露糖、鼠李糖、葡萄糖醛酸、半乳糖醛酸、葡萄糖、半乳糖和阿拉伯糖 7 种单糖组成,其中甘露糖、半乳糖醛酸和阿拉伯糖的含量较高。

图 5 给出了 AAP-3d 的 PMP 衍生物的高效液相色谱图。

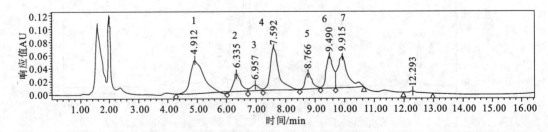

图 5　AAP-3d 水解衍生物的色谱图

Fig.5　Chromatogram of the PMP derivatives of AAP-3d

1.甘露糖；2.鼠李糖；3.葡萄糖醛酸；4.半乳糖醛酸；5.葡萄糖；6.半乳糖；7.阿拉伯糖

由图 5 可以看出,软枣猕猴桃多糖纯化组分 AAP-3d 也是由甘露糖、鼠李糖、葡萄糖醛酸、半乳糖醛酸、葡萄糖、半乳糖和阿拉伯糖7种单糖组成,其中甘露糖、半乳糖醛酸、半乳糖和阿拉伯糖的含量较高。

2.3 软枣猕猴桃多糖各纯化组分的单糖组成差异

软枣猕猴桃多糖4个纯化组分的单糖组成用面积归一法计算[12],各单糖的摩尔百分含量如表2所示。

表2 AAP-3a,AAP-3b,AAP-3c,AAP-3d 单糖组成的差异
Table 2 The difference of monosaccharide composition ratio of AAP-3a, AAP-3b, AAP-3c and AAP-3d

样品 Sample	单糖的摩尔百分含量 Mole percentage composition of monosaccharide /%						
	甘露糖 Mannose	鼠李糖 Rhamnose	葡萄糖醛酸 Glucuronic acid	半乳糖醛酸 Galacturonic acid	葡萄糖 Glucose	半乳糖 Galactose	阿拉伯糖 Arabinose
AAP-3a	23.73	1.33	—	2.44	60.76	10.13	1.61
AAP-3b	31.49	6.87	—	32.07	4.68	10.90	13.99
AAP-3c	13.10	10.91	2.01	27.77	6.71	20.52	18.98
AAP-3d	20.67	10.44	3.25	18.04	12.98	16.92	17.70

由表2可以看出,软枣猕猴桃多糖水洗组分AAP-3a中葡萄糖的摩尔百分含量最高,为60.76%,其次是甘露糖,摩尔百分含量为23.73%,半乳糖的含量也较高,为10.13%,而鼠李糖、半乳糖醛酸和阿拉伯糖的含量很低,都在2.5%以下。

软枣猕猴桃多糖0.1 mol/L NaCl 洗脱组分AAP-3b中甘露糖和半乳糖醛酸的摩尔百分含量相当,分别为31.49%和32.07%,半乳糖和阿拉伯糖的摩尔百分含量相当,分别为10.90%和13.99%,鼠李糖和葡萄糖的摩尔百分含量最少,分别为6.87%和4.68%。

软枣猕猴桃多糖0.2 mol/L NaCl 洗脱组分AAP-3c中半乳糖醛酸、半乳糖和阿拉伯糖的摩尔百分含量相差不大,分别为27.77%、20.52%和18.98%,甘露糖和鼠李糖的摩尔百分含量相差不大,分别为13.10%和10.91%,葡萄糖醛酸和葡萄糖的含量最低,分别为2.01%和6.71%。

软枣猕猴桃多糖0.3 mol/L NaCl 洗脱组分AAP-3d中甘露糖、半乳糖醛酸、半乳糖和阿拉伯糖的摩尔百分含量相差不大,分别为20.67%、18.04%、16.92%和17.70%,鼠李糖和葡萄糖的摩尔百分含量相差不大,分别为10.44%和12.98%,葡萄糖醛酸的摩尔百分含量最少,为3.25%。

综合来看,软枣猕猴桃多糖中葡萄糖醛酸的含量极低,有两个组分中没有检出,另外两个组分中含量也极少。水洗组分中主要含有葡萄糖,盐洗组分中主要含有半乳糖醛酸和阿拉伯糖,其余三种单糖的含量在水洗组分和盐洗组分中虽然也略有升高或降低,但总体上相差不大。

三个盐洗组分中含量差别较大的是甘露糖和半乳糖醛酸,三者进行比较,AAP-3b中甘露糖和半乳糖醛酸的摩尔百分含量最高,AAP-3c中甘露糖的摩尔百分含量最低,AAP-3d中半乳糖醛酸的摩尔百分含量最低。

3 结论

采用PMP柱前衍生高效液相色谱法测定 AAP-3a,AAP-3b,AAP-3c,AAP-3d 的单糖组成,结果表明4个组分在单糖组成上差异显著。

AAP-3a 和 AAP-3b 由甘露糖、鼠李糖、半乳糖醛酸、葡萄糖、半乳糖和阿拉伯糖 6 种单糖组成；AAP-3a 中各单糖的摩尔百分含量依次为 23.73%，1.33%，2.44%，60.76%，10.13%，1.61%；AAP-3b 中各单糖的摩尔百分含量依次为 31.49%，6.87%，32.07%，4.68%，10.90%，13.99%。

AAP-3c 和 AAP-3d 由甘露糖、鼠李糖、葡萄糖醛酸、半乳糖醛酸、葡萄糖、半乳糖和阿拉伯糖 7 种单糖组成；AAP-3c 中各单糖的摩尔百分含量依次为 13.10%，10.91%，2.01%，27.77%，6.71%，20.52%，18.98%；AAP-3d 中各单糖的摩尔百分含量依次为 20.67%，10.44%，3.25%，18.04%，12.98%，16.92%，17.70%。

AAP-3a 以葡萄糖为主，AAP-3b 以甘露糖和半乳糖醛酸为主，AAP-3c 以半乳糖醛酸、半乳糖和阿拉伯糖为主，AAP-3d 以甘露糖、半乳糖醛酸、半乳糖和阿拉伯糖为主。

参考文献

[1] 张岚芝,张先,周美英,等.3 种长白山野生猕猴桃营养及功能成分比较.延边大学农学学报,2010,32(2):106.
[2] 孙宁宁.长白山野生软枣猕猴桃的成分分析及保鲜研究.陈光:吉林农业大学生命科学学院,2007.
[3] Kim J G, Takami Y, Mizugami T, et al. CPPU Application on Size and Quality of Hardy Kiwifruit. Scientia Horticulturae, 2006,110:219-222.
[4] Boyes S, Strübi P, Marsh H. Sugar and Organic Acid Analysis of *Actinidia arguta* and Rootstock-Scion Combinations of Actinidia arguta. Lebensm.-Wiss. u.-Technol., 1996,30:390.
[5] Kim J G, Beppu K, Kataoka I. Varietal Differences in Phenolic Content and Astringency in Skin and Flesh of Hardy Kiwifruit Resources in Japan. Scientia Horticulturae, 2009,120:551-554.
[6] 宗秀环,田莉玉,肖国拾,等.软枣猕猴桃各部位微量元素的测定.特产研究,1991(1):52-55.
[7] 宣丽,刘长江.软枣猕猴桃多糖的分离纯化及抗氧化活性测定.食品与发酵工业,2013,39(2):109-113.
[8] 宣丽,刘长江.软枣猕猴桃多糖的免疫活性研究.食品与发酵工业,2013,39(5):59-61.
[9] 杨兴斌,赵燕,周国元,等.柱前衍生化高效液相色谱法分析当归多糖的单糖组成.分析化学,2005,33(9):1287-1290.
[10] 马晓丽,孟磊,孙莲,等.HPLC 分析大蒜多糖中的单糖.中国现代应用药学杂志,2009,26(7):585-587.
[11] 张英,张卫明,石雪萍.兴化香葱加工废弃物葱白多糖的单糖组成分析.中国调味品,2010,35(3):96-98.
[12] 汪正范.色谱定性与定量.北京:化学工业出版社,2000:163-169.

Analysis of Monosaccharide Composition of Purified Components of *Actinidia arguta* Polysaccharide

Liu Changjiang   Xuan Li

(College of Food, Shenyang Agricultural University   Liaoning   110866)

Abstract   The reversed-phase high performance liquid chromatographic method of precolumn- derivatization with 1-phenyl-3-methyl-5-pyrazolone(PMP) was developed to determine the monosaccharide composition of purified components of *Actinidia arguta* polysaccharide, the results showed that the monosaccharide composition of four components are significantly different. AAP-3a and AAP-3b are composed of mannose, rhamnose, galacturonic acid, glucose, galactose and arabinose; AAP-3c and AAP-3d are composed of mannose, rhamnose, glucuronic acid, galacturonic acid, glucose, galactose and arabinose. Glucose is the predominant sugar in AAP-3a; mannose and galacturonic acid are the predominant sugars in AAP-3b; galacturonic acid, galactose and arabinose are the predominant sugars in AAP-3c; mannose, galacturonic acid, galactose and arabinose are the predominant sugars in AAP-3d.

Key words   *Actinidia arguta* polysaccharides   Purification   PMP derivatization   Monosaccharide composition

野生毛花猕猴桃 AsA 变异分析与优异种质发掘

汤佳乐　吴　寒　朗彬彬　曲雪艳　黄春辉　徐小彪*

（江西农业大学农学院　南昌　330045）

摘　要　以江西省武功山境内的野生毛花猕猴桃(*Actinidia eriantha* Benth)种质资源为试材,对随机采集的 70 个不同基因型的野生毛花猕猴桃叶片和果实的抗坏血酸(AsA)含量进行了测定与分析,并在此基础上发掘毛花猕猴桃优异种质,可为野生毛花猕猴桃资源的合理开发利用及探讨 AsA 积累机制提供理论依据。结果表明,供试的野生毛花猕猴桃叶片和果实的 AsA 含量存在丰富的变异,叶片 AsA 含量变异系数为 41.30%,果实 AsA 含量变异系数为 21.88%。经变异分析和方差分析,筛选了 8 份高 AsA 含量的野生毛花猕猴桃优异种质。

关键词　野生毛花猕猴桃　抗坏血酸　变异分析　优异种质

毛花猕猴桃(*Actinidia eriantha* Benth)为多年生落叶藤本果树,又名毛冬瓜、毛阳桃、白毛藤梨等。全世界只有我国有毛花猕猴桃野生群落,且分布广泛,主要分布于长江以南的广大丘陵地区,以江西、湖南、福建、广西等地的野生种质资源最为丰富。目前,生产实践中推广应用的毛花猕猴桃品种极少,绝大部分处于野生状态。商业栽培的猕猴桃种类主要是中华猕猴桃和美味猕猴桃[1]。作为我国特有的资源,毛花猕猴桃果肉翠绿色,果实风味较浓,抗病性、耐湿性和耐热性均较强。而且,毛花猕猴桃是猕猴桃属植物中维生素 C 含量较高的种类之一,其果实中的维生素 C 含量高达 500~1 379 mg/100 g FW,是中华猕猴桃的 3~4 倍[2]。由于毛花猕猴桃具有的这些特性,所以具有广阔的开发利用前景。

武功山位于罗霄山脉北段,位于江西省西部,属中亚热带季风气候,气候温和,雨量充沛,四季分明。土壤类型为混合岩中地貌,红壤、黄壤、黄棕壤、高原草甸沿海拔高度梯形分布。主要植被成分以亚热带植物区系成分为主,并渗入有热带和温带植物区系成分。据作者前期调查,该地区毛花猕猴桃种质资源丰富,分布广泛,是江西省毛花猕猴桃分布最丰富的地区之一。

维生素 C 又叫抗坏血酸(ascorbic acid, AsA),是猕猴桃中重要的功能成分及风味评价的重要指标。目前,国内外对不同品种猕猴桃果实的 AsA 含量和生长发育规律有少许报道[3-5],而对于毛花猕猴桃只侧重于 AsA 合成途径及相关基因的克隆等相关研究[6-8]。有关野生毛花猕猴桃叶片和果实的 AsA 含量分析尚未见报道。根据不同基因型毛花猕猴桃叶片与果实 AsA 含量的变异分析,对于猕猴桃特异种质的早期选择具有重要意义。据此,本研究对江西省武功山境内野生毛花猕猴桃资源进行调查,以收集的 70 份野生种质为试材,通过对其叶片和果实的 AsA 含量变异分析和高 AsA 含量优异种质的发掘,旨在为野生毛花猕猴桃资源的合理开发与利用奠定基础。

基金项目:国家自然科学基金(31360472);自然科学基金(20132BAB204025)。

作者简介:汤佳乐,男,在读研究生。主要从事果树种质资源研究。

* 通讯作者:徐小彪,教授,主要从事果树种质资源与生物技术研究,E-mail: xiaobiaoxu@hotmail.com

1 材料与方法

1.1 材料

试验材料为江西省武功山境内(N27°32′,E114°07′)的野生毛花猕猴桃资源。2012年7月中下旬随机采集不同基因型单株的健康无损伤的幼嫩叶片及果实,共采集了70份野生毛花猕猴桃种质,试样幼嫩叶片及果实用冰盒保存并运回实验室进行样品处理和各项指标的测定。

1.2 测定指标及研究方法

1.2.1 AsA 的测定

参照曹建康[9]的方法测定,称取植物叶片(果肉)1 g,按1∶5(w/v)加入5% TCA 研磨,4 000 r/min 离心10 min,上清液供测定,各取1.0 ml 样品于试管中,加入1.0 ml 5% TCA,1.0 ml 无水乙醇,摇匀,再依次加入0.5 ml 0.4% H_3PO_4-乙醇,1.0 ml 0.5% BP-乙醇,0.5 ml 0.03% $FeCl_3$-乙醇,总体积5.0 ml,将溶液置于30 ℃下反应90 min,测定AsA。

1.2.2 数据分析

利用 Microsoft Office Excel 对野生毛花猕猴桃叶片和果实的 AsA 含量进行统计,使用 SPSS 13.0 软件对叶片和果实的 AsA 含量进行变异分析和方差分析,挖掘高 AsA 含量优异种质。

2 结果与分析

2.1 叶片和果实的 AsA 含量变异分析

70个不同基因型野生毛花猕猴桃样本中叶片和果实 AsA 含量的变化符合正态分布(Shapiro-Wilk P=0.251;0.534)。根据不同部位,按照叶片和果实将野生毛花猕猴桃70个样本的 AsA 值进行分类的数据统计和描述统计分析(表1、表2)。从表2可知,供试叶片 AsA 含量的平均值为195.18 mg/100 gFW,最低为29.98 mg/100 gFW,最高达379.36 mg/100 gFW,变异系数(41.30%)较大;而果实 AsA 含量的平均值为1351.83 mg/100 gFW,果实 AsA 值较高,变幅为741.44~2 127.03 mg/100 gFW,变异系数(21.88%)较小,偏度系数(0.321)较高,表明果实的 AsA 值和正态分布性比较,AsA 值超过平均数的样本较多。从叶片和果实 AsA 含量分布的频率(图1)可以看出,叶片 AsA 含量主要集中在100~275 mg/100 gFW,占总数的77%。果实 AsA 含量在1 000~1 700 mg/100 gFW 区间内集中分布,分布频率为80%。

表1 野生毛花猕猴桃叶片和果实 AsA 含量

Table 1 AsA contents of Leaf and fruit of wild germplasm resources

编号 Sample	叶片 Leaf /(mg/100 gFW)	果实 Fruit /(mg/100 gFW)	编号 Sample	叶片 Leaf /(mg/100 gFW)	果实 Fruit /(mg/100 gFW)
1	107.69	741.44	36	230.15	1274.77
2	108.25	1328.83	37	127.11	1411.71
3	202.28	1083.78	38	240.01	1208.11
4	353.46	981.08	39	272.94	1357.66
5	168.22	1078.38	40	290.12	1503.60
6	379.36	1318.02	41	186.80	844.14
7	29.98	1712.61	42	293.50	1575.68

续表

编号 Sample	叶片 Leaf /(mg/100 gFW)	果实 Fruit /(mg/100 gFW)	编号 Sample	叶片 Leaf /(mg/100 gFW)	果实 Fruit /(mg/100 gFW)
8	182.29	1343.24	43	123.17	1071.17
9	143.44	2127.03	44	150.76	752.25
10	329.81	1379.28	45	319.96	802.70
11	203.97	1521.62	46	319.40	1222.52
12	204.25	1355.86	47	265.34	1319.82
13	113.03	1519.82	48	273.79	1442.34
14	177.79	1779.28	49	340.23	1251.35
15	192.15	1993.69	50	265.06	1440.54
16	74.18	1670.16	51	214.39	1137.84
17	227.06	1292.79	52	343.89	1357.66
18	103.18	1251.35	53	299.97	1373.87
19	158.64	1429.73	54	204.53	1408.11
20	160.05	1642.34	55	106.56	1293.58
21	63.20	1058.56	56	125.70	1908.45
22	208.19	1251.35	57	140.63	1858.00
23	255.77	1627.93	58	234.94	1580.52
24	123.73	1656.76	59	221.42	1318.81
25	252.39	1249.55	60	111.35	1591.55
26	345.58	1226.13	61	179.76	1426.01
27	212.13	1700.00	62	114.16	1416.55
28	212.13	1236.94	63	209.60	1153.27
29	182.85	1372.07	64	106.56	1063.40
30	250.42	1588.29	65	85.16	1047.64
31	104.59	1251.35	66	129.65	1388.18
32	125.14	1157.66	67	200.31	964.08
33	47.44	1672.97	68	197.21	1005.07
34	184.83	1258.56	69	138.65	1077.59
35	192.99	2056.76	70	113.03	886.82

表2 野生毛花猕猴桃叶片和果实 AsA 含量变异分析

Table 2 Variation of leaf and fruit AsA content characteristics of wild germplasm resources

部位 Position	样本数 No.	AsA 含量 /(mg/100gFW)	标准差/%	变幅 /(mg/100gFW)	变异系数 /%	偏度系数	峰度系数
叶片	70	195.18	80.60	29.98~379.36	41.30	0.287	-0.493
果实	70	1351.83	295.72	741.44~2127.03	21.88	0.321	0.251

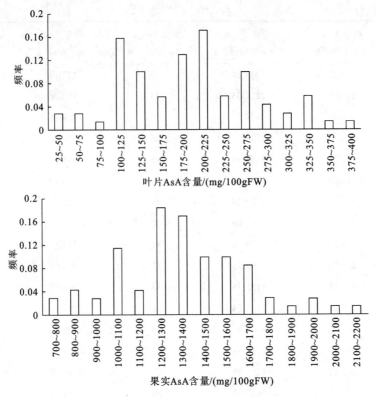

图1 野生毛花猕猴桃叶片和果实 AsA 含量分布频率

Fig.1 Frequency distribution of wild germplasm resources with leaf and fruit AsA content

2.2 高 AsA 含量优异种质发掘

野生毛花猕猴桃果实的 AsA 含量存在丰富的变异,为广泛开展野生毛花猕猴桃高 AsA 含量优异种质的选择,提供了丰富的亲本选择材料。本实验在对野生毛花猕猴桃果实 AsA 含量进行准确测定的基础上,筛选出了果实 AsA 含量位于前10 的基因型单株(表3)。通过对其进行方差分析,编号33,16 号与其他基因型单株均存在极显著性差异,据此,发掘出了 8 份高 AsA 含量的优异种质(No.9,35,15,56,57,14,7,27)。

8 份高 AsA 含量优异种质的果实 AsA 含量均在 1 700.00 mg/100 gFW 以上,其中 9 号种质最高(2 127.03 mg/100 gFW);单果质量在 6.35 g 以上;可溶性固形物在 5.77% 以上;可溶性糖最低为 0.72%;可滴定酸在 0.73% 以上。

表3 优异野生毛花猕猴桃种质果实性状

Table 3 Fruit traits often wild germplasm resources

编号 NO.	横径/cm Fruit diameter	纵径/cm Fruit length	单果质量/g Fruit mass	可溶性固形物/% Soluble solids content	可溶性糖/% Soluble sugar	可滴定酸/% Titratable acid	AsA 含量/(mg/100 g) AsA Content
9	1.95 a	4.05 c	11.24 a	6.20 ab	0.73 d	0.80 ab	2127.03 a
35	1.78 bc	4.32 b	9.00 b	5.77 c	1.07 b	0.77 b	2056.76 b
15	1.75 bc	4.55 a	9.39 b	6.30 a	1.63 a	0.82 a	1993.69 c
56	1.92 a	3.58 d	7.97 c	6.23 ab	0.89 c	0.73 d	1908.45 d

续表

编号 NO.	横径/cm Fruit diameter	纵径/cm Fruit length	单果质量/g Fruit mass	可溶性固形物/% Soluble solids content	可溶性糖/% Soluble sugar	可滴定酸/% Titratable acid	AsA 含量/(mg/100 g) AsA Content
57	1.82 b	4.36 b	8.25 c	6.10 b	0.96 bc	0.83 a	1858.00 e
14	1.68 c	3.60 d	6.35 d	5.96 bc	0.76 d	0.74 b	1779.28 f
7	1.65 c	3.54 d	6.36 d	6.10 b	0.72 d	0.79 ab	1712.61 g
27	1.66 c	3.62 d	9.10 b	6.00 bc	0.98 bc	0.80 ab	1700.00 h
33	1.76 bc	4.33 b	6.37 d	6.25 ab	0.73 d	0.76 b	1672.97 i
16	1.83 b	4.10 c	8.35 b	5.79 c	1.08 b	0.81 a	1670.16 i

注：同列含不同字母的平均值之间差异显著。
Note: Different letters in the same column represent significant difference.

3 讨论

变异系数的差异反映了性状在进化保守性或遗传可塑性方面的不同,进行品种或变异类型选育应予以考虑[11]。本研究中 70 个不同基因型野生毛花猕猴桃桃种质资源的叶片和果实 AsA 含量存在丰富的变异,变异系数分别为 41.30% 和 21.88%,反映了野生毛花猕猴桃种质中存在较大的遗传差异,对于高 AsA 含量优异种质资源的开发利用提供了丰富的选择空间。

江西省武功山境内的 70 个不同基因型野生毛花猕猴桃单株 AsA 含量的遗传多样性可能是植株本身的遗传基础和所处的环境条件决定的。在相近或相似的环境条件下,遗传多样性高的植株可以表现出丰富的变异,而遗传基础相对单一的植株也可能由于所处生态环境的不同而产生变化[12]。因此,在对毛花猕猴桃进行优异 AsA 含量种质挖掘时,应尽量选择生长环境条件一致和相似的气候条件的植株。我们在对武功山境内的毛花猕猴桃进行野生资源调查和收集中,充分考虑到了气候条件和生态环境的因素,所收集的叶片和果实具有相似的生态环境。尽量做到在基因组遗传变异的基础上,挖掘出高 AsA 含量的优异单株。

野生毛花猕猴桃是我国特有的种质资源,它广泛分布于长江以南的广大丘陵地区,长期以来形成了丰富的遗传多样性,且抗性强,果实富含多种氨基酸、蛋白质、矿质元素和维生素 C 等营养成分,具有良好的开发利用前景。

参考文献

[1] 牛歆雨,雷玉山,梁东,等.猕猴桃果实 L-半乳糖内酯脱氢酶和脱氢抗坏血酸还原酶 cDNA 片段的克隆与序列分析.西北农林科技大学学报,2007,35(12):57-62.

[2] 钟彩虹,张鹏,姜正旺,等.中华猕猴桃和毛花猕猴桃果实碳水化合物及维生素 C 的动态变化研究.植物科学学报,2011,29(3):370-376.

[3] 黄宏文,龚俊杰,王圣梅,等.猕猴桃属植物的遗传多样性//黄宏文.猕猴桃研究进展.北京:科学出版社,2000:65-79.

[4] 张佳佳,郑小林,励建荣.毛花猕猴桃"华特"果实采后生理和品质变化.食品科学,2011,32(8):309-312.

[5] Zhang Lei, Li Zuozhou, Wang Yanchang, et al. Vitamin C, flower color and ploidy variation of hybrids from a ploidy-unbalanced Actinidia interspecific cross and SSR characterization. Euphytica, 2010,175:133-143.

[6] 侯长明,李明军,马锋旺,等.猕猴桃果实发育过程中 AsA 代谢产物积累及相关酶活性的变化.园艺学报,2009,36(9):1269-1276.

[7] Bulley S M, Rassam M, Hoser D, et al. Gene expression studies in kiwifruit and gene over-expression in Arabidopsis indicates

that GDP-L-galactose guanyltransferase is a major control point of vitamin C biosynthesis. J Exp Bot, 2009,60(3):765-778.
[8] Crowhurst R N, Gleave A P, MacRae E A, et al. Analysisof expressed sequence tags from Actinidia: applications of a cross species EST database for gene discovery in the areas of flavor, health, color and ripening. BMC Genomics, 2008(9):351
[9] Laing W A, Wright M A, Cooney J, et al. The missing step of the L-galactose pathway of ascorbate biosynthesis in plants, and L-galactose guanyltransferase, increased leaf ascorbate content. PNAS, 2007,104(22):9534-9539.
[10] 曹建康, 姜微波, 赵玉梅. 果蔬采后生理生化实验指导. 中国工业出版社, 2010:41-43.
[11] 杨雷, 周俊义, 刘平, 等. 酸枣种质资源果实主要数量性状变异及概率分级. 河北农业大学学报, 2006,29(1):34-37.
[12] 岁立云, 刘晓敏, 李周岐, 等. 山桐子果实性状的自然变异及类型划分. 西北农林科技大学学报: 自然科学版, 2009.8(37):115-120.

Screening of Specific Germplasm and AsA Mutation Analysis for Wild *Actinidia eriantha* Benth

Tang Jiale　Wu Han　Lang Bingbing　Qu Xueyan　Huang Chunhui　Xu Xiaobiao

(College of Agronomy, Jiangxi Agricultural University, Nanchang　330045)

Abstract　Sevevty different wild genotypes of leaves and fruits randomly collected from *Actinidia eriantha* Benth germplasm resources in Wugong Mountain of Jiangxi province were taken as the tested materials, their ascorbic acid (AsA) contents were determined and analyzed, and found the excellent kiwifruit germplasm based on the studies. It could provide the theoretical basis for the available development and utilization of wild kiwifruit resources and the accumulation mechanism of AsA content. The results indicated that the AsA contents of wild kiwifruit leaves and fruits existed rich variations, the variation coefficient of AsA content of leaves was 41.30%, and the variation coefficient of AsA content of fruits reached 21.88%. By the mutation analysis and variance analysis, eight wild excellent kiwifruit germplasms of high AsA content were screened.

Key words　Wild *Actinidia eriantha* Bent　Ascorbic acid　Mutation analysis　Specific germplasm

广东猕猴桃种质资源 *rbcL* 基因多样性分析

叶婵娟　刘明锋　刘　文　周玲艳　杨妙贤　胡延吉　梁　红*

(仲恺农业工程学院 生命科学学院　广东广州　510225)

摘　要　*rbcL* 基因是植物叶绿体上控制植物光合作用和光呼吸的重要基因,在植物界广泛存在,常作为 DNA 条形码进行物种间的亲缘关系分析。本研究利用 clustal W 软件对 42 个猕猴桃品种及种内不同性别间的 rbcL 基因序列进行了亲缘关系分析,还根据'和平红阳'猕猴桃雌株和雄株的叶绿体基因 rbcL 序列与 GenBank 的其他猕猴桃 rbcL 基因序列进行 UPGMA 聚类比对。结果表明,clustal W 软件分析显示广东省野生猕猴桃种质资源中 rbcL 基因序列具有一定的多样性,猕猴桃野生种 *rbcL* 基因的多样性高于栽培品种和种内不同性别。UPGMA 聚类后显示猕猴桃种间的 rbcL 基因差异性明显,供试的猕猴桃可分为 4 组类群。本研究通过对猕猴桃 clustal W 亲缘关系分析和 UPGMA 聚类比对,认为 rbcL 基因的 DNA 条形码技术适用于猕猴桃属植物的多样性研究和种以上分类阶元的鉴定,将为猕猴桃的系统发育研究和猕猴桃资源保育提供另一种研究思路和技术方法。

关键词　猕猴桃　DNA 条形码　*rbcL* 基因　UPGMA 聚类　多样性分析

　　猕猴桃属(*Actinidia*)为多年生功能性雌雄异株落叶藤本植物,是一类新兴水果资源,隶属猕猴桃科(Actinidiaceae)。我国是猕猴桃的起源中心,在全世界猕猴桃属 66 种、约 118 个种下分类单位(变种、变型)[1]中,中国有其中的 62 种,猕猴桃资源极为丰富。

　　目前的猕猴桃分类系统主要建立形态特征上,但由于猕猴桃属植物表型特征变化很大,在形态上呈现出连续变异现象,且一些分布在气候条件显著不同的区域的种类存在野外种群之间的种间、种内自然杂交和染色体多倍化、非整倍性等现象,常导致对种的错误鉴定。猕猴桃的属下分类极其困难[3],不同学者对该属种的界定及其亲缘关系存在不同的看法[4-7],特别是目前猕猴桃栽培品种以中华猕猴桃和美味猕猴桃为主,这两个物种为遗传近缘种,有高度的遗传相似性,种内遗传关系不清晰,有着一定区域的自然同域重叠分布,给猕猴桃种质鉴定增加了难度[8-9]。

　　DNA 条形码一般是建立在一段长度为几百个至几千个碱基的基因序列信息的基础之上,从理论上来讲完全可以包括所有物种,因而被广泛应用于植物分子系统学的研究中[10]。叶绿体 *rbcL* 基因是叶绿体中编码核酮糖 1,5-二磷酸羧化酶/氧化酶大亚基的单拷贝基因,长度达 1.4 kb[11],适用于研究高等植物之间的系统进化关系[10-12]。因此,本研究以 DNA 条形码技术为基础建立一个基于叶绿体基因的精准的分子鉴定体系试图对进行猕猴桃快速准确鉴别,以期解决在传统分类学中存在的分类困难和现行分类混乱问题,为猕猴桃的系统发育研究和资源保育等提供一种新的研究思路。

基金项目:广东省自然科学基金(9251022501000001)资助项目。
作者简介:叶婵娟,1990 生人,女,广东茂名人,在读硕士研究生。
*通讯作者,E-mail:lhofice@163.com

1 材料与方法

1.1 植物材料

植物材料分别取自广东和平县(以栽培猕猴桃为主)及广东南岭国家级自然保护区(位于广东省乳源县和阳山县)内的野生猕猴桃(表1)。

表1 试验材料来源及编号
Table 1 Original and serial number of the plant materials

编号 No	猕猴桃种(品种)名 Scientificname	拉丁学名 Latin name	性别 Sex	来源地 Source
1	毛花猕猴桃	Actinidia eriantha	♀	南岭阳山(Nanling Yangshan)
2	中华猕猴桃	Actinidia chinensis	♀	南岭阳山(Nanling Yangshan)
3	美丽猕猴桃	Actinidia melliana	♀	南岭阳山(Nanling Yangshan)
4	华南猕猴桃	Actinidia glaucophylla	♀	南岭阳山(Nanling Yangshan)
5	毛花猕猴桃	Actinidia eriantha	♀	南岭阳山(Nanling Yangshan)
6	毛花猕猴桃	Actinidia eriantha	♀	南岭乳源(Nanling Ruyuan)
7	毛花猕猴桃	Actinidia eriantha	♀	和平(Heping)
8	金花猕猴桃	Actinidia chrysantha	♀	南岭阳山(Nanling Yangshan)
9	多花猕猴桃	Actinidia latifolia	♀	南岭阳山(Nanling Yangshan)
10	多花猕猴桃	Actinidia latifolia	♀	和平(Heping)
11	美味猕猴桃	Actinidia deliciosa	♀	南岭阳山(Nanling Yangshan)
12	金花猕猴桃	Actinidia chrysantha	♀	南岭乳源(Nanling Ruyuan)
13	多花猕猴桃	Actinidia latifolia var. Latifolia	♂	南岭乳源(Nanling Ruyuan)
14	金花猕猴桃	Actinidia chrysantha	♂	南岭阳山(Nanling Yangshan)
15	13号猕猴桃	Actinidia chinensis No 13	♂	和平(Heping)
16	毛花猕猴桃	Actinidia eriantha	♂	南岭阳山(Nanling Yangshan)
17	毛花猕猴桃	Actinidia eriantha	♂	南岭乳源(Nanling Ruyuan)
18	多花猕猴桃	Actinidia latifolia	♂	和平(Heping)
19	和平红阳猕猴桃	Actinidia chinensis	♂	和平(Heping)
20	武植二号猕猴桃	Actinidia chinensis Planch. Wuzhi No.2	♂	和平(Heping)
21	帮增猕猴桃	Actinidia chinensis Planch. Bangzeng	♂	和平(Heping)
22	新品种一号猕猴桃	Actinidia chinensis Planch. New No.1	♀	和平(Heping)
23	武植3号猕猴桃	Actinidia chinensis Planch. Wuzhi No.3	♀	和平(Heping)
24	金丰猕猴桃	Actinidia chinensis Planch. Jinfeng	♀	和平(Heping)
25	合水猕猴桃	Actinidia chinensis Planch. Heshui	♀	和平(Heping)
26	武植5号猕猴桃	Actinidia chinensis Planch. Wuzhi No.5	♀	和平(Heping)
27	金艳猕猴桃	Actinidia chinensis Planch. Jingyan	♀	和平(Heping)
28	79-4猕猴桃	Actinidia chinensis Planch. 79-4	♀	和平(Heping)
29	合水一号猕猴桃	Actinidia chinensis Heshui No.1	♀	和平(Heping)
30	米良猕猴桃	Actinidia deliciosa Miliang	♀	和平(Heping)

续表

编号 No	猕猴桃种（品种）名 Scientificname	拉丁学名 Latin name	性别 Sex	来源地 Source
31	早鲜猕猴桃	*Actinidia chinensis* Planch. Zaoxian	♀	和平（Heping）
32	和平红阳猕猴桃	*Actinidia chinensis* Heping Hongyang	♀	和平（Heping）
33	徐香猕猴桃	*Actinidia deliciosa* Xuxiang	♀	和平（Heping）
34	武植6号猕猴桃	*Actinidia chinensis* Planch. Wuzhi No.6	♀	和平（Heping）
35	Hort16A猕猴桃	*Actinidia chinensis* Hort16A	♀	和平（Heping）
36	楚红猕猴桃	*Actinidia chinensis* Planch. Chuhong	♀	和平（Heping）
37	大果红阳猕猴桃	*Actinidia chinensis* Daguohongyang	♀	和平（Heping）
38	海艳猕猴桃	*Actinidia deliciosa* Haiyan	♀	和平（Heping）
39	和平一号猕猴桃	*Actinidia deliciosa* Planch.Heping No.1	♀	和平（Heping）
40	20号猕猴桃	*Actinidia chinensis* No.20	♀	和平（Heping）
41	21号猕猴桃	*Actinidia chinensis* No.21	♀	和平（Heping）
42	雷公山猕猴桃	*Actinidia deliciosa* Leigongshan	♀	和平（Heping）

1.2 叶片总DNA的提取

在洁净的研钵中加入1.7 ml核酸提取液,加入0.15 g猕猴桃幼嫩叶片,研磨成匀浆(4~5 min)后转入2 ml离心管,65 ℃水浴30 min后取出摇匀1 min,7 000 r/min离心3 min;取上清液0.8 ml,加入0.8 ml氯仿/水饱和酚(V/V = 1∶1)充分混匀3 min,12 000 r/min离心12 min;取上清液0.7 ml再加入0.7 ml氯仿/水饱和酚(V/V = 1∶1)充分混匀3 min,12 000 r/min离心12 min;取上清液0.6 ml,加等体积异丙醇轻摇混匀数10次,于-20 ℃静置40 min以上或过夜,12 000 r/min离心15 min;弃上清液,用70%乙醇(V/V)和无水乙醇分别洗涤沉淀,倾去乙醇后室温晾干,置于-20 ℃保存备用。

1.3 叶绿体rbcL基因的RCR扩增

扩增rbcL基因的引物是根据烟草的*rbcL*基因(登录号:KC825342)设计,序列为5′-TTGGCAGCATTCCGAGTAA-3′和5′-TGTCCTAAAGTTCCTCCAC-3′,PCR扩增的反应体系(50 μL)包括:10×*Taq* Buffer 5 μl,MgCl$_2$(25 mmol/L) 3 μl,dNTPs(10 mmol/L) 2 μl,*Taq* polymerase 1.5 μl,引物各1 μl,模板DNA 1 μl和重蒸水35.5 μl。PCR反应程序为:94 ℃预热5 min,然后进入循环:94 ℃变性1 min,53 ℃退火1 min,72 ℃延伸1.5 min,共35个循环,最后72 ℃延伸10 min。

PCR反应结束后,取4 μl扩增产物经1.5%的琼脂糖(W/V)平板电泳检测,将每一个DNA扩增样品中片段大小合适且在电泳中表现为均一带的一个扩增产物委托上海英骏生物技术有限公司测序,然后用DNA star进行序列拼接,并运用clustal W软件[13](http://www.ebi.ac.uk/Tools/msa/clustalw2/)对42个猕猴桃材料的rbcL基因扩增DNA样品进行序列差异性分析。

2 结果

2.1 *rbcL*基因的扩增结果

由于所提取的猕猴桃叶总DNA中含有叶绿体DNA,而且本实验中所有猕猴桃材料提取的DNA样品都能被扩增出rbcL DNA带,说明*rbcL*引物具有通用性。本实验所扩增的*rbcL*基因的扩增片段的大小在 1 200~1 300 bp(图 1)。由于是用正反向双向测序的方法进行测序,两端的序列信号不稳定,会造成片段大小的差异。由表 2 的数据可以看出,测序片段的大小与电泳的结果相符,说明猕猴桃的 rbcL 基因片段大小在 1 001~1 032 bp。

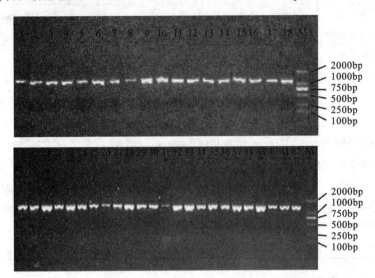

图 1 猕猴桃叶绿体 rbcL 基因 PCR 扩增电泳图谱
(图中条带编号与表 1 中的编号一致,M. DNA Marker)
Fig.1 PCR amplificates of rbcL gene of the kiwifruit on electrophoretogram
(The No of the fragment is fit with table 1, M. DNA Marker)

表 2 猕猴桃叶绿体 rbcL 基因扩增产物的大小(长度)
Table 2 Length of rbcL gene amplificates of the kiwifruit

猕猴桃编号 No	片段大小/bp Size	猕猴桃编号 No	片段大小/bp Size	猕猴桃编号 No	片段大小/bp Size
1	1 002	15	1 001	29	1 021
2	1 006	16	1 032	30	1 009
3	1 005	17	1 015	31	1 023
4	1 013	18	1 021	32	1 025
5	1 015	19	1 032	33	1 030
6	1 009	20	1 026	34	1 021
7	1 007	21	1 032	35	1 019
8	1 018	22	1 017	36	1 024
9	1 024	23	1 011	37	1 026
10	1 024	24	1 012	38	1 022
11	1 022	25	1 015	39	1 032
12	1 016	26	1 026	40	1 020
13	1 012	27	1 015	41	1 021
14	1 007	28	1 026	42	1 025

2.2 猕猴桃 rbcL 基因遗传多态性分析

猕猴桃的 rbcL 基因扩增片段经过 clustal W 软件比对后,发现用本实验的 42 种猕猴桃可分为 4 个类群(图 2),其中编号分别为 15、30 和 29 号的三种猕猴桃根据基因片段大小在 1 001~1 032 bp 计算,大约有 1.40~1.48 个碱基的差异,其他猕猴桃均无差异,这也说明了 rbcL 基因序列的高度保守性。这种保守性决定 rbcL 基因比较适用于更高分类阶元之间的鉴别。

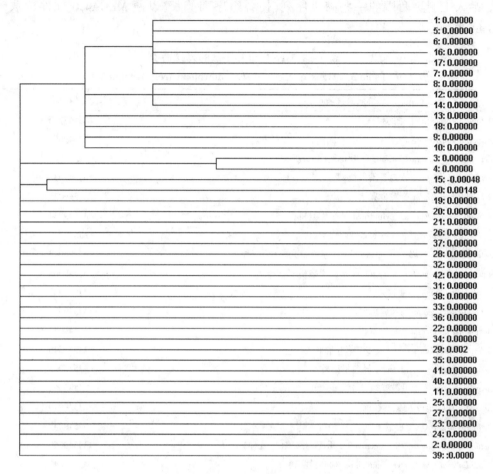

图 2 广东省猕猴桃种质资源 rbcL 基因序列 Clustal W 比对结果

Fig.2 Clustal W alignment of Guangdong kiwifruit resource based on rbcL gene

编号 9 的野生多花猕猴桃生长在阳山,编号 10 的野生多花猕猴桃生长在和平县,它们 rbcL 基因序列相似度达 100%,说明生长在不同地域的同种猕猴桃的叶绿体 rbcL 基因序列不存在差异。编号 32 的栽培品种'和平红阳'与编号 37 的'大果红'存在果实形态变异,经过对其 rbcL 基因序列分析,发现其序列相似度为 100%,也不存在差异,说明其果实形态发生变异并不涉及叶绿体 rbcL 基因序列的变化。

野生的毛花猕猴桃虽然采集于不同的生长环境,它们的 rbcL 基因序列并没有发生变化,这说明生长环境的不同对 rbcL 基因序列并未产生影响。中华猕猴桃和美味猕猴桃的野生类型和栽培品种都聚类到同一个类群,除编号 30 的米良存在 0.002 的极小进化距离之外,其他的序列相似度为 100%,说明它们之间存在遗传交叉现象,可能是属于同一种。美丽猕猴桃和华南猕猴桃与中华猕猴桃分别有 0.00102 和 0.00297 的进化距离,说明野生种之间的 rbcL 基因与其他猕猴桃种相比,已发生一定的遗传分化。

2.3 猕猴桃 *rbcL* 序列的聚类分析

通过 BLAST 的检索,下载了已登录的 21 个猕猴桃叶绿体 rbcL 基因序列(表3)。加上本试验中测定的中华猕猴桃栽培品种'和平红阳'雌雄株 *rbcL* 基因序列,共 23 个猕猴桃 *rbcL* 基因序列。在网站 http://www.ebi.ac.uk/Tools/clustalw2/index.html 上分别对 *rbcL* 序列进行对比,然后人工删除两端的一些随机序列,使各组序列等长,以便 MEGA4.0 软件读取,进行 UPGMA 聚类分析(图3)。

表3 由 GenBank 中下载的 *rbcL* 序列
Table 3 The sequences of *rbcL* download from Genbank

猕猴桃种 species	登录号 Genbank No.
Actinidia chinensis 中华猕猴桃	AJ547796
Actinidia rufa 山梨猕猴桃	AJ549059
Actinidia latifolia var. *latifolia* 阔叶猕猴桃(原变种)	AJ549037
Actinidia styracifolia 安息香猕猴桃	AJ549033
Actinidia chrysantha 金花猕猴桃	AJ549035
Actinidia cylindrica var. *cylindrical* 柱果猕猴桃(原变种)	AJ549034
Actinidia cylindrica var. *reticulate* 网脉猕猴桃	AJ549040
Actinidia glaucophylla var. *glaucophylla* 华南猕猴桃(原变种)	AJ495043
Actinidia glaucophylla var. *rotunda* 华南猕猴桃	AJ549063
Actinidia melliana 美丽猕猴桃	AJ549067
Actinidia sabiaefolia 清风藤猕猴桃	AJ549039
Actinidia lijiangensis 漓江猕猴桃	AJ549045
Actinidia rubricaulis var. *coriacea* 革叶猕猴桃	AJ549046
Actinidia callosa var. *discolor* 异色猕猴桃	AJ549065
Actinidia farinose 粉毛猕猴桃	AJ549064
Actinidia kolomikta 狗枣猕猴桃	AJ549070
Actinidia arguta 软枣猕猴桃	AJ549049
Actinidia melanandra var. *melanandra* 黑蕊猕猴桃(原变种)	AJ549050
Actinidia macrosperma var. *mumoides* 梅叶猕猴桃	AJ549042
Actinidia macrosperma var. *macrosperma* 大籽猕猴桃(原变种)	AJ549053
Actinidia polygama 葛枣猕猴桃	AJ549071

通过 UPGMA 聚类中,可以把 23 种猕猴桃分为 4 组类群和 3 个单种类群。Ⅰ组为柱果猕猴桃(原变种)、华南猕猴桃(原变种)、粉毛猕猴桃、异色猕猴桃、漓江猕猴桃和革叶猕猴桃等 6 种;Ⅱ组为清风藤猕猴桃、华南猕猴桃和美丽猕猴桃等 3 种,主要分布于两广、湖南及江西地区;Ⅲ组为中华猕猴桃、山梨猕猴桃、金花猕猴桃、安息香猕猴桃和网脉猕猴桃等 5 种,除了山梨猕猴桃分布于日本和我国台湾等地外,其他 4 种主要分布于两广及两湖地区;Ⅳ组为梅叶猕猴桃、大籽猕猴桃、狗枣猕猴桃、软枣猕猴桃和黑蕊猕猴桃等 5 种,主要分布于长江流域及以北地区;3 个单种类群为:葛枣猕猴桃、阔叶猕猴桃和中华猕猴桃'和平红阳'(雌、雄株),前二者是在我国广泛分布的野生类型,后者是在广东和平县选育的栽培品种。

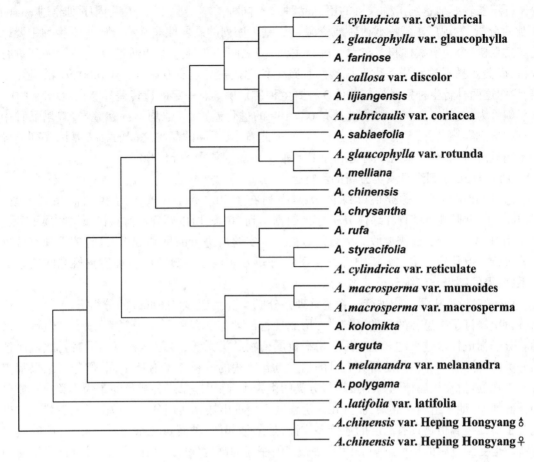

图 3　猕猴桃属植物基于 *rbcL* 的 UPGMA 聚类
Fig.3　The UPGMA clustering analysis of *Actinidia* based on the *rbcL*

3　讨论

3.1　*rbcL* 基因作为猕猴桃 DNA 条形码的应用前景

季红春等[10]对珙桐的 *rbcL* 基因的分析结果表明珙桐编码区氨基酸与烟草（*Nicotiana tabacum*）、菠菜（*Spinacia oleracea*）、玉米（*Zea mays*）、甘薯（*Spinacia oleracea*）、拟南芥（*Arabidopsis thaliana*）、水稻（*Oryza sativa*）、葡萄（*Vitis vinifera*）、地钱（*Marchantia polymorpha*）和葡萄柚（*Citrus paradisi* Macf.）9 个物种的同源性达 94.13% 以上，其结果同时也表明 *rbcL* 基因不能用于识别全部物种，但可以区分许多同属植物，这结果与本实验的结果一致。因 *rbcL* 的高度保守性，猕猴桃 *rbcL* 基因并不能用于区分猕猴桃的不同品种，这种高度的保守性决定 *rbcL* 基因适合于更高分类阶元之间的鉴别。刘晓庆等[14]对大豆 *rbcL* 基因序列的研究表明，大豆与其他 10 个物种 *rbcL* 基因序列的同源性在 85.37% ~ 95.31%，氨基酸的同源性在 90.87% ~ 96.47%，这表明 *rbcL* 基因在核苷酸和氨基酸水平上都具有高度的保守性和同源性，且氨基酸的同源性比核苷酸高，预示着 *rbcL* 基因在植物生命活动中处于非常重要的地位。

常用于猕猴桃种质资源分析的分子标记方法有 SSR 和 RAPD，叶凯欣等[15]在猕猴桃的 SSR 分析中用 4 个 SSR 位点标记能够区分实验中的 35 个猕猴桃品种。陈延惠等[16]成功扩增出 RAPD 谱带并可以作为鉴定这些品种的特征指纹图谱。跟 *rbcL* 基因序列分析相比，这两种分子标记能较好地鉴别出猕猴桃的不同品种或不同种。本实验中，rbcL 基因序列经过 clustal W 比对分析，发现广东省猕猴桃种质资源 rbcL 基因序列的差异性非常小。广东野生种主要以毛花猕猴桃、金花猕猴桃和多花猕猴桃为主，它们之间的差异并不能通过 rbcL 基因序列进行分析，而美丽猕猴桃和华南猕猴桃这两种野生种猕猴桃分别有 0.00102 和 0.00297 的进化距离，说明这两种野生种猕猴桃与其他 3 种野生种猕猴桃具有一定的遗传差异。在栽培品种中，除了编号为 30 的米良一号猕猴桃具有 0.00199 的进化差距，其他均不存在差异，栽培品种中既有中华猕猴桃品种，又有美味猕猴桃品种，由此看出，不同的品种之间的 rbcL 基因序列差异并不明显。所以，rbcL 基因序列更适合用于种以上分类阶元分析和鉴定。

3.2 利用 rbcL 序列进行聚类分析的可行性

通过"和平红阳"猕猴桃叶绿体 rbcL 序列在 NCBI 运行 BLAST 寻找相似序列发现，GenBank 中猕猴桃属植物叶绿体 rbcL 序列数据不到 30 条，所以要确定猕猴桃属植物属下分类的通用 DNA 条形码，还需要收集大量的数据。本实验所进行的聚类分析，只能依靠现有数据部分进行。但从这次聚类分析中可以看到使用 rbcL 能很好地归纳出各种猕猴桃之间的亲缘关系，所得的结果与传统分类基本一致。

Dunn 对猕猴桃属植物进行了系统整理并分成 4 组，李惠林对 Dunn 的分组进行了修订，梁畴芬再次修订了李惠林的分类系统[18]，构成现行的 4 组 4 系的属下分类系统[17]。但近年来随着分子标记技术越来越多地应用于猕猴桃属植物分类系统，多位学者提出了对猕猴桃属植物分类的不同观点。不同的研究人员的出发点和所用的分析技术有所不同，但分析结果都支持同一观点：猕猴桃属植物并不按现行分类的组聚类，除了净果组各成员间聚为小类或自成单种类群外，其他 3 组相互混杂，而且在一定程度上表现出按其地理分布区域聚类的趋势。这也说明了猕猴桃属植物具有高度的遗传多样性，是杂种起源，种间自然杂交现象频繁，同时其遗传特性也受到复杂的环境影响。由于 rbcL 基因序列的高度保守性和稳定性，可以排除生境和地理分布的影响，具有更好的客观性的重复性。

参 考 文 献

[1] 禹兰景,赵京献.猕猴桃国内外研究概况.河北林业科技,1995(3):52-54.
[2] 徐小彪,张秋明.中国猕猴桃种质资源的研究与利用.植物学通报,2003,20(6):648-655.
[3] 李新伟.猕猴桃属植物分类学研究.武汉:中国科学院研究生院(武汉植物园),2007.
[4] FERGUSON A R, HUANG H W. Genetic resources of kiwifruit: domestication and breeding. Hortic Rev., 2007,33:1-121.
[5] 何子灿,钟扬,刘洪涛,等.中国猕猴桃属植物叶表皮毛微形态特征及数量分类分析.植物分类学报,2000,38(2):102-105.
[6] Huang H W, Li J Q, Lang P, et al. Systematic relationships in Actinidia as revealed by cluster analysis of digitized morphological descriptors[J]. Acta Horticulturae, 1999,498:71-78.
[7] Messina R, Testolin R, Morgante M. Isozymes for cultivar identification in kiwifruit. HortScience, 1991,26(7):899-902.
[8] 黄宏文,龚俊杰,王圣梅.猕猴桃属(Actinidia)植物的遗传多样性.生物多样性,2000,8(1):1-12.
[9] 陈万秋,李思光,罗玉萍.分子标记技术在猕猴桃属植物中的研究进展.江西科学,2001,19(3):162-165.
[10] 季红春,胡进耀,姜立春,等.珙桐 rbcL 基因的克隆与序列分析.绵阳师范学院学报,2009,28(8):54-59.
[11] 李强,吉莉,谢树莲.串珠藻目植物的系统发育-基于 rbcL 序列的证据.水生生物学报,2010,34(1):20-28.
[12] 黄瑶,李朝銮.叶绿体 DNA 及其在植物系统学研究中的应用.植物学通报,1994,11(2):11-25.
[13] 郭崇志,孙曼霁.ClustalW-蛋白质与核酸序列分析软件.生物技术通讯,2000,11(2):146-149.
[14] 刘晓庆,崔喜艳,丁志鑫,等.大豆 rbcL 基因克隆、序列分析及原核表达.中国油料作物学报,2011,33(3):226-230.
[15] 叶凯欣,罗荟材,梁雪莲,等.猕猴桃 SSR 分析.生物技术,2009,19(3):39-42.
[16] 陈延惠,李洪涛,朱道圩,等.RAPD 分子标记在猕猴桃种质资源鉴定上的应用.河南农业大学学报,2003,37(4):

[17] 李作洲.猕猴桃属植物的分子系统学研究.武汉:中国科学院研究生院(武汉植物园),2006.
[18] 黄宏文.猕猴桃属:分类资源驯化栽培.北京:科学出版社,2013:1.

Diversity Analysis on Kiwifruit Germplasm Resources in Guangdong Province by *rbcL* Gene

Ye Chanjuan Liu Mingfeng Liu Wen Zhou Lingyan Yang Miaoxian Hu Yanji Liang Hong

(College of Life Sciences, Zhongkai University of Agriculture and Engineering Guangzhou 510225)

Abstract The *rbcL* gene as the key gene in the plant photosynthesis and photorespiration, which is universal existence and used as DNA barcoding to analysis genetic relationship. In this study, using clustal W software to analysis the genetic relationship by the *rbcL* sequences in 42 cultivars and varieties of Actinidia. According to the determined *rbcL* sequence of Actinidia chinensis 'Heping Hongyang', the highly similar sequences in the GenBank were aligned, and then the MEGA4.0 software was used to construct a dendrogram by UPGMA clustering analysis. The results showed that the wild kiwifruits in Guangdong province had sequence diversity. The diversity of *rbcL* gene from wild kiwifruits was higher than those of cultivars and between different genders. The UPGMA clustering revealed that the diversity was obvious in *rbcL* gene of kiwifruit species and the kiwifruit plants can be divided into 4 groups of taxa. Based on the study on the genetic relationship analysis by clustal W and UPGMA clustering algorithm, *rbcL* gene was considered as the DNA Barcoding applied to diversity analysis. It would provide another way to study the phylogeny and resource conservation of Actinidia.

Key works Kiwifruit DNA Barcoding *rbcL* gene UPGMA clustering Diversity analysis

利用SCAR标记检测猕猴桃种间杂交植株的雌雄性别

张琼 刘春燕 韩飞 刘小莉 张鹏 钟彩虹*

(中国科学院武汉植物园 武汉 430074)

摘 要 猕猴桃植株早期性别鉴定能合理配置雌雄株,有效节省种植成本,对猕猴桃产业化栽培和科学理论研究都具有重要意义。选用在中华猕猴桃(*Actinidia chinensis*)中开发的SCAR标记S1032-850,SmX和SmY,对'山梨'(*Actinidia rufa*)×'桂海四号'(*Actinidia chinensis* cv. 'Guihai No.4')杂交群体的雌雄性别进行检测。结果表明SCAR标记S1032-850和SmY不能用于此杂交群体的早期性别鉴定,而在中华猕猴桃中与雌性关联的标记SmX仅在杂交群体雄株中检测到特异条带。由于供试样本量较小,标记SmX鉴定能力还有待进一步验证。因此,亟待开发出适用于种间杂交群体的性别标记用于猕猴桃分子辅助育种工作。

关键词 猕猴桃 种间杂交 性别鉴定 SCAR标记

猕猴桃隶属于猕猴桃科(Actinidiaceae)猕猴桃属(*Actinidia* Lindl.),富含多种营养成分,已成为广受青睐的高档健康水果。猕猴桃属所有种皆为功能性雌雄异株植物,具有花形态相似但雌雄器官相异的雌花和雄花,其雌雄株差异在于雄株不结果但产生具活力的花粉,雌株结果但不产生有活力花粉[1]。在以收获果实为主的雌雄异株猕猴桃中,雌株具有更高的经济价值,选择合适的雌雄配比能极大地提高果园利用率,快速增产创收。作为多年生果树,猕猴桃在传统育种中也面临着占地面积大、童期长等限制因素,幼苗期完成性别鉴定能有效地减少时间、人力和财力的投入。因此,实现猕猴桃植株早期性别鉴定,合理配置雌雄比例,对猕猴桃产业化栽培和科学理论研究都具有重要意义。

自20世纪80年代起,从外部形态[2]、同工酶分析[3]、特异RAPD标记[4-5]、AFLP标记[6-7]、特异蛋白标记[8]等方面陆续有对猕猴桃种内雌雄性别鉴定的研究报道。以中华猕猴桃杂交群体为材料,发现了两个与猕猴桃性别连锁的RAPD标记SmX和SmY,随后发展成稳定性高、操作性强的SCAR标记[9]。基于NCBI收录的猕猴桃RAPD雄性标记[5],发展了SCAR标记S1032-850,能对中华猕猴桃4个雄株品种进行性别鉴定[10]。然而对猕猴桃种间杂交植株雌雄性别的鉴定还鲜有报道。对于功能性雌雄异株猕猴桃而言,由于雄株果实的性状信息不可知,在杂交育种父本选配时通常盲目性大、预见性低,这与奶牛的育种很相似,即配种公牛的产奶性状无从评价[1]。猕猴桃种间杂交组合可以从种性上框定父本的遗传力,提高父本选择的预见性。中科院武汉植物园近年推出的种间杂交黄肉品种'金艳'果肉细嫩多汁、风味香甜、极耐储藏[11],以其突出的果实商品性和优异的经济性状深受市场欢迎。作为培育优良猕猴桃品种的有效途径,种间杂交育种日益受到重视,利用DNA分子标记技术对种间杂交植株雌雄性别进行鉴定,能有效解决现代农业生产的迫切需求,是猕猴桃新品种选育至关重要的环节之一。

本研究以'山梨'和'桂海四号'构建种间杂交群体为试验材料,利用已开发的种内性别标

作者简介:张琼,1981生人,女,湖北武汉人,博士,助理研究员,从事果树分子育种研究。
*通讯作者:钟彩虹,E-mail: zhongch@wbgcas.cn

记进行筛选,旨在检验种内性别标记在种间杂交植株中的鉴定能力,为猕猴桃分子辅助育种提供参考。

1 材料与方法

1.1 试验材料(植物材料和分子标记)

所用猕猴桃材料为'山梨'(*Actinidia rufa*)×'桂海四号'(*Actinidia chinensis* cv.'GuiHai No.4')实生杂交群体中雌、雄株各10株。试验材料于2013年4月采自猕猴桃国家种质资源圃主圃(中国科学院武汉植物园)。实验所用的中华猕猴桃种内性别SCAR标记为SmX,SmY、S1032-850[9-10]。

1.2 基因组DNA提取

按照改良的CTAB方法提取猕猴桃基因组DNA,具体如下:①称取0.1 g幼嫩叶片置于研钵中,加液氮迅速磨成粉状,转入2.0 ml离心管中;②加1.0 ml预热的清洗液(山梨醇洗液400 ml,1% β-巯基乙醇,1% PVP),混匀后于10 000 r/min离心5 min,弃上清液;③加1.0 ml预热的提取液(3% CTAB 500 ml,1% β-巯基乙醇,1% PVP),65 ℃水浴1 h,室温下12 000 r/min离心10 min,取上清液于2.0 ml离心管中;④加入等体积的苯酚/氯仿/异戊醇(25∶24∶1,V/V/V),轻轻混匀,12 000 r/min离心8 min,取上清液;⑤加入等体积的氯仿/异戊醇(24∶1,V/V),混匀后于12 000 r/min离心8 min,取上清液;⑥加入等体积的冷冻异丙醇,于-20 ℃静置30 min,12 000 r/min离心8 min,弃上清液;⑦加入75%的乙醇洗涤两次,再用无水乙醇洗一次,室温晾干后,加入100 μl TE溶解,-20 ℃保存待用。

1.3 PCR反应

SCAR标记S1032-850的PCR反应程序为,95 ℃变性5 min,然后95 ℃ 45 s,60 ℃ 45 s,72 ℃ 1 min运行35个循环,经72 ℃延伸8 min。标记SmX的PCR退火温度为67 ℃。标记SmY的PCR反应程序为,95 ℃变性5 min,退火温度从58~54 ℃,每个循环降低0.5 ℃,进行8个循环,然后保持退火温度54 ℃运行30个循环,72 ℃延伸8 min。

2 结果与分析

2.1 基因组DNA提取

猕猴桃叶片中含有大量多糖类物质,传统的CTAB法很难去除。本试验采用改良CTAB方法,在裂解之前增加了清洗步骤,极大地改善了DNA的质量,且有效避免基因组DNA的降解。通过琼脂糖凝胶检测表明DNA纯度好,无降解。

2.2 标记S1032-850在杂交群体中的扩增结果

将SCAR标记S1032-850在'山梨'、'桂海四号'以及10份杂交后代雄株和10份杂交后代雌株间进行扩增,结果显示14份样品均出现扩增条带,其中包括两份亲本材料(图1)。所有扩增条带分为三种片段大小,约为750 bp,850 bp和1 000 bp。以'山梨'为模版,得到的扩增片段大小约为1 000 bp的微弱条带。'桂海四号'属于中华猕猴桃,其扩增片段大小约为750 bp,并未得到850 bp的预期条带。在10份雄株和10份雌株为模板的扩增条带中,均出现了分子量不同的上述三种扩增片段,SCAR标记S1032-850不能用于此杂交群体中雌雄性别的鉴定。

2.3 标记SmX在67 ℃杂交群体中的扩增结果

以'山梨'、'桂海四号'以及10份杂交雄株和10份杂交雌株为模版检验性别标记SmX,

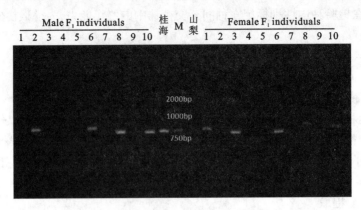

图1　SCAR 标记 S1032-850 的扩增结果
Fig.1　The amplification results of SCAR markers

仅在两份 F_1 代雄株中出现大小约为 1 000 bp 的扩增条带,亲本'山梨'和'桂海四号'均未出现扩增条带(图 2)。在本试验中,标记 SmX 在 F_1 代雌株中未扩增到预期目的条带(950 bp),反而在 F_1 代雄株中扩增出 1 000 bp 的片段。依据琼脂糖凝胶电泳结果,如果以 1 000 bp 的标记 SmX 在'山梨'דFS桂海四号'杂交群体中雄株的鉴定率为 20%。

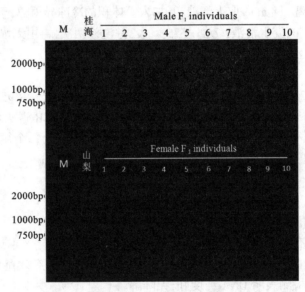

图 2　SmX 标记的扩增结果
Fig.2　The amplification results of SmX markers

2.4　标记 SmY 在杂交群体中的扩增结果

采用 touch-down 策略[11]对标记 SmY 进行扩增,在所有供试的 22 份材料中均未获得扩增片段。以 SSR 标记 721[12]作为阳性对照,供试材料均能扩增出目的条带,进一步排除 DNA 提取以及 PCR 扩增的失败的可能性。因此,根据琼脂糖凝胶电泳的结果,判定标记 SmY 不能在'山梨'ד桂海四号'杂交群体中有效扩增。

3　讨论

猕猴桃性别决定及遗传研究表明,猕猴桃性别控制符合 XY 性别决定模式,且在种内和种间杂交后代中,其雌雄分离比例接近1∶1,这种分离比例不因染色体倍性或者种性而改变[1,10]。自20世纪90年代起,陆续有多位学者对猕猴桃性别决定及性别连锁标记进行研究[4-5,10-11],而这些研究大多基于目前的主要栽培品种中华猕猴桃,暂未开展猕猴桃种间杂交群体的性别鉴定工作。本试验选用稳定性高的SCAR标记S1032-850,SmX和SmY,对'山梨'×'桂海四号'杂交群体的雌雄性别进行检测,实验结果表明部分标记并不能在杂交群体中进行性别鉴定,部分标记的鉴定能力还有待进一步验证。

  SCAR标记S1032-850在中华猕猴桃4份栽培品种'和平红阳'、'武雄'、'帮增1号'和'朝霞3号'的雄株中均扩增出约为850 bp的条带,而在中华猕猴桃4份栽培品种'和平红阳'、'武植3号'、'和平1号'和'米良1号'的雌株中均未出现此片段[11]。姚春潮等[5]以RAPD标记S1032-850在中华猕猴桃和美味猕猴桃雌雄品种/株系间检测,性别鉴定可靠率高达90%。考虑到RAPD标记的不稳定性,本实验选用稳定性较高的SCAR标记检测种间杂交群体,但并未获得理想的性别鉴定结果。'桂海四号'为中华猕猴桃,在本试验中以其为模板,扩增片段大小约为750 bp,并未得到850 bp的预期条带,结果表明即使在中华猕猴桃种内SCAR标记S1032-850也不能作为完全可靠的性别标记。以两亲本'山梨'和'桂海四号'为模版,得到的扩增片段大小分别为1 000 bp和750 bp,而杂交后代出现大小约为750 bp、850 bp和1 000 bp的三种条带,由此推测在此扩增位点上至少有一亲本为杂合型。SCAR标记一般表现为扩增片断的有无,是一种显性标记,因而无法区分杂合体,只有对F_1代进行分析才能推测出亲本的杂合性。以杂交群体雌株和雄株为模版扩增,均检出三种大小的扩增条带(图1),可能由于在此区段出现了染色体重组交换,也从一定程度上说明该标记并非性别基因控制区标记。

  Gill等[9]报道SCAR标记SmX作为有效的中华猕猴桃性别标记,仅在中华猕猴桃母本和种内杂交F_1代雌株中出现约950bp的扩增片段。本试验中,SCAR标记SmX在'山梨'和'桂海四号'两亲本均未出现扩增条带,而在两份F_1代雄株中扩增出大小约为1 000 bp的条带。虽然'桂海四号'为中华猕猴桃,但作为父本(雄株),并没有扩增出目的条带;'山梨'为群体母本(雌株),标记SmX引物设计是基于中华猕猴桃,可能由于引物不匹配性而没有扩增。两亲本染色体通过交换重组,在F_1代雌株中没有扩增,而在雄株中扩增到目的条带。依据琼脂糖凝胶电泳结果来看,1 000 bp的特异条带可以用来鉴定杂交群体中雄株,然而考虑到供试样本偏少(仅10份雄株),需要做更大样本的实验来证实此标记的可靠性。另一方面可以回收扩增片段,通过测序比对来验证原本用于鉴定中华猕猴桃雌株的SCAR标记SmX在杂交群里中的鉴定能力。

  Gill等[9]在利用RAPD标记开发SCAR标记的过程中,曾出现雌雄株中都有目的扩增片段。通过测序发现中华猕猴桃雌雄株间的核苷酸突变,精细设计在3'末端有错配的SmY的引物SmYf1/r1,将RAPD引物成功转化为SCAR标记SmY。为了清晰分辨雌雄株,提高扩增的特异性,采用touch-down的方式来保证扩增的严谨性。由于SCAR标记SmY具有较强的特异性,在供试的22份样本中均未扩增到目的条带。张璐生等[13]研究也发现在中华种内群体中检测到的雄性相关标记只局限于此群体,而在美味猕猴桃和毛花猕猴桃的种间杂交群体中则并不适用。

  猕猴桃种间杂交可以有效拓展遗传背景,聚合双亲优良性状,然而早期性别鉴定标记的缺乏,导致了育种过程中大量人力和物力的浪费。目前主要使用的中华猕猴桃性别鉴定SCAR标记S1032-850、SmX和SmY,并不能用于'山梨'×'桂海四号'杂交群体的性别鉴定,因此,亟待开发适用于种间杂交群体的性别标记用于猕猴桃分子辅助育种工作。

参 考 文 献

[1] 黄宏文,等.猕猴桃属:分类资源驯化栽培.北京:科学出版社,2013:2-8,39-40.
[2] 徐东生,华兴安,刘姝,等.猕猴桃雌雄识别的多元统计分析.武汉植物学研究,1998,16(3):283-284.
[3] 无疾,张铜会.猕猴桃雌雄株间同工酶差异研究.中国果树,1987,2:42-44.
[4] Harvey C F, Gill G P, Fraiser L G, et al.. Sex determination in Actinidia. I. Sex-linked markers and progeny sex ratio in diploid *Actinidia chinensis*. Sex Plant Reproduction, 1997(10): 149-154.
[5] 姚春潮,王跃进,刘旭峰,等.猕猴桃雄性基因 RAPD 标记 S1032-850 的获得及其应用.农业生物技术学报,2005,13(5):557-561.
[6] 张潞生,李传友,贾建航,等.猕猴桃雌雄性别的 AFLP 标记初报.Ⅱ国际猕猴桃研讨会论文集,1998:17-18.
[7] 柯辉鹏,李晓丹,梁红.猕猴桃叶 DNA 的 AFLP 分析.生物技术通报,2006(1):65-68.
[8] Khunaishvili R G, Dzhokhadze D I. Electrophoretic study of the proteins from Actinidia leaves and sex identification. Prikl Biokhim Mikrobilo, 2006,42(1):117-120.
[9] Gill G P, Harvey C F, Gardner R C. Development of sex-linked PCR markers for gender identification in *Actinidia*. Theor Appl Genet, 1998,97:439-445.
[10] 刘文,杜贵峰,陈基成,等.中华猕猴桃性别相关标记的初步研究.仲恺农业工程学院院报,2012,25(2):1-5.
[11] 钟彩虹,王圣梅,黄宏文,等.极耐贮藏的种间杂交黄肉猕猴桃新品种'金艳'.中国园艺学会猕猴桃分会第四届研讨会论文摘要集,2010
[12] Weising K, Fung R W, Keeling D J, et al. Characterisation of microsatellites from Actinidia Chinensis. Molecuar Breeding, 1996(2):117-131.
[13] 张潞生,肖兴国,李绍华,等.猕猴桃早期性别鉴定的分子标记研究//黄宏文.猕猴桃研究进展Ⅱ.北京:科学出版社,2003:351-356

Sex Detecting in an Interspecific Cross of *Actinidia* Using Melecular Markers

Zhang Qiong Liu Chunyan Han Fei Liu Xiaoli Zhang Peng Zhong Caihong

(Wuhan Botanical Garden, Chinese Academy of Sciences Wuhan 430074)

Abstract Early sex identification in diecious kiwifruit facilitates setting sex ratio and reducing costs in production, which is crucial in planting and scientific research. Sex detecting was proceeded in an interspecific cross of kiwifruit (*Actinidia rufa* ×*Actinidia chinensis* cv. 'Guihai No.4') using SCAR markers (S1032-850, SmX and SmY) derived from *Actinidia chinensis*. The results revealed that SCAR marker S1032-850 and SmY were not available to identify sex in interspecific cross. However SmX, female-linked SCAR marker in Actinidia chinensis, only produced target bands in two male individuals. In consideration of relatively small sample size, further study would be required to evaluate the effectiveness of SmX marker. Therefore, it is really significant to develop sex-linked markers in interspecific seedlings for marker assistant selection.

Key words Kiwifruit Interspecific cross Sex identification SCAR markers

(a) '云海1号'果实切面　　　　　　　　(b) '云海1号'结果状

彩图 1　猕猴桃新品种——'云海1号'

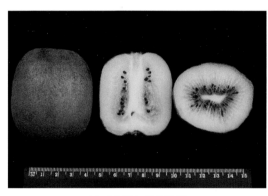 

(a) '金圆'果实切面　　　　　　　　(b) '金圆'结果状

彩图 2　种间杂交新品种——'金圆'

(a) '金梅'果实切面　　　　　　　　(b) '金梅'结果状

彩图 3　种间杂交新品种——'金梅'

(a) 横埋　　　　　(b) 竖露　　　　　(c) 竖平

彩图 4　横埋、竖露和竖平示意图

(a) 异色猕猴桃的根　　　　　(b) 软枣猕猴桃的根

(c) 大籽猕猴桃的根　　　　　(d) 毛花猕猴桃的根

彩图 5　根系生长部位

彩图6 '红阳'猕猴桃感染细菌性溃疡病的典型症状
A:主干产生细菌性分泌物;B:木质部皮孔红化且产生细菌溢;
C:叶片上产生黑褐色病斑,周围伴有典型黄色晕圈;D:花蕾枯死;E:幼芽及嫩枝枯萎

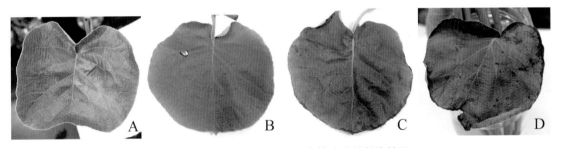

彩图7 不同病原菌对'红阳'离体叶片的侵染情况

彩图8 湿度小猕猴桃叶片
感染菌核病症状

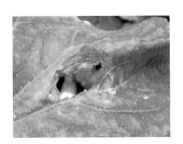

彩图9 猕猴桃叶片湿度
大时正面症状

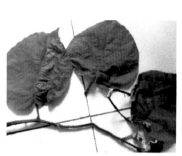

彩图 10　猕猴桃幼枝和叶片同时感染菌核病症状

彩图 11　猕猴桃果实感染菌核病流出的白水珠(菌液)

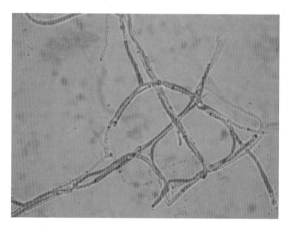

彩图 12　猕猴桃菌核病菌丝显微镜下形状

彩图 13　猕猴桃炭疽病发病叶片

彩图 14　猕猴桃果实感染炭疽溃烂症状

彩图 15　猕猴桃果实表面的炭疽病病斑